高等学校"十三五"规划教材

概率论与数理统计
及其MATLAB实现

苗晨 刘国志 主编 张世泽 主审

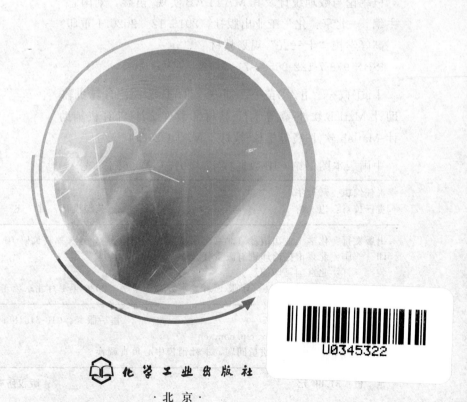

化学工业出版社

·北京·

U0345322

本书共九章,分为两部分。概率论部分(第一～五章)主要讲述了随机事件及其概率、随机变量及其分布、多维随机变量及其分布、随机变量的数字特征、大数定律及中心极限定理.统计部分(第六～九章)主要讲述了数理统计的基本概念、参数估计、假设检验、方差分析与回归分析简介.每章内容都包括概率统计的基本知识、应用实例和相关的 MATLAB 命令解析,突出概率统计课程的实际应用.

本书可作为理工科非数学类各专业概率论与数理统计课程的教学用书.

图书在版编目(CIP)数据

概率论与数理统计及其 MATLAB 实现/苗晨,刘国志主编.—北京:化学工业出版社,2015.12 (2020.1 重印)

高等学校"十三五"规划教材

ISBN 978-7-122-25587-7

Ⅰ.①概… Ⅱ.①苗…②刘… Ⅲ.①概率论-计算机辅助计-Matlab 软件-高等学校-教材②数理统计-计算机辅助计-Matlab 软件-高等学校-教材 Ⅳ.①O21-39

中国版本图书馆 CIP 数据核字(2015)第 259533 号

责任编辑:郝英华

责任校对:边 涛   装帧设计:韩 飞

出版发行:化学工业出版社(北京市东城区青年湖南街 13 号 邮政编码 100011)
印   刷:北京市振南印刷有限责任公司
装   订:北京国马印刷厂
710mm×1000mm 1/16 印张 14¾ 字数 285 千字 2020 年 1 月北京第 1 版第 4 次印刷

购书咨询:010-64518888   售后服务:010-64518899
网   址:http://www.cip.com.cn
凡购买本书,如有缺损质量问题,本社销售中心负责调换。

定 价:31.00 元   版权所有 违者必究

前　言

　　本书是根据普通高等学校应用型本科教育系列规划教材的要求，在编者历年主讲该课程使用讲义的基础上改编而成的．它是工程数学课程教学内容和体系改革的研究成果，也是根据编者多年来的教学经验，广泛吸取了国内外一些相关教材之所长，在其基础上把教学内容、教学体系、教学手段改革融为一体的新型改革教材．本书在如下几方面进行了新的探索．

　　(1) 根据应用型本科院校以培养面向生产、建设、管理、服务第一线的高素质应用型本科人才的培养目标，编者从全面素质教育的高度，打破了传统的工程数学侧重理论的教学体系，设计了一套新的工程数学课程体系．将数学建模的思想及数学软件 MATLAB 的相关内容融入到线性代数和概率论与数理统计课程之中，形成了工程数学的两门必修课程——线性代数及其 MATLAB 实现和概率论与数理统计及其 MATLAB 实现．

　　(2) 在内容的处理上，本书采用理论与实际应用相结合，侧重实际应用的主导思想．即在满足教学基本要求的前提下，降低理论推导的要求，注重解决问题的概率统计方法．在教学内容的安排上坚持学生基本素质与工程技术应用能力培养为主导，强调学用结合、学做结合和学创结合的人才培养模式．除了给出解决问题的方法外，为了帮助学生在学习中掌握计算机的使用，本书以工程技术和科学研究中广泛使用的 MATLAB 为工具，分别给出了古典概型、随机变量及其数字特征、中心极限定理、统计初步、参数估计、假设检验、方差分析与回归分析在实际问题中的案例分析及其和本书内容相关的 MATLAB 调用命令．打消了以往学生认为概率论与数理统计抽象无用的疑惑．向学生传授一套完整地、科学地解决实际问题的方法，使学生在学会用概率论与数理统计解决实际问题的同时，也学会了用 MATLAB 解决对应问题的方法，从而培养学生数学应用能力和科学计算能力，使学生能够更好地适应将来的工作和科研环境．

　　(3) 考虑到不同层次不同程度的学生在学习上的多种需要，书中配备了大量的例题，增加了训练基本概念与基本理论的填空题和选择题，每章都配备了 A 组的基本题和 B 组的提高题，习题大都附有答案或提示，以供学生选做．在每一章最后加入了用数学软件 MATLAB 作数学实验的内容，通过计算机模拟计算，加深了学生对所学内容的理解，同时给出了用计算机处理实际问题的算例和程序，使学生了解用计算机软件进行科学计算的方法．

　　(4) 本书共有九章内容，授课教师可视学校的实际情况和学时情况有选择性地讲解．

　　本书由刘国志教授策划并负责全书大纲的设计、统稿和修改；何鹏玲校改了全部书稿．主编苗晨教授、刘国志教授，副主编何鹏玲、李印和何万里．本书各章节执笔人是：苗晨编写各章除应用、习题和 MATLAB 调用命令和程序实例外的所有内容；李印老师编写了全部习题及答案；何鹏玲和李印编写各章应用；MATLAB 调用命令和程序实例由何万里老师完成．苗玉麒在本书的文字录入和插图方面做了许多工作，在此表示感谢，其他参编人员有任玉杰、王云平、鲁鑫和孙贺琦．

　　本书由张世泽教授主审，张世泽教授提出了许多宝贵的意见，在此表示衷心的感谢．

　　本书是对教学改革的初步探索和尝试，编者在内容精简、案例的选取和实现数学机械化以及培养学生数学应用能力和科学计算能力等方面，做了一些工作，但限于水平有限，书中不足之处仍然难免，敬请专家、同行和读者批评指正．

编者

2015 年 12 月

目 录

第一章　随机事件及其概率　　　　　　　　　　　　　1

第一节　样本空间与随机事件 …………………………………………… 1
第二节　概率及其性质 …………………………………………………… 5
第三节　古典概型和几何概型 …………………………………………… 7
第四节　条件概率 ………………………………………………………… 8
第五节　独立性 …………………………………………………………… 13
第六节　古典概型的常见应用实例 ……………………………………… 15
第七节　排列、组合及概率计算的 MATLAB 实现 …………………… 19
习题 ……………………………………………………………………… 22
　　A 组　基本题 ……………………………………………………… 22
　　B 组　提高题 ……………………………………………………… 25

第二章　随机变量及其分布　　　　　　　　　　　　　28

第一节　随机变量 ………………………………………………………… 28
第二节　随机变量的分布函数 …………………………………………… 29
第三节　离散型随机变量及其分布律 …………………………………… 31
第四节　连续型随机变量及其概率密度 ………………………………… 34
第五节　随机变量的函数分布 …………………………………………… 39
第六节　几种常见分布的应用实例 ……………………………………… 41
第七节　几种常见分布的 MATLAB 实现 …………………………… 45
习题 ……………………………………………………………………… 48
　　A 组　基本题 ……………………………………………………… 48
　　B 组　提高题 ……………………………………………………… 52

第三章　多维随机变量及其分布　　　　　　　　　　　54

第一节　二维随机变量 …………………………………………………… 54
第二节　边缘分布 ………………………………………………………… 57
第三节　条件分布 ………………………………………………………… 61
第四节　相互独立的随机变量 …………………………………………… 64

第五节　两个随机变量的函数分布 ······················· 66

第六节　多维随机变量应用实例 ························· 70

第七节　二维随机变量及其分布的 MATLAB 实现 ··········· 73

习题 ··· 75

　　A 组　基本题 ································· 75

　　B 组　提高题 ································· 78

第四章　随机变量的数字特征　　81

第一节　数学期望 ································· 81

第二节　方差 ··································· 86

第三节　协方差及相关系数 ··························· 89

第四节　随机变量数字特征的应用实例 ····················· 93

第五节　几种常见分布数字特征的 MATLAB 实现 ············· 96

习题 ··· 98

　　A 组　基本题 ································· 98

　　B 组　提高题 ································· 101

第五章　大数定律及中心极限定理　　103

第一节　大数定律 ································· 103

第二节　中心极限定理 ······························· 105

第三节　中心极限定理应用实例 ························· 108

习题 ··· 110

　　A 组　基本题 ································· 110

　　B 组　提高题 ································· 111

第六章　数理统计的基本概念　　112

第一节　随机样本 ································· 112

第二节　抽样分布 ································· 113

第三节　样本均值与样本方差的应用实例 ··················· 119

第四节　样本的数字特征及常见分布随机数生成的 MATLAB 实现 ····· 121

习题 ··· 125

　　A 组　基本题 ································· 125

　　B 组　提高题 ································· 127

第七章　参数估计 129

第一节　点估计 ··· 129
第二节　估计量的评选标准 ··· 136
第三节　区间估计 ··· 138
第四节　正态总体均值与方差的区间估计 ······························· 140
第五节　点估计与区间估计应用实例 ····································· 146
第六节　几种常见分布的最大似然估计的 MATLAB 实现 ·········· 149
习题 ··· 152
　A 组　基本题 ··· 152
　B 组　提高题 ··· 155

第八章　假设检验 157

第一节　假设检验的基本概念 ·· 157
第二节　正态总体均值的假设检验 ·· 160
第三节　正态总体方差的假设检验 ·· 164
第四节　假设检验应用实例 ··· 168
第五节　假设检验的 MATLAB 实现 ······································ 171
习题 ··· 175
　A 组　基本题 ··· 175
　B 组　提高题 ··· 178

第九章　方差分析与回归分析简介 180

第一节　单因素试验的方差分析 ··· 180
第二节　一元线性回归 ·· 184
第三节　方差分析与回归分析应用实例 ·································· 190
第四节　方差分析与回归分析的 MATLAB 实现 ······················ 194
习题 ··· 197
　A 组　基本题 ··· 197
　B 组　提高题 ··· 198

部分习题参考答案 200

附录 215

第一章

随机事件及其概率

在自然界与人类社会生活中，存在着两类不同的现象：一类是确定性现象，例如，早晨太阳必然从东方升起；在标准大气压下，纯水加热到 100℃ 必然沸腾；同性电荷必相互排斥等。对于这类现象，其特点是，在试验之前就能断定它有一个确定的结果，即在一定条件下，重复进行试验，其结果必然出现且唯一. 另一类是随机现象，例如，投掷一枚均匀的硬币，可能正面朝上，也可能反面朝上，事先不能作出确定的判断；打靶射击时，弹着点离靶心的距离不能确定，对于这类现象，其特点是，可能的结果不止一个，即在相同条件下进行重复试验，试验的结果事先不能唯一确定，就一次试验而言，时而出现这个结果，时而出现那个结果，呈现出一种偶然性.

过去，由于随机现象事先无法判定将会出现哪种结果，人们就以为随机现象是不可捉摸的，但是后来人们通过大量的实践发现，在相同条件下，虽然个别试验结果在某次试验或观察中可以出现也可以不出现，但在大量试验中却呈现出某种规律性，这种规律性称为统计规律性. 例如，在投掷一枚硬币时，既可能出现正面，也可能出现反面，预先作出确定的判断是不可能的，但是假如硬币均匀，直观上出现正面与出现反面的机会应该相等，即在大量的试验中出现正面的频率应接近 50%. 这正如恩格斯所指出的："在表面上是偶然性在起作用的地方，这种偶然性始终是受内部的隐藏着的规律支配的，而问题只是在于发现这些规律."

概率论与数理统计就是研究随机现象的统计规律性的一门数学分支. 其研究对象为随机现象，研究内容为随机现象的统计规律性.

第一节　样本空间与随机事件

一、随机试验

一种随机现象统计规律性的研究是通过随机试验来完成的，一个试验如果具有以下特点：

(1) 可以在相同的条件下重复进行；

(2) 其结果具有多种可能性；

(3) 在每次试验前，不能预言将出现哪一个结果，但知道其所有可能出现的结果.

则称这样的试验为随机试验，通常用大写的字母 E 表示.

二、 样本空间与随机事件

由随机试验的一切可能结果组成的集合称为样本空间，用大写的字母 S 表示，其每个元素称为样本点，用 e 表示. 我们以如下示例来说明.

E_1：抛掷骰子一次，观察出现的点数，则其样本空间为 $S_1 = \{1,2,3,4,5,6\}$.

E_2：将一枚硬币抛掷三次，观察正面 H、反面 T 出现的情况，其样本空间为 $S_2 = \{HHH, HHT, HTH, THH, HTT, THT, TTH, TTT\}$.

E_3：将一枚硬币抛掷三次，观察正面 H 出现的次数，其样本空间为 $S_3 = \{0,1,2,3\}$.

E_4：任取一人测量其身高，其样本空间为 $S_4 = \{h \mid h > 0\}$.

E_5：记录某地一昼夜的最高温度和最低温度，其样本空间为 $S_5 = \{(x,y) \mid x \leqslant y\}$，这里 x 表示最低温度，y 表示最高温度.

注意：(1) 样本空间是一个集合，它由样本点构成，可以用列举法，也可以用描述法表示；(2) 在样本空间中，样本点可以是一维的，也可以是多维的，可以是有限个，也可以是无限多个；(3) 对于一个随机试验而言，样本空间并不唯一，在同一试验中，当试验的目的不同时，样本空间往往是不同的，但通常只有一个会提供最多的信息. 例如在运动员投篮的试验中，若试验的目的是考察命中与否，则样本空间为 $S = \{中, 不中\}$；若试验的目的是考察得分情况，则样本空间为 $S = \{0 分, 1 分, 2 分, 3 分\}$.

样本空间 S 的子集称为随机事件，简称事件，用大写字母 A, B, C 等表示.

随机事件包括基本事件和复合事件，由一个样本点构成的集合称为基本事件；由多个样本点构成的集合称为复合事件.

在每次试验中，当且仅当事件中的某一个样本点出现时，称这一事件发生.

例如，$A = \{HHT, HTH, THH\}$ 就是随机试验 E_2 的样本空间 S_2 的一个事件，而且是一个复合事件，S_2 包含 8 个基本事件，若做一次实验出现了样本点 "HHT" 或 "HTH" 或 "THH"，我们就说随机事件 A 发生了. 若出现了 A 之外的其他样本点，我们就说随机事件 A 没发生.

在随机试验中，每次试验都必然发生的事件称为必然事件，它包含所有样本点，通常用 S 表示. 每次试验都必然不会发生的事件称为不可能事件，它不包含任何样本点，通常用 Φ 表示.

例如，在上述掷骰子的试验中，"点数小于 7"是必然事件，"点数大于 6"是不可能事件.

严格来讲，必然事件与不可能事件反映了确定性现象，可以说它们并不是随机事件，但为了研究问题的方便，才把它们作为特殊的随机事件.

通过上述讨论，可见事件与集合之间建立了一定的对应关系，从而可用集合的一些术语、符号去描述事件之间的关系与运算.

三、　事件间的关系与事件的运算

事件是一个集合，因而事件间的关系与事件的运算自然按照集合之间的关系和运算来处理，下面给出这些关系与运算在概率论中的提法，并根据"事件发生"的含义，给出它们在概率论中的含义.

设试验 E 的样本空间为 S，而 $A,B,A_k(k=1,2,\cdots)$ 是 S 的子集.

(1) 若 $A \subset B$，则称 A 包含于 B 或 B 包含 A，它表示事件 A 发生时必然导致事件 B 发生.

若事件 A 的发生能导致 B 的发生，且 B 的发生也能导致 A 的发生，即 $A \subset B$ 且 $B \subset A$，则称 A 与 B 相等，记为 $A=B$.

(2) 事件 $A \bigcup B = \{x \mid x \in A$ 或 $x \in B\}$ 称为事件 A 与事件 B 的和事件，当且仅当 A,B 中至少有一个发生时，事件 $A \bigcup B$ 发生.

类似地，称 $\bigcup\limits_{k=1}^{n} A_k = A_1 \bigcup A_2 \bigcup \cdots \bigcup A_n$ 为 n 个事件 $A_1,A_2,\cdots,A_n$ 的和事件，称 $\bigcup\limits_{k=1}^{\infty} A_k$ 为可列个事件 $A_1,A_2,\cdots$ 的和事件.

(3) 事件 $A \bigcap B = \{x \mid x \in A$ 且 $x \in B\}$ 称为事件 A 和事件 B 的积事件，也记作 AB，当且仅当 A,B 同时发生时，事件 $A \bigcap B$ 发生.

类似地，称 $\bigcap\limits_{k=1}^{n} A_k = A_1 \bigcap A_2 \bigcap \cdots \bigcap A_n$ 为 n 个事件 $A_1,A_2,\cdots,A_n$ 的积事件. 称 $\bigcap\limits_{k=1}^{\infty} A_k$ 为可列个事件 $A_1,A_2,\cdots$ 的积事件.

(4) 事件 $A\text{-}B = \{x \mid x \in A$ 且 $x \notin B\}$ 称为事件 A 和事件 B 的差事件，当且仅当事件 A 发生而事件 B 不发生时 $A-B$ 发生.

(5) 若 $A \bigcap B = \Phi$，则称 A 与 B 互斥，也叫互不相容，此时 A 与 B 不能同时发生，但可以同时不发生.

(6) 若 A 与 B 满足 $A \bigcup B = S$，$A \bigcap B = \Phi$，则称事件 A 和事件 B 互为逆事件，或称事件 A 和事件 B 互为对立事件，并称 B 为 A 的逆，记为 $B=\overline{A}$. 对于每

一次试验，此时 A 与 B 中必有一个发生，且仅有一个发生.

由以上定义显然有 $\overline{A}=S-A$ 和 $A-B=A-A\cap B=A\cap\overline{B}$ 成立.

用图 1-1 可直观地表示以上事件之间的关系和运算.

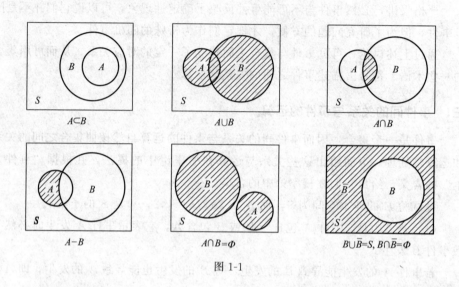

$A\subset B$ $A\cup B$ $A\cap B$

$A-B$ $A\cap B=\Phi$ $B\cup\overline{B}=S,\ B\cap\overline{B}=\Phi$

图 1-1

由前面可知，事件之间的关系与集合之间的关系建立了一定的对应法则，因而事件之间的运算法则与集合的运算法则相同，则有如下规律.

(1) 交换律：$A\cup B=B\cup A$，$A\cap B=B\cap A$.

(2) 结合律：$A\cup(B\cup C)=(A\cup B)\cup C$；$A\cap(B\cap C)=(A\cap B)\cap C$.

(3) 分配律：$A\cap(B\cup C)=(A\cap B)\cup(A\cap C)$；

$$A\cup(B\cap C)=(A\cup B)\cap(A\cup C).$$

(4) 德摩根律：$\overline{A\cup B}=\overline{A}\cap\overline{B}$；$\overline{A\cap B}=\overline{A}\cup\overline{B}$.

【例 1-1】 设 A、B、C 为任意三个事件，试用 A、B、C 的运算关系表示下列各事件.

解 (1) 三个事件中至少一个发生，$A\cup B\cup C$.

(2) 没有一个事件发生，$\overline{A}\cap\overline{B}\cap\overline{C}=\overline{A\cup B\cup C}$.

(3) 恰有一个事件发生，$A\overline{B}\overline{C}\cup\overline{A}B\overline{C}\cup\overline{A}\overline{B}C$.

(4) 至多有两个事件发生（考虑其对立事件），

$$(A\overline{B}\overline{C}\cup AB\overline{C}\cup \overline{A}BC)\cup(A\overline{B}\overline{C}\cup\overline{A}B\overline{C}\cup\overline{A}\overline{B}C)\cup(\overline{A}\overline{B}\overline{C})=\overline{A}\cup\overline{B}\cup\overline{C}.$$

(5) 至少有两个事件发生，$A\overline{B}C\cup AB\overline{C}\cup\overline{A}BC\cup ABC=AB\cup BC\cup AC$.

第二节 概率及其性质

一、频率

【定义 1-1】 在相同的条件下，重复进行了 n 次试验，若事件 A 发生了 n_A 次，则称比值 $\dfrac{n_A}{n}$ 为事件 A 在 n 次试验中出现的频率，记为 $f_n(A) = \dfrac{n_A}{n}$.

由定义可知频率具有下列基本性质.

(1) 非负性：对任意 A，有 $0 \leqslant f_n(A) \leqslant 1$.

(2) 规范性：$f_n(S) = 1$.

(3) 可加性：若 $A_1, A_2, \cdots, A_k$ 是两两互不相容的事件，则
$$f_n(A_1 \bigcup A_2 \bigcup \cdots \bigcup A_k) = f_n(A_1) + f_n(A_2) + \cdots + f_n(A_k).$$

例如，历史上有许多著名的统计学家做过掷硬币的实验，得到出现正面 H 的频率，结果如表 1-1.

表 1-1

实验者	n	n_H	$f_n(H)$
德摩根	2048	1061	0.5181
蒲丰	4040	2048	0.5069
K. 皮尔逊	12000	6019	0.5016
K. 皮尔逊	24000	12012	0.5005

在大量的重复试验中，频率常常稳定于某个常数，称为频率的稳定性. 通过大量的实践，容易看到，若随机事件 A 出现的可能性越大，一般来讲，其频率 $f_n(A)$ 也越大，由于事件 A 发生的可能性大小与其频率大小有如此密切的关系，加之频率又有稳定性，故而人们常常称频率的稳定值为概率. 但是，在实际中，不可能对每一个事件都做大量的试验来讨论事件发生的可能性的大小，同时，为了理论研究的需要，我们从频率的稳定性和频率的性质得到启发，给出如下表征事件发生可能性大小的概率定义.

二、概率

【定义 1-2】 设随机试验 E 的样本空间为 S，A 为 E 任一个事件，则称满足下列条件的事件集上的函数 $P(\cdot)$ 为 A 概率.

(1) 非负性：对任意 A，$0 \leqslant P(A) \leqslant 1$.

(2) 规范性：$P(S) = 1$.

（3）可列可加性：对于两两互不相容的事件 $A_1,A_2,\cdots,A_i,\cdots$ 有

$$P(\bigcup_{i=1}^{\infty} A_i) = \sum_{i=1}^{\infty} P(A_i).$$

此定义是 1933 年前苏联数学家柯尔莫哥洛夫提出来的，称为概率的公理化定义，这个定义综合了前人成果，明确了定义的基本概念，使概率论成为严谨的数学分支，对概率论的发展起到了积极的作用.

由概率的定义，可以推得概率的一些重要性质.

（1）$P(\Phi)=0$.

（2）有限可加性：若 $A_1,A_2,\cdots,A_n$ 两两互不相容，即 $A_iA_j=\Phi(i\neq j)$，则有

$$P(\bigcup_{i=1}^{n} A_i) = \sum_{i=1}^{n} P(A_i) \tag{1-1}$$

（3）对任意事件 A，有　　$P(\overline{A})=1-P(A)$ \tag{1-2}

（4）对任意事件 A，B 有　　$P(A-B)=P(A)-P(AB)$, \tag{1-3}

特别，若 $B \subset A$，则　$P(A-B)=P(A)-P(B)$，$P(B) \leqslant P(A)$.

（5）加法公式：对任意的事件 A,B，有

$$P(A \cup B) = P(A)+P(B)-P(AB), \tag{1-4}$$

特别，若 A 与 B 互不相容，则有 $P(A \cup B)=P(A)+P(B)$.

证明　（4）因为 $A=(A-B) \cup AB$ 且 $(A-B) \bigcap AB=\Phi$，

所以　　　　$P(A)=P((A-B) \cup AB)=P(A-B)+P(AB)$,

即　　　　　$P(A-B)=P(A)-P(AB)$.

若 $B \subset A$，则　$P(A-B)=P(A)-P(AB)=P(A)-P(B) \geqslant 0$,

即得　$P(B) \leqslant P(A)$.

（5）因为 $A \cup B=A \cup (B-AB)$ 且 $A \bigcap (B-AB)=\Phi$，且有 $AB \subset B$，所以

$$P(A \cup B)=P(A)+P(B-AB)=P(A)+P(B)-P(AB).$$

其他性质的证明请读者自己完成.

【例 1-2】 从数字 $1,2,\cdots,9$ 中有放回地取出 n 个数字，求取出这些数字的乘积能被 10 整除的概率.

解　令 A 表示"取出的数字中含 5"，B 表示"取出的数字中含偶数"，则

$$P(AB)=1-P(\overline{AB})=1-P(\overline{A} \cup \overline{B})$$

$$=1-P(\overline{A})-P(\overline{B})+P(\overline{A}\overline{B})=1-\frac{8^n}{9^n}-\frac{5^n}{9^n}+\frac{4^n}{9^n}.$$

第三节 古典概型和几何概型

一、古典概型

如果一个随机试验满足：（1）样本空间中只有有限个样本点；（2）每个样本点的发生是等可能的．则称该随机试验为古典型随机试验．

设古典型随机试验的样本空间 $S=\{e_1, e_2, \cdots, e_n\}$，如果事件 A 中含有 $k(k \leqslant n)$ 个样本点，根据古典概型的特点得 A 发生的概率为

$$P(A) = \frac{k}{n} = \frac{A \text{ 中包含的基本事件数}}{S \text{ 中基本事件总数}} \qquad (1-5)$$

【例 1-3】 将两封信随机的向标号为 Ⅰ、Ⅱ、Ⅲ、Ⅳ 的 4 个邮筒投寄，求第 Ⅱ 个邮筒恰好被投入 1 封信概率．

解 设事件 A 表示"第 Ⅱ 个邮筒恰好投入 1 封信"，两封信随机的投入 4 个邮筒，共有 4^2 种可能投法，而组成事件 A 的不同投法有 $C_2^1 C_3^1$ 种，所以有

$$P(A) = \frac{C_2^1 C_3^1}{4^2} = \frac{3}{8}.$$

同时还可以计算出前两个邮筒中各有一封信的概率为 $P(B) = \frac{C_2^1}{4^2} = \frac{1}{8}.$

【例 1-4】 设有 N 件产品，其中有 D 件次品，今从中任取 n 件，问其中恰有 $k(k \leqslant D)$ 件次品的概率是多少？

解 在 N 件产品中任取 n 件，所有可能的取法共有 C_N^n 种，每一取法为一基本事件且由对称性知每一基本事件发生的可能性相同，又因在 D 件次品中取 k 件，所有可能的取法有 C_D^k 种，在 $N-D$ 件正品中任取 $n-k$ 件所有可能的取法有 C_{N-D}^{n-k} 种，由乘法原理知在 N 件产品中任取 n 件，其中恰有 k 件次品的取法共有 $C_D^k C_{N-D}^{n-k}$ 种，所以所求的概率为

$$p = \frac{C_D^k C_{N-D}^{n-k}}{C_N^n} \qquad (1-6)$$

式（1-6）即为所谓超几何分布的概率公式．

【例 1-5】 一年按 365 天计算，现有 $k(k \leqslant 365)$ 个人聚会，求：（1）这 k 个人中至少有 2 个人生日相同的概率；（2）这 k 个人中至少有 2 个人生日在 1 月 1 日的概率．

解 （1）设 A 表示"至少有 2 个人生日相同"，则 $\bar{A}$ 表示"k 个人的生日都不相同"，于是有

$$P(A) = 1 - P(\overline{A}) = 1 - \frac{A_{365}^k}{365^k}.$$

（2）设 B 表示"至少有 2 个人生日在 1 月 1 日"，B_0 表示"k 个人的生日都不在 1 月 1 日"，B_1 表示"k 个人的生日有 1 人生日在 1 月 1 日"．则有 $\overline{B} = B_0 \bigcup B_1$，且有 B_0 和 B_1 互不相容，

$$P(B) = 1 - P(\overline{B}) = 1 - P(B_0 \bigcup B_1) = 1 - P(B_0) - P(B_1)$$

$$= 1 - \frac{364^k}{365^k} - \frac{k \times 364^{k-1}}{365^k}.$$

二、 几何概型

如果一个随机试验的可能结果是某区域 S 中的一个点，这个区域可以是一维、二维、三维的，甚至可以是 n 维的，这时不管可能结果全体还是我们感兴趣的结果都是无限的，等可能性是通过下列方式来赋予意义的：即落在某区域 G 的可能性与区域 G 的测度（长度、面积、体积等）成正比而与其位置及形状无关．

若以 A 表示"在区域 S 中随机地取一点，而该点落在区域 G 中"这一事件，则其概率为

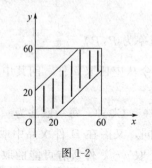

图 1-2

$$P(A) = \frac{G \text{ 的测度}}{S \text{ 的测度}} \qquad (1-7)$$

【例 1-6】（会面问题）两人相约 7 点到 8 点在某地会面，先到者等候另一人超过 20min，就可离去，试求这两人能会面的概率．

解　以 x,y 分别表示两人到达时刻（7 点设为零时刻），则会面的充要条件为 $|x-y| \leqslant 20$，这是几何概率问题，可能的结果全体是边长为 60 的正方形里的点，能会面的点为图 1-2 中阴影部分，故

所求概率为

$$p = \frac{60^2 - 40^2}{60^2} = \frac{5}{9}.$$

第四节　条件概率

一、 条件概率

设 A,B 为任意两个事件，假设事件 B 已发生，研究此时 A 发生的概率，

把这种情况下的概率记为 $P(A|B)$，称为事件 B 已经发生的条件下事件 A 发生的条件概率.

【例 1-7】 掷一颗骰子，已知掷出了偶数点，求掷出的是 2 点的概率.

解 设 A 表示"掷出的是 2 点"，B 表示"掷出了偶数点"，样本空间为 $S=\{1,2,3,4,5,6\}$，$B=\{2,4,6\}$，$A=\{2\}$，已知 B 已经发生了，有了这一信息，知道 1,3,5 点不会再出现，即知试验的所有可能结果不再是 $S=\{1,2,3,4,5,6\}$，而应该是 $B=\{2,4,6\}$，于是事件 B 发生条件下事件 A 发生的概率为

$$P(A|B)=\frac{1}{3}.$$

在这里我们看到 $P(A)=\frac{1}{6}\neq P(A|B)=\frac{1}{3}$，这是容易理解的，因为在求 $P(A|B)$ 时，我们是限制事件 B 发生条件下事件 A 发生的概率的. 另外，从上面的计算我们发现

$$P(AB)=\frac{1}{6},P(B)=\frac{1}{2},\ P(A|B)=\frac{1}{3}=\frac{\frac{1}{6}}{\frac{1}{2}}=\frac{P(AB)}{P(B)}.$$

这不是偶然的，对于各种条件概率表达式 $P(A|B)=\frac{P(AB)}{P(B)}$ 都是成立的，因此有如下条件概率的定义.

【定义 1-3】 设 A,B 是两个随机事件，且 $P(B)>0$，称

$$P(A|B)=\frac{P(AB)}{P(B)} \tag{1-8}$$

为在事件 B 发生条件下事件 A 发生的条件概率.

条件概率也是概率，同样具有概率的某些性质，例如
(1) $P(\Phi|B)=0$；
(2) $P(\overline{A}|B)=1-P(A|B)$；
(3) $P(A_1\cup A_2|B)=P(A_1|B)+P(A_2|B)-P(A_1A_2|B)$.

【例 1-8】 设 10 件产品中有 3 件次品，现进行无放回地从中取出两件，求在第一次取到次品的条件下，第二次取到的也是次品的概率.

解 令 A_i 表示"第 i 次取到次品"，$i=1,2$，则要求的概率为

$$P(A_2|A_1)=\frac{P(A_1A_2)}{P(A_1)}=\frac{\frac{3\times 2}{10\times 9}}{\frac{3}{10}}=\frac{2}{9}$$

也可以直接按条件概率的含义来求 $P(A_2|A_1)$. 我们知道，A_1 已经发生来求 A_2 发生的概率，此时 10 件产品中少了一件次品，因此 $P(A_2|A_1)=\dfrac{2}{9}$.

二、 乘法公式

由条件概率的定义，可得下面的公式

$$P(AB)=P(B)P(A|B),P(B)>0 \tag{1-9}$$

式 (1-9) 称为乘法公式，一般地，有下面的定理.

【定理 1-1】 对任意 n 个事件 $A_1,A_2,A_3,\cdots,A_n$，若 $P(A_1A_2A_3\cdots A_{n-1})>0$，则

$$P(A_1A_2A_3\cdots A_{n-1}A_n)$$
$$=P(A_1)P(A_2|A_1)P(A_3|A_1A_2)\cdots P(A_n|A_1A_2\cdots A_{n-1}). \tag{1-10}$$

式 (1-10) 称为 n 个事件 $A_1,A_2,A_3,\cdots,A_n$ 的乘法公式.

【1-9】 已知随机事件 A 的概率 $P(A)=0.5$，随机事件 B 的概率 $P(B)=0.6$ 及条件概率 $P(B|A)=0.8$，求概率 $P(A\cup B)$.

解 由题设有 $P(AB)=P(A)P(B|A)=0.5\times0.8=0.4$，故

$$P(A\cup B)=P(A)+P(B)-P(AB)=0.5+0.6-0.4=0.7.$$

【例 1-10】 设口袋里有 5 只红球，6 只白球，每次自袋中任取一只球，观察其颜色后放回，并再放入 2 只与所取出的那只球同色的球，若在袋中连续取球四次，试求第一、二次取到红球，三、四次取到白球的概率.

解 设 $A_i(i=1,2,3,4)$ 表示事件"第 i 次取到红球"，所求概率为

$$P(A_1A_2\bar{A}_3\bar{A}_4)=P(A_1)P(A_2|A_1)P(\bar{A}_3|A_1A_2)P(\bar{A}_4|A_1A_2\bar{A}_3)$$

$$=\frac{5}{5+6}\times\frac{5+2}{5+6+2}\times\frac{6}{5+6+2+2}\times\frac{6+2}{5+6+2+2+2}=\frac{112}{2431}.$$

三、 全概率公式和贝叶斯公式

【定义 1-4】 设 S 为试验 E 的样本空间，$B_1,B_2,\cdots,B_n$ 为 E 的一组事件，若

(1) $B_iB_j=\Phi,i\neq j,i,j=1,2,\cdots,n$；

(2) $B_1\cup B_2\cup\cdots\cup B_n=S$，

则称 $B_1,B_2,\cdots,B_n$ 为样本空间 S 的一个划分.

若 $B_1,B_2,\cdots,B_n$ 为样本空间 S 的一个划分，那么对于每次试验，事件 $B_1,B_2,\cdots,B_n$ 中必有一个且仅有一个发生.

【定理 1-2】 设 $B_1,B_2,\cdots,B_n$ 为样本空间 S 的一个划分，$P(B_i)>0(i=1,$

2，…，n），对任意 $A \subset S$，则

$$P(A) = \sum_{i=1}^{n} P(A \mid B_i) P(B_i) \tag{1-11}$$

式（1-11）称为全概率公式．

证明 因为 $A = A \bigcap S = A \bigcap (\bigcup_{i=1}^{n} B_i) = \bigcup_{i=1}^{n} AB_i$ 且

$$(AB_i) \bigcap (AB_j) = \Phi, \quad i \neq j, i, j = 1, 2, \cdots, n,$$

由有限可加性及乘法公式有

$$P(A) = P(\bigcup_{i=1}^{n} AB_i) = \sum_{i=1}^{n} P(AB_i) = \sum_{i=1}^{n} P(B_i) P(A \mid B_i).$$

【**定理 1-3**】 设 $B_1, B_2, \cdots, B_n$ 为样本空间 S 的一个划分，且 $P(B_i) > 0 (i = 1, 2, \cdots, n)$，对任意 $A \subset S$，若 $P(A) > 0$，则

$$P(B_j \mid A) = \frac{P(B_j) P(A \mid B_j)}{\sum_{i=1}^{n} P(B_i) P(A \mid B_i)} \quad j = 1, 2, \cdots, n. \tag{1-12}$$

式（1-12）称为贝叶斯公式．

证明 由条件概率公式及全概率公式既得

$$P(B_j \mid A) = \frac{P(AB_j)}{P(A)} = \frac{P(B_j) P(A \mid B_j)}{\sum_{i=1}^{n} P(B_i) P(A \mid B_i)} \quad j = 1, 2, \cdots, n, \; i = 1, 2, \cdots, n.$$

注意：（1）贝叶斯公式是条件概率与全概率公式相结合的产物，记住其证明过程对理解公式及应用会很有帮助．

（2）使用全概率公式和贝叶斯公式的关键是找到样本空间的划分 B_1，$B_2, \cdots, B_n$．

【**例 1-11**】 某工厂有三个车间生产同一产品，第一车间的次品率为 0.05，第二车间的次品率为 0.03，第三车间的次品率为 0.01，各车间的产品数量分别为 2500，2000，1500 件，出厂时，三车间的产品完全混合．现从中任取一产品，求该产品是次品的概率．

解 设 A 表示"取到次品"，B_i 表示"取到第 i 个车间的产品"，$i = 1, 2, 3$，则有 $B_1 \bigcup B_2 \bigcup B_3 = S$，且 $B_1 \bigcap B_2 = \Phi$，$B_1 \bigcap B_3 = \Phi$，$B_2 \bigcap B_3 = \Phi$，则 B_1，B_2, B_3 构成样本空间的一个划分，利用全概率公式得

$$\begin{aligned} P(A) &= \sum_{i=1}^{3} P(B_i) P(A \mid B_i) \\ &= P(B_1) P(A \mid B_1) + P(B_2) P(A \mid B_2) + P(B_3) P(A \mid B_3) \\ &= \frac{2500}{6000} \times 5\% + \frac{2000}{6000} \times 3\% + \frac{1500}{6000} \times 1\% = 3.3\%. \end{aligned}$$

【例 1-12】 玻璃杯成箱出售，每箱 20 只，设各箱含 $0,1,2$ 只残次品的概率分别为 0.8、0.1 和 0.1. 一名顾客欲购买一箱玻璃杯，先由售货员任取一箱，然后顾客开箱随机的查看 4 只，若无残次品，则买下该箱玻璃杯，否则退回. 试求：(1) 顾客买下此箱玻璃杯的概率；(2) 在顾客买的此箱玻璃杯中，确实没有残次品的概率.

解 设 A_i 表示"售货员取的一箱中有 i 只残次品"，$i=0,1,2$，则 A_0, A_1, A_2 构成样本空间的一个划分. 设 B 表示"顾客买下此箱玻璃杯"，由全概率公式和贝叶斯公式分别得

(1) $P(B) = \sum_{i=0}^{2} P(A_i)P(B|A_i) = 0.8 \times 1 + 0.1 \times \dfrac{C_{19}^4}{C_{20}^4} + 0.1 \times \dfrac{C_{18}^4}{C_{20}^4} = 0.9432$,

(2) $P(A_0|B) = \dfrac{P(A_0 B)}{P(B)} = \dfrac{P(A_0)P(B|A_0)}{P(B)} = 0.8482$.

【例 1-13】 医学上用某方法检验"非典"患者，临床表现为发热、干咳，已知人群中既发热又干咳的病人患"非典"的概率为 5%；仅发热的病人患"非典"的概率为 3%；仅干咳的病人患"非典"的概率为 1%；无上述现象而被确诊为"非典"患者的概率为 0.01%. 现对某疫区 25000 人进行检查，其中既发热又干咳的病人为 250 人，仅发热的病人为 500 人，仅干咳的病人为 1000 人. 试求：

（1）该疫区中某人患"非典"的概率；

（2）被确诊为"非典"患者是仅发热的病人的概率.

解 设 B_1 表示"既发热又干咳的病人"，B_2 表示"仅发热的病人"，B_3 表示"仅干咳的病人"，B_4 表示"无明显症状的人"，则易知 B_1, B_2, B_3, B_4 构成样本空间的一个划分，设 A 表示确诊患了"非典".

（1）由全概率公式得

$$P(A) = \sum_{i=1}^{4} P(B_i)P(A|B_i)$$

$$= P(B_1)P(A|B_1) + P(B_2)P(A|B_2) + P(B_3)P(A|B_3) + P(B_4)P(A|B_4)$$

$$= \frac{250}{25000} \times 5\% + \frac{500}{25000} \times 3\% + \frac{1000}{25000} \times 1\% + \frac{23250}{25000} \times 0.01\% = 0.001593.$$

（2）由贝叶斯公式得

$$P(B_2|A) = \frac{P(B_2)P(A|B_2)}{P(A)} = \frac{500/25000 \times 3\%}{0.001593} = 0.37665.$$

第五节 独立性

一般来说，$P(A|B) \neq P(A), (P(B)>0))$，这表明事件 B 的发生提供了一些信息影响了事件 A 发生的概率. 但是也有一些情况下，$P(A|B)=P(A)$，这应该是事件 B 的发生对 A 的发生不产生任何影响，或不提供任何信息，也可以理解为事件 A 与 B 是"无关"的. 从概率上讲，这就是事件 A,B 相互独立.

【定义 1-5】 设两事件 A,B，如果满足等式

$$P(AB)=P(A)P(B),\qquad\qquad (1\text{-}13)$$

则称 A 与 B 相互独立，简称 A,B 独立.

注意：(1) 定义 1-5 中，当 $P(B)=0$ 或 $P(B)=1$ 时，仍然适用，即 $\varPhi,S$ 与任何事件相互独立；(2) 事件的独立性与事件的互不相容是两个不同的概念，前者是相对于概率的概念，但可以同时发生，而后者只是说两个事件不能同时发生，与概率无关.

【定理 1-4】 设两事件 A,B 且 $P(B)>0$，若 A 与 B 相互独立，则 $P(A|B)=P(A)$.

【定理 1-5】 若事件 A 与 B 相互独立，则下列各对事件 $\overline{A}$ 与 B，A 与 $\overline{B}$，$\overline{A}$ 与 $\overline{B}$ 也相互独立.

证明 因为 A 与 B 相互独立，所以 $P(AB)=P(A)P(B)$，故

$$P(A\overline{B})=P(A-B)=P(A-AB)=P(A)-P(A)P(B)$$

$$=P(A)(1-P(B))=P(A)P(\overline{B}).$$

所以，$\overline{A}$ 与 B 也相互独立.

其他各对事件独立性的证法相同，请大家独立完成.

下面我们将独立性的概念推广到多个事件的情况.

【定义 1-6】 对任意 n 个随机事件 $A_1,A_2,\cdots,A_n$，若下列条件

$$P(A_iA_j)=P(A_i)P(A_j),1\leqslant i<j\leqslant n;$$

$$P(A_iA_jA_k)=P(A_i)P(A_j)P(A_k),1\leqslant i<j<k\leqslant n;$$

$$\cdots$$

$$P(A_1A_2\cdots A_n)=P(A_1)P(A_2)\cdots P(A_n);\text{（共 } 2^n-n-1 \text{ 个式子）}$$

均成立，则称 $A_1,A_2,\cdots,A_n$ 相互独立.

类似地，也有定理 1-5 的结论，请大家自己完成总结.

【例 1-14】 投掷两枚均匀的骰子一次，求出现双 6 点的概率.

解 设 A 表示"第一枚骰子出现 6 点"，B 表示"第二枚骰子出现 6 点"，显然 A 与 B 相互独立，则

$$P(AB) = P(A)P(B) = \frac{1}{6} \times \frac{1}{6} = \frac{1}{36}.$$

我们知道，对于分别掷两颗骰子，其出现 6 点相互之间能有什么影响呢？不用计算也能肯定它们是相互独立的. 在概率论的实际应用中，人们常常利用这种直觉来肯定事件的相互独立性，从而使问题和计算都得到简化，但并不是所有的问题都是那么容易判断的，我们还需要通过其他的分析和计算来判断.

【例 1-15】 用步枪射击飞机，设每支步枪命中率均为 0.004. 求：（1）现用 250 支步枪同时射击一次，飞机被击中的概率；（2）若想以 0.99 的概率击中飞机，需要多少支步枪同时射击？

解 （1）A_i 表示"第 i 支步枪击中飞机"，$i = 1, 2, \cdots, n$，显然随机事件 A_i，$i = 1, 2, \cdots, n$ 之间相互独立.

本题应该求 $P(A_1 \cup A_2 \cup \cdots \cup A_n)$，而

$$
\begin{aligned}
&P(A_1 \cup A_2 \cup \cdots \cup A_n)\\
&= 1 - P(\overline{A_1 \cup A_2 \cup \cdots \cup A_n})\\
&= 1 - P(\overline{A_1} \cap \overline{A_2} \cap \cdots \cap \overline{A_n})\\
&= 1 - P(\overline{A_1})P(\overline{A_2}) \cdots P(\overline{A_n})\\
&= 1 - 0.996^{250} \approx 0.63.
\end{aligned}
$$

（2）由 $1 - 0.996^n \geqslant 0.99$，解得 $n \approx 1150$.

【例 1-16】 掷一枚均匀硬币两次，令 A_1 表示"第一次为正面"，A_2 表示"第二次为反面"，A_3 表示"正反面各一次". 试判断：事件 A_1，A_2，A_3 中任何两个事件是否两两独立，A_1，A_2，A_3 三个事件是否相互独立.

解 由于 $P(A_1) = \frac{1}{2}$，$P(A_2) = \frac{1}{2}$，$P(A_3) = \frac{1}{2}$

且

$$P(A_1 A_2) = \frac{1}{4}, \quad P(A_1 A_3) = \frac{1}{4},$$

$$P(A_2 A_3) = \frac{1}{4}, \quad P(A_1 A_2 A_3) = \frac{1}{4},$$

显然有

$$P(A_1 A_2) = P(A_1)P(A_2),$$

$$P(A_1 A_3) = P(A_1)(A_3),$$

$$P(A_2 A_3) = P(A_2)(A_3).$$

但

$$P(A_1 A_2 A_3) \neq P(A_1)(A_2)(A_3).$$

所以事件 A_1，A_2，A_3 两两独立，但是 A_1，A_2，A_3 不相互独立.

【例 1-17】 甲、乙、丙三人同时对飞机进行射击，三人击中的概率分别是 0.4，0.5，0.7. 飞机被一人击中而被击落的概率是 0.2，飞机被两人击中而被击落的概率是 0.6，若三人都击中，则飞机必定被击落，求飞机必定被击落的概率.

解 设 A_i 表示"飞机被 i 人击中"($i=1$，2，3)，$A_甲$，$A_乙$，$A_丙$ 分别表示"甲、乙、丙三人击中飞机"，$A_甲$，$A_乙$，$A_丙$ 相互独立．则有

$$A_1 = A_甲\overline{A_乙}\,\overline{A_丙} + \overline{A_甲}A_乙\overline{A_丙} + \overline{A_甲}\,\overline{A_乙}A_丙,$$

$$A_2 = A_甲A_乙\overline{A_丙} + \overline{A_甲}A_乙A_丙 + A_甲\overline{A_乙}A_丙,$$

$$A_3 = A_甲A_乙A_丙,$$

A_1，A_2，A_3 构成样本空间一个的划分．

$$P(A_1) = P(A_甲\overline{A_乙}\,\overline{A_丙}) + P(\overline{A_甲}A_乙\overline{A_丙}) + P(\overline{A_甲}\,\overline{A_乙}A_丙)$$
$$= 0.4\times0.5\times0.3 + 0.6\times0.5\times0.3 + 0.6\times0.5\times0.7 = 0.36,$$

$$P(A_2) = P(A_甲A_乙\overline{A_丙}) + P(\overline{A_甲}A_乙A_丙) + P(A_甲\overline{A_乙}A_丙) = 0.41,$$

$$P(A_3) = P(A_甲A_乙A_丙) = 0.14.$$

设 A 表示"飞机被击落"，于是由全概率公式得

$$P(A) = P(A|A_1)P(A_1) + P(A|A_2)P(A_2) + P(A|A_3)P(A_3)$$
$$= 0.2\times0.36 + 0.6\times0.41 + 1\times0.14 = 0.458.$$

第六节 古典概型的常见应用实例

【例 1-18】 彩票问题，我们以双色球为例．

双色球是我们国家官方发行的福利彩票．开奖时球分为两种颜色（红色和蓝色），所以叫双色球．其中，红色球标记为 1 到 33 共 33 个球，蓝色球标记为 1 到 16 共 16 个球．选号时红色球选 6 个，蓝色球选 1 个．彩票号码无顺序要求．单注售价 2 元．

由于具体规则中含有"奖池"，规则较为复杂．在此处仅按照一般情况下所能得到的奖金计算．

一等奖：7 个号码相符（6 个红色球号码和 1 个蓝色球号码）；奖金约为 5000000 元人民币（税前）．

二等奖：6 个红色球号码相符；奖金约为 600000 元人民币（税前）．

三等奖：5 个红色球号码和 1 个蓝色球号码相符；奖金为 3000 元人民币．

四等奖：5 个红色球号码或 4 个红色球号码和 1 个蓝色球号码相符；奖金为 200 元人民币．

五等奖：4 个红色球号码或 3 个红色球号码和 1 个蓝色球号码相符；奖金为 10 元人民币．

六等奖：1 个蓝色球号码相符（有无红色球号码相符均可）；奖金为 5 元人

民币.

按照中奖规则可以计算双色球的各等奖中奖概率.

首先计算一下双色球所有可能的组合方式总数是

$$n = C_{33}^6 C_{16}^1 = 1107568 \times 16 = 17721088$$

于是可得各等奖中奖概率分别如下.

一等奖: $\qquad n_1 = C_6^6 C_1^1 = 1,$

$$P_1 = \frac{n_1}{n} = \frac{1}{17721088} = 0.00000005642994 = 0.000005642994\%.$$

二等奖: $\qquad n_2 = C_6^6 C_{15}^1 = 15,$

$$P_2 = \frac{n_2}{n} = \frac{15}{17721088} = 0.0000008464492 = 0.00008464492\%.$$

三等奖: $\qquad n_3 = C_6^5 C_{27}^1 C_1^1 = 162,$

$$P_3 = \frac{n_3}{n} = \frac{162}{17721088} = 0.000009141651 = 0.0009141651\%.$$

四等奖: $\qquad n_4 = C_6^5 C_{27}^1 C_{15}^1 + C_6^4 C_{27}^2 C_1^1 = 7695,$

$$P_4 = \frac{n_4}{n} = \frac{7695}{17721088} = 0.0004342284 = 0.04342284\%.$$

类似可计算得到中五等奖和六等奖的概率分别为

$$P_5 = 0.00775771 = 0.775771\%; \quad P_6 = 0.0588925 = 5.88925\%.$$

总的中奖率为

$$P = P_1 + P_2 + P_3 + P_4 + P_5 + P_6 = 6.709453\%.$$

以上计算应用了类似于古典概型中超几何概率分布的模型.

看看上面计算出的那些数字, 真是可以用"惨不忍睹"来形容了, 因为这些数值实在有些小. 所以说买彩票的朋友们, 中奖实在是很难的.

【例 1-19】 抓阄问题.

口袋中有 a 只白球, b 只红球, k 个人依次在口袋里取 1 只球,

(1) 做放回抽样; (2) 做不放回抽样, 求第 $i(i = 1, 2, \cdots, k)$ 人取到白球的概率 $(k \leqslant a + b)$.

解 设 A 表示"第 $i(i = 1, 2, \cdots, k)$ 人取到白球".

(1) 放回抽样的情况, 显然有 $P(A) = \dfrac{a}{a + b}$.

（2）不放回抽样的情况，各人取一只球，每种取法为一基本事件，共有

$$A_{a+b}^k = (a+b)(a+b-1)\cdots(a+b-k+1)$$

个基本事件，且由于对称性知每个基本事件的发生是等可能的，当事件 A 发生时，第 i 人取的白球可以是 a 只白球中的任意一只，有 a 种取法，其余被取的 $k-1$ 只球可以是其余 $a+b-1$ 只球中的任意 $k-1$ 只，共有

$$A_{a+b-1}^{k-1} = (a+b-1)(a+b-2)\cdots(a+b-k+1)$$

种取法，于是事件 A 中包 aA_{a+b-1}^{k-1} 个基本事件，故有

$$P(A) = aA_{a+b-1}^{k-1}/A_{a+b}^k = \frac{a}{a+b}.$$

由以上结果可知 $P(A)$ 与 i 无关，k 个人依次取球，尽管取球的先后次序不同，各人取到白球的概率是一样的，这也从理论上说明了人们常常采用"抓阄儿"的办法是公平合理的.

【例 1-20】 医学解释问题.

根据以往的临床记录，某种诊断癌症的试验具有如下的效果：若以 A 表示事件"试验反应为阳性"，以 C 表示事件"被诊断者患有癌症"，则有 $P(A|C) = 0.95$，$P(\overline{A}|\overline{C}) = 0.95$. 现在对自然人群进行普查，设被试验的人患有癌症的概率 0.005，即 $P(C) = 0.005$，试求 $P(C|A)$.

解 已知 $P(A|C) = 0.95$，$P(A|\overline{C}) = 1 - P(\overline{A}|\overline{C}) = 0.05$，$P(C) = 0.005$，$P(\overline{C}) = 0.995$，由贝叶斯公式

$$P(C|A) = \frac{P(A|C)P(C)}{P(A|C)P(C) + P(A|\overline{C})P(\overline{C})} = 0.087.$$

本题的结果表明，虽然 $P(A|C) = 0.95$，$P(\overline{A}|\overline{C}) = 0.95$，这两个概率都比较高，但若将此试验用于普查，则有 $P(C|A) = 0.087$，亦即其正确性只有 8.7%，也就是平均 1000 个具有阳性反应的人中大约只有 87 人确患有癌症. 如果不注意这一点，将会得出错误的结论，这也说明，若将 $P(A|C)$ 和 $P(C|A)$ 混淆了会造成不良的后果.

这里，$P(C) = 0.005$ 是由以往的数据分析得到的，叫作先验概率，而在得到信息试验反应为阳性之后再重新加以修正的概率 $P(C|A) = 0.087$ 叫作后验概率. 有了后验概率我们就能对患者的情况有了进一步的了解.

【例 1-21】 可靠性问题.

一个元件（或系统）能正常工作的概率称为元件（或系统）的可靠性. 设电

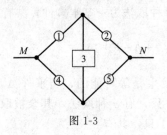

图 1-3

路 MN 中有 5 个独立工作的元件 1，2，3，4，5，它们的可靠性均为 p，将它们按图 1-3 的方式连接（称其为桥式电路），求该电路的可靠性.

解 引进事件 A_i 表示"第 i 元件工作正常" $i=1$，2，3，4，5，B 表示"电路通畅"，由条件知事件 $A_i(i=1,2,3,4,5)$ 相互独立. 易知

$$B=A_1A_2+A_4A_5+A_1A_3A_5+A_2A_3A_4,$$

由概率的加法公式和事件 $A_i(i=1,2,3,4,5)$ 的独立性，可得

$$
\begin{aligned}
P(B)&=P(A_1A_2+A_4A_5+A_1A_3A_5+A_2A_3A_4)\\
&=P(A_1A_2)+P(A_4A_5)+P(A_1A_3A_5)+P(A_2A_3A_4)-\\
&\quad [P(A_1A_2A_4A_5)+P(A_1A_2A_3A_5)+P(A_1A_2A_3A_4)]+\\
&\quad [P(A_1A_3A_4A_5)+P(A_2A_3A_4A_5)+P(A_1A_2A_3A_4A_5)+\\
&\quad 4P(A_1A_2A_3A_4A_5)]-P(A_1A_2A_3A_4A_5)\\
&=2p^2+2p^3-5p^4+2p^5.
\end{aligned}
$$

【例 1-22】 乒乓球赛制问题.

甲、乙进行乒乓球单打比赛，已知每局甲获胜的概率为 0.6，乙获胜的概率为 0.4，比赛可采用三局两胜制或五局三胜制. 问：在哪种赛制下，甲获胜的可能性比较大？

解 用 A 表示"甲获胜".

对于三局两胜制，$A=A_1 \bigcup A_2$，其中 A_1 表示"甲净胜两局"，A_2 表示"前两局甲一胜一负，第三局甲胜"，显然 A_1，A_2 互斥. 且

$$P(A_1)=0.6^2=0.36, \quad P(A_2)=2\times0.6\times0.4\times0.6=0.288,$$

于是 $P(A)=P(A_1)+P(A_2)=0.648$.

对于五局三胜制，$A=B_1 \bigcup B_2 \bigcup B_3$，其中 B_1 表示"甲净胜三局"，B_2 表示"前三局甲两胜一负，第四局甲胜"，B_3 表示"前四局甲、乙各胜两局，第五局甲胜"，显然 B_1，B_2，B_3 互斥，且

$$P(B_1)=0.6^3=0.216,$$

$$P(B_2)=3\times0.6^2\times0.4\times0.6=0.259,$$

$$P(B_3)=6\times0.6^2\times0.4^2\times0.6=0.207,$$

所以 $P(A)=P(B_1)+P(B_2)+P(B_3)=0.682$.

这表明，采用五局三胜制甲获胜的概率更大一些，同时也说明水平高的选手比赛场数越多越有优势.

古典概型的实际应用案例还有很多，请读者留意观察，我们都能利用古典概

率的有关知识给人以深刻的解释.

第七节 排列、组合及概率计算的 MATLAB 实现

MATLAB 是由美国 MathWorks 公司推出的用于数值计算和图形处理计算系统环境,除了具备卓越的数值计算能力外,它还提供了专业水平的符号计算、文字处理、可视化建模仿真和实时控制等功能.MATLAB 在概率与数理统计中有着广泛应用,本节介绍运用 MATLAB 计算排列组合数、验证概率的频率定义,计算条件概率的命令和使用格式.

一、计算排列、组合数

MATLAB 中提供的排列组合函数如表 1-2 所示.

表 1-2

函数名	调用格式	注 释
组合数	nchoosek(n,k)	计算组合数 C_n^k
排列数	factorial(n)	计算排列数 $n!$

【例 1-23】 计算组合数 C_{15}^8.

解 输入程序:

≫N＝nchoosek(15,8)

运行程序后得到:

N＝

6435

【例 1-24】 计算排列数 12!

解 输入程序:

≫N＝factorial(12)

运行程序后得到:

N＝

479001600

计算排列数 A_n^k 时,根据排列数与组合数之间的关系,只需使用函数 nchoosek(n,k) * factorial(k)即可.

【例 1-25】 计算排列数 A_{10}^3.

解 输入程序:

≫N＝nchoosek(10,3) * factorial(3)

运行程序后得到:

N＝

720

二、 验证概率的频率定义

由古典概率的定义知，古典概率基于两个原则：（1）所有可能发生的结果只有有限个；（2）每一种可能出现的结果机会是相同的．我们可以利用 MATLAB 中提供的一个在 [0，1] 区间上均匀分布的随机函数来验证概率的频率定义，如表 1-3 所示．

表 1-3

函数名	调用格式	注　释
0-1 随机数	rand(N)	返回一个 $N \times N$ 的随机矩阵
0-1 随机数	rand(N,M)	返回一个 $N \times M$ 的随机矩阵
0-1 随机数	rand	产生一个 $0 \sim 1$ 之间的随机数

现以连续掷 10000 次硬币为例，重复做 100 次试验模拟出现正面的概率．可以用计算机模拟掷硬币这一过程，为了模拟硬币出现正面或反面，规定随机数小于 0.5 时为反面，否则为正面，可以用 round() 函数将其变成 0-1 矩阵，然后将整个矩阵的各元素值加起来再除以总的原始个数，即为出现正面的概率．

在 MATLAB 中的程序如下．

输入程序：

```
for i＝1：100
    a(i)＝sum(sum(round(rand(100))))/10000;
end
ma＝mean(a);
ma
```

运行后结果为：

```
ma＝
    0.4996
```

在该程序输出项中，ma 为 100 次试验出现正面的平均频率．

说明：round(x) 是对 x 进行四舍五入取整．

统计概率的定义是建立在频率基础上的，就是说某事件出现频率如果稳定在某数值 α 附近，则称数值 α 为该事件出现的概率．由于统计概型中的概率 α 是一个理论上的数值，实际问题中根本无法直接得到该数值，因而通常在试验次数充分多时，利用频率值近似代替概率值．在掷硬币的试验中，在试验次数充分多的情况下，掷硬币出现正面和反面的频率均在 0.5 左右，故出现正面和反面的概率均为 0.5．下面来看掷硬币时，当样本容量分别为

$$n＝10,100,1000,10000,100000,1000000$$

时频率的变化．在 MATLAB 中实现时程序代码如下．

输入程序：

```
for i=1:6
    a(i)=sum(round(rand(1, 10^i)))/10^i;
end
```

运行后结果为：

a=

    0.5000   0.5400   0.4990   0.5131   0.5012   0.5000

运行后可以看出，当样本容量不够大时，其频率的波动范围很大，即频率不够稳定，即使有时达到 0.5，但最大时已达到 0.54，然而随着样本容量的增加，频率的波动范围越来越小，相差仅有 10^{-3} 左右．

我们通过例题说明如何运用 MATLAB 计算概率．

【例 1-26】 袋中有 10 只球，其中白球 7 只，黑球 3 只．分有放回和无放回两种情况，分三次取球，每次取一个．分别求：（1）第三次摸到了黑球的概率；（2）第三次才摸到黑球的概率；（3）三次都摸到了黑球的概率．

解 当有放回地摸球时，由于三次摸球互不影响，因此三次摸球相互独立，从理论上可以求得：

（1）第三次摸到黑球的概率为 $\dfrac{3}{10}=0.3$；

（2）第三次才摸到黑球的概率为 $\dfrac{7}{10}\times\dfrac{7}{10}\times\dfrac{3}{10}=0.147$；

（3）三次都摸到黑球的概率为 $\dfrac{3}{10}\times\dfrac{3}{10}\times\dfrac{3}{10}=0.027$．

在 MATLAB 中模拟这一过程时，可在 [0，1] 区间上产生三次随机数来模拟三次摸球，当随机数小于 0.7 时可认为摸到了白球，否则认为摸到了黑球．分别做 10，10^2，$\cdots$，10^6 次试验，上述三种情况出现的概率对应的程序如下．

输入程序：

```
a=round(rand(1000000,3)-0.2);
for i=1:6
    b=a(1:10^i,3);
    c(i)=sum(b)/(10^i);
end
```

运行后结果为：

c=

    0.4000   0.2900   0.3330   0.3051   0.2995   0.2994

可见结果随着试验次数的增加，其结果收敛于理论值 0.3．

输入程序：

```
for i=1:6
    b=(~a(1:10^i,1))&(~a(1:10^i,2))&a(1:10^i,3);
    d(i)=sum(b)/(10^i);
end
d
```

运行后结果为：

d=

    0.1000   0.1300   0.1690   0.1492   0.1469   0.1465

可见结果随着试验次数的增加，其结果收敛于理论值 0.147.

输入程序：

```
for i=1:6
    b=a(1:10^i,1)&a(1:10^i,2)&a(1:10^i,3);
    e(i)=sum(b)/(10^i);
end
e
```

运行后结果为：

e=

    0   0   0.0180   0.0276   0.0272   0.0270

可见结果随着试验次数的增加，其结果收敛于理论值 0.027.

习题

A组　基本题

1. 填空题.

(1) 设随机事件 A 与 B 互斥，且 $P(A)=0.4$，$P(A\bigcup B)=0.7$，则 $P(B)$ =＿＿＿＿＿ .

(2) 设两个相互独立的事件 A 和 B 都不发生的概率为 $\frac{1}{9}$，A 发生 B 不发生的概率与 B 发生 A 不发生的概率相等，则 $P(A)=$＿＿＿＿＿ .

(3) 盒中有 4 个棋子，其中 2 个白子，2 个黑子，今有一人随机地从盒中取出 2 个棋子，则这 2 个棋子颜色不同的概率为＿＿＿＿＿ .

(4) 设有两间房屋，每一房屋发生火灾的概率均为 0.05，且其中任何一间房屋发生火灾，均会使另一房屋发生火灾的概率增加为 0.3，则两间房屋都不发生火灾的概率为＿＿＿＿＿ .

(5) 设 A，B 为随机事件，已知 $P(A)=0.2$，$P(B)=0.3$，且 A，B 相互独立，则 $P(\overline{A}\,\overline{B})=$ _____ .

2. 选择题.

(1) 投掷一枚骰子，设 $A=$ "出现点数不超过 3"，则称 A 为（　　）.

(A)不可能事件　　　(B)基本事件　　　(C)必然事件　　　(D)随机事件

(2) 下列结论正确的是（　　）.

(A)若 $P(AB)=0$，则 A，B 互不相容

(B)若 $P(A)=1$，$P(B)=1$，则 A，B 相互独立

(C)若 $P(A)=1$，$P(B)=1$，则 $P(AB)=1$ 不一定成立

(D)若 $P(A)=1$，则 A 是必然事件

(3) 假设 $B \subset A$，则下列命题正确的是（　　）.

(A) $P(\overline{A}\,\overline{B})=1-P(A)$　　　　(B) $P(\overline{A}-\overline{B})=P(\overline{A})-P(\overline{B})$

(C) $P(B|A)=P(B)$　　　　　　(D) $P(A|\overline{B})=P(A)$

(4) 某人向同一目标独立重复射击，每次射击命中目标的概率为 $p(0<p<1)$，则此人第 4 次射击恰好第 2 次命中目标的概率为（　　）.

(A) $3p(1-p)^2$　　　　　　(B) $6p(1-p)^2$

(C) $3p^2(1-p)^2$　　　　　　(D) $6p^2(1-p)^2$

(5) 某一学生宿舍中有 6 名同学，假设每人的生日在一周 7 天中的任一天是等可能的，则至少有一个人的生日在星期天的概率为（　　）.

(A) $\dfrac{1}{7^6}$　　　　(B) $\dfrac{6^6}{7^6}$　　　　(C) $1-\dfrac{6^6}{7^6}$　　　　(D) $1-\dfrac{1}{7^6}$

3. 设 A,B,C 是三个事件，试将下列事件用 A,B,C 的运算表示出来.

(1) 仅 A 发生；　　　　　　(6) 三个事件都不发生；

(2) A,B 发生，但 C 不发生；　(7) 三个事件不多于一个发生；

(3) 三个事件不都发生；　　　　(8) 三个事件恰有一个发生；

(4) 三个事件至少一个发生；　　(9) 三个事件恰有两个发生；

(5) 三个事件至多一个发生；　　(10) 三个事件至少两个发生.

4. 设 A、B 是两事件，且 $P(A)=0.6$，$P(B)=0.7$. 问：(1) 在什么条件下，$P(AB)$ 取到最大值，最大值是多少？(2) 在什么条件下，$P(AB)$ 取到最小值，最小值是多少？

5. 设 A，B，C 是三个事件，且

$$P(A)=P(B)=P(C)=\frac{1}{4},\ P(AB)=P(BC)=0,\ P(AC)=\frac{1}{8},$$

则 A，B，C 至少有一个发生的概率为多少？

6. n 对新人参加婚礼，现进行一项游戏：随机地把人分为 n 对．问：每对恰为夫妻的概率是多少？

7. 设有 15 个人要去看电影，只有 7 张电影票，于是进行抽签决定谁去．求第 5 个抽签者抽到电影票的概率．

8. 从电话号码簿中任取一个电话号码，求后面四个数全不相同的概率．（设后面四个数中的每一个数都是等可能地取 $0,1,\cdots,9$）

9. 标准英语词典中，有 55 个由两个不相同的字母所组成的单词，若从 26 个英文字母中任意取两个字母予以排列，问：能排成上述单词的概率是多少？

10. 房间里有 10 个人，分别佩戴从 1 号到 10 号的纪念章，任选三个记录其纪念章的号码．（1）求最小号码是 5 的概率；（2）求最大号码是 5 的概率．

11. 将 3 个球随机地放入 4 个杯子中去，求杯子中球的最大个数分别为 1,2，3 的概率．

12. 已知 $P(A)=\dfrac{1}{4}$，$P(B|A)=\dfrac{1}{3}$，$P(A|B)=\dfrac{1}{2}$，求 $P(A\cup B)$．

13. （1）设甲袋中装有 n 只白球，m 只红球；乙袋中装有 N 只白球、M 只红球．今从甲袋中任意取一只球放入乙袋中，再从乙袋中任意取一只球．问：取到白球的概率是多少？

（2）第一只盒子装有 5 只红球，4 只白球；第二只盒子装有 4 只红球，5 只白球．先从第一只盒子中任取 2 只球放入第二只盒中子去，然后从第二只盒子中任取一只球，求取到白球的概率．

14. 设 10 件产品中有 4 件不合格品，从中任取两件，已知所取两件产品中有一件是不合格品，求另外一件也是不合格品的概率．

15. 已知男人中有 5% 是色盲患者，女人中有 0.25% 是色盲患者，今从男女人数相等的人群中随机地挑选一人，恰好是色盲患者，问：此人是男性的概率是多少？

16. 某人下午 5:00 下班，他所积累的资料如表 1-4 所示．

表 1-4

到家时间	5:35~5:39	5:40~5:44	5:45~5:49	5:50~5:54	迟于 5:54
乘地铁到家的概率	0.10	0.25	0.45	0.15	0.05
乘汽车到家的概率	0.30	0.35	0.20	0.10	0.05

某日他抛一枚硬币决定乘地铁还是乘汽车,结果他是 5:47 到家的．试求他是乘地铁回家的概率．

17. 三人独立地去破译一份密码,已知各人能译出的概率分别为 $\frac{1}{5},\frac{1}{3},\frac{1}{4}$．问三人中至少有一人能将此密码译出的概率是多少?

18. 袋中有 50 个乒乓球,其中 20 个是黄球,30 个是白球．今有两人依次随机地从袋中各取一球,取后不放回,问第二个人取得黄球的概率．

19. 研究生入学考试面试时由考生抽签答题．已知 10 支考签中有 4 支难题签,甲、乙两人各抽一签,甲先抽(不放回)．

(1) 求甲、乙两人各自抽到难签的概率;

(2) 若已知乙抽到了难签,求甲抽到难签的概率．

20. 某厂仓库存有 1,2,3 号箱子分别为 10,20,30 个,均装有某产品．1号箱内装有正品 20 件,次品 5 件;2 号箱内装有正品 20 件,次品 10 件;3 号箱内装有正品 15 件,次品 10 件．现从中任取一箱,再从箱中任取一件产品．问:
(1) 取到正品及次品的概率各是多少?(2) 若已知取到正品,求该正品是从 1 号箱中取出的概率．

B 组　提高题

1. 某人忘记了电话号码的最后一个数字,因而他随意地拨号．求他拨号不超过三次而接通所需电话的概率;若已知最后一个数字是奇数,那么此概率是多少?

2. 设第一只盒子中装有 3 只蓝球,2 只绿球,2 只白球;第二只盒子中装有 2 只蓝球,3 只绿球,4 只白球．独立地分别在两只盒子中各取一只球．

(1) 求至少有 1 只蓝球的概率;

(2) 求有 1 只蓝球 1 只白球的概率;

(3) 已知至少有 1 只蓝球,求有 1 只蓝球 1 只白球的概率．

3. 据以往资料表明,某三口之家,患某种传染病的概率有以下规律:$P\{$孩子得病$\}=0.6$,$P\{$母亲得病$|$孩子得病$\}=0.5$,$P\{$父亲得病$|$母亲及孩子得病$\}=0.4$．求母亲及孩子得病,但父亲未得病的概率．

4. 一学生接连参加同一课程的两次考试．第一次及格的概率为 p,若第一次及格,则第二次及格的概率也为 p;若第一次不及格,则第二次及格的概率为 $\frac{p}{2}$．(1) 若至少有一次及格则他能取得某种资格,求他取得该资格的概率;(2) 若已知他第二次及格,求他第一次及格的概率．

5. 甲、乙两人独立地向同一靶子射击一次,其命中率分别为 0.7,0.8,若已知靶子被击中,求它只是被甲击中的概率．

6. 袋中装有 m 只正品硬币，n 只次品硬币（次品硬币的两面均印有国徽），在袋中任取一只，将它投掷 r 次，已知每次都得到国徽，问：这只硬币是正品的概率是多少？

7. 掷一枚均匀硬币直到出现 3 次正面才停止。问：

(1) 正好在第六次停止的概率；

(2) 正好在第六次停止的情况下，第五次也是出现正面的概率。

8. 将两个信息分别编码为 A 和 B 传递出去，接收站收到时，A 被误收作 B 的概率为 0.02，B 被误收作 A 的概率为 0.01，信息 A 和信息 B 传送的频繁程度为 2：1，如接收站收到的信息为 A，问：原发信息是 A 的概率是多少？

9. 将 A，B，C 三个字母之一输入信道，输出为原字母的概率为 α，而输出为其他字母的概率都是 $\dfrac{1-\alpha}{2}$，今将字母串 AAAA，BBBB，CCCC 之一输入信道，输入 AAAA，BBBB，CCCC 的概率分别为 p_1，p_2，p_3，$p_1+p_2+p_3=1$，已知输出为 ABCA，问：输入的是 AAAA 的概率是多少？（设信道传输各个字母的工作是独立的）

10. A，B，C 三人在同一办公室工作，房间里有一部电话。据统计知，打给 A，B，C 的电话的概率分别 $\dfrac{2}{5}$，$\dfrac{2}{5}$，$\dfrac{1}{5}$，他们三人常因工作外出，A，B，C 三人外出的概率分别为 $\dfrac{1}{2}$，$\dfrac{1}{4}$，$\dfrac{1}{4}$。设三人的行动相互独立。求：(1) 无人接电话的概率；(2) 被呼叫人在办公室的概率；(3) 若同一时间打进 3 个电话，这 3 个电话打给同一个人的概率；(4) 这 3 个电话打给不相同的人的概率；(5) 这 3 个电话都打给 B 的条件下，而 B 却都不在的条件概率。

11. 一盒电子元件有 10 只，其中 7 只正品，3 只次品，从中不放回地抽取 4 次，每次 1 只，求第一、二次取得次品且第三、四次取得正品的概率。

12. 抗战时期，某军方组织 4 组人员各自独立破译敌方情报密码。已知头两组能单独破译出的概率均为 $\dfrac{1}{3}$，后两组能单独破译出的概率均为 $\dfrac{1}{2}$，求破译密码的概率。

13. 设根据以往记录的数据分析，某船只运输的某种物品损坏的情况共有三种：损坏 2%（这一事件记为 A_1）；损坏 10%（事件 A_2）；损坏 90%（事件 A_3）。且 $P(A_1)=0.8$，$P(A_2)=0.15$，$P(A_3)=0.05$。现在从已被运输的物品中随机取 3 件，发现这 3 件都是好的（这一事件记为 B）。试求 $P(A_1|B)$，$P(A_2|B)$，$P(A_3|B)$（这里设物品件数很多，取出一件后不影响后一件是否为好品的概率）。

14. 设某种病菌在人口中的带菌率为 0.03，当检查时，设 P（阳性｜带菌）＝ 0.99，P（阴性｜带菌）＝0.01，P（阳性｜不带菌）＝0.05，P（阴性｜不带菌）＝ 0.95. 现设某人检查是阳性，问：他带菌的概率是多少？

15. 请用 MATLAB 软件完成 A 组的第 7、8 题，并用一个文件名存盘.

第二章

随机变量及其分布

第一节　随机变量

在第一章里，我们主要研究了随机事件及其概率，大家可能会注意到在随机现象中，有很大一部分问题与实数之间存在着某种客观的联系．例如，在产品检验问题中，我们关心的是抽样中出现的废品数；在掷骰子的试验中，我们关心的是出现的点数；在考察学生的学习成绩时我们关心的是学生的分数等．对于这类随机现象，其试验结果显然可以用数值来描述，并且随着试验的结果不同而取不同的数值．另外，有些初看起来与数值无关的随机现象，也常常能联系数值来描述．比如，在投硬币问题中，每次实验出现的结果为正面或反面，与数值没有联系，但我们可以通过指定数"1"代表正面，"0"代表反面，为了计算 n 次投掷硬币中出现正面的次数就只需计算其中"1"出现的次数了，从而使这一随机试验的结果与数值也发生了联系．

这就说明，不管随机试验的结果是否具有数量的性质，我们都可以建立一个样本空间和实数空间的对应关系，使之与数值发生联系．

为了全面的研究随机试验的结果，揭示随机现象的统计规律性，我们将随机试验的结果与实数对应起来，将随机试验的结果数量化，引入随机变量的概念．

【例 2-1】 从一个装有编号为 $0,1,2,3,4,5,6,7,8,9$ 的球的袋中任意摸一球，观察球的号码，则其样本空间为 $S=\{0,1,2,3,4,5,6,7,8,9\}$，以 X 记摸到编号为 i 的球，$i=0,1,2,3,4,5,6,7,8,9$，那么，对于样本空间 $S=\{e\}$ 中每一个样本点 e，X 都有一个数与之对应，X 是定义在样本空间 $S=\{e\}$ 上的一个实值单值函数，它的定义域是样本空间 $S=\{0,1,2,3,4,5,6,7,8,9\}$，值域是实数集合 $\{0,1,2,3,4,5,6,7,8,9\}$．使用函数记号可写成

$$X=X(e)=i, \ i=0,1,2,3,4,5,6,7,8,9.$$

【例 2-2】 将一枚硬币抛掷三次，观察正面 H、反面 T 出现的情况，其样本空间为

$$S = \{HHH, HHT, HTH, THH, HTT, THT, TTH, TTT\},$$

以 Y 记三次投掷得到正面 H 的总数，那么，对于样本空间 $S = \{e\}$ 中每一个样本点 e，Y 都有一个数与之对应，Y 是定义在样本空间 $S = \{e\}$ 上的一个实值单值函数，它的定义域是样本空间 $S = \{e\}$，值域是实数集合 $\{0, 1, 2, 3\}$，使用函数记号可写成

$$Y = Y(e) = \begin{cases} 3, & e = HHH, \\ 2, & e = HHT, HTH, THH, \\ 1, & e = HTT, THT, TTH, \\ 0, & e = TTT. \end{cases}$$

【定义 2-1】 设随机试验 E 的样本空间为 $S = \{e\}$，如果对于每一个 $e \in S$，有唯一的实数 $X = X(e)$ 与之对应，则称 $X = X(e)$ 为随机变量．

例 2-1、例 2-2 中所定义的两个变量 X 和 Y 就是随机变量．

本书中，我们一般用大写字母如 X, Y, Z, X_i, Y_j 等表示随机变量．

对应关系 $X = X(e)$ 的取值是随机的，也就是说，在试验之前，X 取什么值不能确定，而是由随机试验的可能结果决定的，但 X 的所有可能取值是事先可以预言的，X 是定义在 $S = \{e\}$ 上而取值在 $\boldsymbol{R}$ 上的函数．

随机变量定义后，我们就可以用随机变量取值来表示随机事件啦，例如，在例 2-1 中，A 表示事件"摸到的球的号码不大于 5"，利用随机变量可以表示为 $\{X \leqslant 5\}$，例 2-2 中，事件 $B = \{HHT, HTH, THH\}$，利用随机变量可以表示为 $\{Y = 2\}$，而 $\{Y \geqslant 2\}$ 表示事件 $C = \{HHT, HTH, THH, HHH\}$，在概率计算上可以写成 $P(C) = P\{X \geqslant 2\} = \dfrac{4}{8} = \dfrac{1}{2}$．

随机变量按取值的特点可分为离散型随机变量和非离散型随机变量，非离散型随机变量中我们只研究连续型随机变量，这些在后面的学习中会接触到．

随机变量的引入，使概率论的研究由个别随机事件扩展为随机变量所表征的随机现象的研究．正因为随机变量可以描述各种随机事件，使我们摆脱只是孤立地去研究一个随机事件，而通过随机变量将各个事件联系起来，进而去研究其全部，今后，我们主要研究随机变量及其他的分布．

第二节　随机变量的分布函数

【定义 2-2】 设 X 为一个随机变量，x 是任意实数，称函数

$$F(x) = P\{X \leqslant x\}, \ x \in \boldsymbol{R}$$

为 X 的分布函数，记为 $X \sim F(x)$．

对于任意实数 $x_1,x_2(x_1<x_2)$，有

$$P\{x_1<X\leqslant x_2\}=P\{X\leqslant x_2\}-P\{X\leqslant x_1\}=F(x_2)-F(x_1)，\qquad(2\text{-}1)$$

因此，若已知 X 的分布函数，我们就知道 X 落在任一区间 $(x_1,x_2]$ 上的概率，从这个意义上说，分布函数完整地描述了随机变量的统计规律性.

如果将 X 看成是数轴上随机点的坐标，那么，分布函数 $F(x)$ 在 x 处的函数值就表示 X 落在区间 $(-\infty,x]$ 上的概率（参见图 2-1）.

图 2-1

分布函数 $F(x)$ 具有以下基本性质.

(1) $F(x)$ 是一个不减函数，即对 $\forall x_1<x_2\in\mathbf{R}$，

$$F(x_1)\leqslant F(x_2)，$$

(2) $0\leqslant F(x)\leqslant 1$，且 $F(-\infty)=\lim\limits_{x\to-\infty}F(x)=0,F(+\infty)=\lim\limits_{x\to+\infty}F(x)=1$，

(3) $F(x+0)=F(x)$，即 $F(x)$ 是右连续的.

证明略.

设 $X\sim F(x)$，对任意实数 $a<b$，则有以下常用公式：

(1) $P\{a<X\leqslant b\}=P\{X\leqslant b\}-P\{X\leqslant a\}=F(b)-F(a)$，

(2) $P\{X<a\}=\lim\limits_{x\to a^-}F(x)=F(a-0)$，

(3) $P\{X=a\}=P\{X\leqslant a\}-p\{X<a\}=F(a)-F(a-0)$，

(4) $P\{X>a\}=1-P\{X\leqslant a\}=1-F(a)$.

相应地也可以得到其他类似的计算公式，请大家自己写出并给出证明.

【例 2-3】 已知 X 的分布函数为

$$F(x)=\begin{cases} 0, & x<0, \\ x/2, & 0\leqslant x<1, \\ 2/3, & 1\leqslant x<2, \\ 11/12, & 2\leqslant x<3, \\ 1, & x\geqslant 3. \end{cases}$$

求 $P\{X\leqslant 3\}$，$P\{X=1\}$，$P\{X>1/2\}$，$P\{2<X<4\}$.

解 $P\{X\leqslant 3\}=F(3)=1$，$P\{X=1\}=F(1)-F(1-0)=2/3-1/2=1/6$，

$$P\{X>1/2\}=1-P\{X\leqslant 1/2\}=1-F(1/2)=1-1/4=3/4，$$

$$P\{2<X<4\}=P\{X<4\}-P\{X\leqslant 2\}=F(4-0)-F(2)=1-11/12=1/12.$$

【例 2-4】 设随机变量 X 的分布函数为 $F(x)=A+B\arctan x$，试确定 A,B

的值.

　　解　由分布函数的性质（2）得

$$F(-\infty)=\lim_{x\to-\infty}F(x)=\lim_{x\to-\infty}(A+B\arctan x)=A-\pi/2B=0,$$

$$F(+\infty)=\lim_{x\to+\infty}F(x)=\lim_{x\to+\infty}(A+B\arctan x)=A+\pi/2B=1.$$

解得
$$A=1/2,B=1/\pi.$$

　　【例 2-5】　设 X 的分布函数为

$$F(x)=\begin{cases}0, & x\leqslant 0,\\ Ax^2, & 0<x\leqslant 1,\\ 1, & x>1.\end{cases}$$

确定 A 并求 $P\{0.3<X<0.7\}$.

　　解　由分布函数的右连续性知

$$\lim_{x\to 1^+}F(x)=1，而 F(1)=A\times 1^2，所以 A=1$$

即
$$F(x)=\begin{cases}0, & x\leqslant 0,\\ x^2, & 0<x\leqslant 1,\\ 1, & x>1.\end{cases}$$

于是得 $P\{0.3<X<0.7\}=F(0.7-0)-F(0.3)=0.7^2-0.3^2=0.4.$

第三节　离散型随机变量及其分布律

　　若随机变量 X 所有可能取到的值是有限个或可列无限多个，则称 X 为离散型随机变量.

　　【定义 2-3】　设随机变量 X 的所有可能取值为 $x_1,x_2,\cdots,x_k,\cdots$，且有

$$P\{X=x_k\}=p_k,(k=1,2,\cdots),\tag{2-2}$$

p_k 满足以下两个条件：

$$(1)\ 0\leqslant p_k\leqslant 1,\ (k=1,2,\cdots);\ (2)\ \sum_{k=1}^{\infty}p_k=1.\tag{2-3}$$

称式（2-2）为随机变量 X 的分布律.

分布律也可以用下面表格的形式表示．

X	x_1	x_2	$\cdots$	x_k	$\cdots$
p_k	p_1	p_2	$\cdots$	p_k	$\cdots$

离散型随机变量 X 分布函数为

$$F(x)=P\{X\leqslant x\}=\sum_{x_k\leqslant x}P\{X=x_k\}=\sum_{x_k\leqslant x}p_k. \tag{2-4}$$

【例 2-6】 口袋中装有 5 只同样大小的球，编号为 $1,2,3,4,5$，从中同时取出 3 只球，求取出球的最大号码 X 的分布律及其分布函数，并画出其图形．

解 先求 X 的分布律．由已知，X 的可能取值为 $3,4,5$，且

$$P\{X=3\}=1/C_5^3=1/10,$$
$$P\{X=4\}=C_3^2/C_5^3=3/10,$$
$$P\{X=5\}=C_4^2/C_5^3=6/10.$$

所以 X 的分布律为下表中所列．

X	3	4	5
p_k	$\dfrac{1}{10}$	$\dfrac{3}{10}$	$\dfrac{6}{10}$

由 $F(x)=P\{X\leqslant x\}=\sum_{x_i\leqslant x}p_i$ 得

$$F(x)=\begin{cases}0, & x<3,\\ 1/10, & 3\leqslant x<4,\\ 2/5, & 4\leqslant x<5,\\ 1, & x\geqslant5.\end{cases}$$

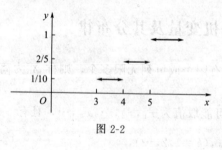

图 2-2

$F(x)$ 的图形如图 2-2 所示，它是一条阶梯型的曲线，在 $x=3,4,5$ 处有跳跃点，跳跃值分别为 $\dfrac{1}{10},\dfrac{3}{10},\dfrac{6}{10}$．

下面介绍离散型随机变量的几个常见的分布．

1. (0—1)分布

若随机变量 X 只可能取 0 与 1 两个值，且 $P\{X=0\}=1-p$，$P\{X=1\}=p$，则称 X 服从以 p 为参数的(0—1)分布，记为 $X\sim B(1,p)$．

任何随机试验，当只考虑两个试验结果 A 及 $\overline{A}$ 时，其中

$$P(A)=p, P(\overline{A})=1-p,$$

都可以用服从(0—1)分布的随机变量描述：

$$X=\begin{cases}1, & A\ \text{发生}\\0, & A\ \text{不发生}\end{cases}.$$

只考虑两个结果 A 及 $\overline{A}$ 的试验称为贝努利（Bernoulli）试验，设试验 E 只有两个可能结果 A 及 $\overline{A}$，$P(A)=p$，$P(\overline{A})=1-p$（$0<p<1$），若将 E 独立的重复进行 n 次，则称这些试验为 n 重贝努利试验.

2. 二项分布

设随机变量 X 表示"在 n 重贝努利试验中事件 A 发生的次数"，则在 n 重贝努利试验中事件 A 恰好发生 k 次的概率为

$$P\{X=k\}=C_n^k p^k(1-p)^{n-k}, k=0,1,\cdots,n. \tag{2-5}$$

其中 $P(A)=p,0<p<1$.

我们称随机变量 X 服从参数为 n,p 的二项分布，并记为 $X\sim B(n,p)$.

当 $n=1$ 时，二项分布 $X\sim B(1,p)$ 就是(0—1)分布.

【例 2-7】已知 100 个产品中有 5 个次品，现从中有放回地取 3 次，每次任取 1 个，以 X 表示"所取 3 个产品中的次品数". (1) 写出 X 的分布律；(2) 求所取 3 个产品中恰有 2 个次品的概率.

解 将抽取一次产品看成是一次试验，这是 3 重贝努利试验，由已知得

$$p=\frac{5}{100}=0.05, \text{则} X\sim B(3,0.05).$$

(1) X 的分布律为

$$P\{X=k\}=C_3^k\times0.05^k\times(1-0.05)^{3-k}=C_3^k\times0.05^k\times0.95^{3-k}, k=0,1,2,3.$$

(2) $P\{X=2\}=C_3^2\times0.05^2\times0.95=0.0071$.

若将本例中的"有放回"改为"无放回"，这就不是 n 重贝努利试验了，X 就不服从二项分布，而只能用古典概型来求解，请读者自己完成.

3. 泊松（Poisson）分布

若随机变量 X 的可能取值为 $0,1,2,\cdots$，而取各个值得概率为

$$P\{X=k\}=\frac{\lambda^k}{k!}e^{-\lambda}, k=0,1,2,\cdots,\lambda>0, \tag{2-6}$$

则称 X 服从参数为 λ 的泊松分布，记为 $X\sim\pi(\lambda)$.

注意：若 $X\sim B(n,p)$，则当 $n\to\infty$ 时，有 $C_n^k p^k(1-p)^{n-k}\to\frac{\lambda^k}{k!}e^{-\lambda}$，其中 $\lambda=np$，所以有当 p 较小，n 较大，np 适中时，（一般 $n\geq20,p\leq0.05$），二项分布可用泊松分布近似，即

$$C_n^k p^k (1-p)^{n-k} \approx \frac{\lambda^k}{k!} e^{-\lambda}. \tag{2-7}$$

【例 2-8】 某人进行射击，设每次射击的命中率为 0.02，独立射击 400 次，试求至少命中两次的概率.

解 将一次射击看成是一次试验，设命中的次数为 X，则 $X \sim B(400, 0.02)$，于是所求概率为

$$P\{X \geqslant 2\} = 1 - P\{X = 0\} - P\{X = 1\}$$
$$= 1 - 0.98^{400} - 400 \times 0.02 \times 0.98^{399} = 0.9972.$$

直接计算的计算量较大，可以用泊松分布近似计算，因为 $p = 0.02$ 较小，$n = 400$ 较大，$np = 8$ 适中，令 $\lambda = np = 8$，可得所求概率为

$$P\{X \geqslant 2\} = 1 - P\{X = 0\} - P\{X = 1\} \approx 1 - e^{-8} - 8e^{-8} \approx 0.997.$$

第四节　连续型随机变量及其概率密度

【定义 2-4】 如果对于随机变量 X 的分布函数 $F(x)$，存在非负可积函数 $f(x)$，使得对于任意实数 x 有

$$F(x) = \int_{-\infty}^{x} f(t) \mathrm{d}t, \tag{2-8}$$

则称 X 为连续型随机变量，函数 $f(x)$ 称为 X 的概率密度函数，简称概率密度.

可以证明连续型随机变量的分布函数是连续函数.

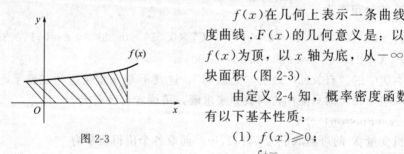

图 2-3

$f(x)$ 在几何上表示一条曲线，称为密度曲线. $F(x)$ 的几何意义是：以密度曲线 $f(x)$ 为顶，以 x 轴为底，从 $-\infty$ 到 x 的一块面积（图 2-3）.

由定义 2-4 知，概率密度函数 $f(x)$ 具有以下基本性质：

(1) $f(x) \geqslant 0$；

(2) $\int_{-\infty}^{+\infty} f(x) \mathrm{d}x = 1$；

(3) 对任意实数 $x_1 < x_2$，

$$P\{x_1 \leqslant X \leqslant x_2\} = P\{x_1 < X \leqslant x_2\} = P\{x_1 \leqslant X < x_2\}$$
$$= P\{x_1 < X < x_2\} = F(x_2) - F(x_1) = \int_{x_1}^{x_2} f(x) \mathrm{d}x；$$

(4) 若 $f(x)$ 在点 x 处连续，则 $\dfrac{\mathrm{d}F(x)}{\mathrm{d}x} = f(x)$；

由该性质，在连续点 x 处有

$$f(x) = \lim_{\Delta x \to 0} \frac{F(x+\Delta x) - F(x)}{\Delta x} = \lim_{\Delta x \to 0} \frac{P\{x < X \leqslant x + \Delta x\}}{\Delta x};$$

从这里我们看到概率密度的定义与物理学中的线密度的定义相类似,这就是为什么称之为概率密度的缘故;

(5) $P\{X = a\} = 0$, a 为区间内的一点. 事实上,任意 $\Delta x > 0$,有

$$0 \leqslant P\{X = a\} \leqslant P\{a - \Delta x < X \leqslant a\} = \int_{a-\Delta x}^{a} f(x)\mathrm{d}x$$

而 $\lim\limits_{\Delta x \to 0} \int_{a-\Delta x}^{a} f(x)\mathrm{d}x = 0$,所以 $P\{X = a\} = 0$.

由此可知,概率为 0 的事件不一定是不可能事件,同样概率为 1 的事件也不一定是必然事件. 这样,对连续型随机变量 X 有:

$$P\{x_1 < X \leqslant x_2\} = P\{x_1 \leqslant X < x_2\} = P\{x_1 < X < x_2\}$$
$$= P\{x_1 \leqslant X \leqslant x_2\} = \int_{x_1}^{x_2} f(x)\mathrm{d}x,$$

$$P\{X \geqslant x_1\} = P\{X > x_1\} = \int_{x_1}^{+\infty} f(x)\mathrm{d}x. \tag{2-9}$$

【例 2-9】 设随机变量 X 的密度函数为 $f(x) = \begin{cases} kx(1-x), & 0 < x < 1, \\ 0, & \text{其他}. \end{cases}$ 其中常数 $k > 0$,试确定 k 的值并求概率 $P\{X > 0.3\}$ 和 X 的分布函数.

解 由 $1 = \int_{-\infty}^{+\infty} f(x)\mathrm{d}x = \int_0^1 kx(1-x)\mathrm{d}x = k\int_0^1 (x - x^2)\mathrm{d}x = k/6$,

解得 $k = 6$.

$$P\{X > 0.3\} = \int_{0.3}^{+\infty} f(x)\mathrm{d}x = \int_{0.3}^1 6x(1-x)\mathrm{d}x = 0.784.$$

由于密度函数为 $f(x) = \begin{cases} 6x(1-x), & 0 < x < 1, \\ 0, & \text{其他}. \end{cases}$

所以 X 的分布函数为

$$F(x) = P\{X \leqslant x\} = \int_{-\infty}^{x} f(t)\mathrm{d}t$$

$$= \begin{cases} 0, & x < 0 \\ \int_0^x 6t(1-t)\mathrm{d}t, & 0 \leqslant x < 1 \\ 1, & x \geqslant 1 \end{cases} = \begin{cases} 0, & x < 0, \\ 3x^2 - 2x^3, & 0 \leqslant x < 1, \\ 1, & x \geqslant 1. \end{cases}$$

下面介绍三种重要的连续型随机变量.

1. 均匀分布

若连续型随机变量 X 具有概率密度

$$f(x) = \begin{cases} \dfrac{1}{b-a}, & a < x < b, \\ 0, & \text{其他}. \end{cases} \tag{2-10}$$

则称 X 在区间 (a,b) 上服从均匀分布，记作 $X \sim U(a,b)$.

随机变量 X 的分布函数为

$$F(x) = \begin{cases} 0, & x < a, \\ \dfrac{x-a}{b-a}, & a \leqslant x < b, \\ 1, & x \geqslant b. \end{cases} \tag{2-11}$$

2. 指数分布

若随机变量 X 具有概率密度

$$f(x) = \begin{cases} \dfrac{1}{\theta}\mathrm{e}^{-x/\theta}, & x > 0, \\ 0, & x \leqslant 0. \end{cases} \quad \text{其中 } \theta > 0 \text{ 为常数}, \tag{2-12}$$

则称 X 服从参数为 θ 的指数分布，记作 $X \sim E(\theta)$.

随机变量 X 的分布函数为

$$F(x) = \begin{cases} 1 - \mathrm{e}^{-x/\theta}, & x > 0, \\ 0, & x \leqslant 0. \end{cases} \tag{2-13}$$

3. 正态分布

若连续型随机变量 X 的概率密度为

$$f(x) = \frac{1}{\sqrt{2\pi}\sigma}\mathrm{e}^{-\frac{(x-\mu)^2}{2\sigma^2}}, \quad -\infty < x < +\infty, \tag{2-14}$$

式中，$\mu, \sigma(\sigma > 0)$ 为常数，则称 X 服从参数为 μ, σ^2 的正态分布，记为 $X \sim N(\mu, \sigma^2)$.

$f(x)$ 的图形如图 2-4 所示，它具有以下性质.

(1) 曲线关于 $x = \mu$ 对称，这表明对于任意 $a > 0$ 有

$$P\{\mu - a < X \leqslant \mu\} = P\{\mu < X \leqslant \mu + a\}.$$

(2) 当 $x = \mu$ 时 $f(x)$ 取到最大值 $f(\mu) = \dfrac{1}{\sqrt{2\pi}\sigma}$.

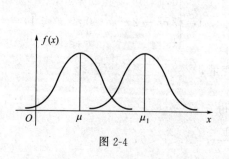

图 2-4

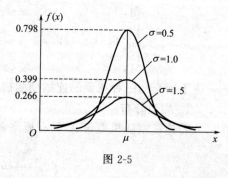

图 2-5

通过讨论函数 $f(x)$ 的性质我们可以知道，参数 μ 决定了密度曲线的位置，

参数 σ 决定了密度曲线的形状，曲线以 x 轴为渐近线（参见图 2-4、图 2-5）.

X 的分布函数为

$$F(x) = \frac{1}{\sqrt{2\pi}\sigma} \int_{-\infty}^{x} e^{-\frac{(t-\mu)^2}{2\sigma^2}} dt . \qquad (2\text{-}15)$$

特别地，参数 $\mu=0, \sigma^2=1$ 的正态分布称为标准正态分布，记作 $X \sim N(0,1)$，其概率密度和分布函数分别用 $\varphi(x)$，$\Phi(x)$ 表示，即有

$$\varphi(x) = \frac{1}{\sqrt{2\pi}} e^{-\frac{x^2}{2}}, \quad -\infty < x < +\infty , \qquad (2\text{-}16)$$

$$\Phi(x) = \int_{-\infty}^{x} \frac{1}{\sqrt{2\pi}} e^{-\frac{t^2}{2}} dt . \qquad (2\text{-}17)$$

由对称性知 $\Phi(-x) = 1 - \Phi(x)$，参见图 2-6.

人们已编制了 $\Phi(x)$ 的函数表，可供查用（见附表 1）.

一般，若 $X \sim N(\mu, \sigma^2)$，我们只要通过一个线性变换就能将它化成标准正态分布.

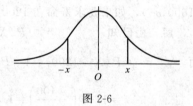

图 2-6

【定理 2-1】 若 $X \sim N(\mu, \sigma^2)$，则

$$Y = \frac{X-\mu}{\sigma} \sim N(0, 1).$$

证明见下节.

有了定理 2-1，我们就可以得到：

(1) 设 $X \sim N(0,1)$，则有 $P\{a < X \leqslant b\} = \Phi(b) - \Phi(a)$.

(2) 设 $X \sim N(\mu, \sigma^2)$，则对于任意 $a < b$，有

$$P\{a < X \leqslant b\} = P\left\{\frac{a-\mu}{\sigma} < \frac{X-\mu}{\sigma} \leqslant \frac{b-\mu}{\sigma}\right\} = \Phi\left(\frac{b-\mu}{\sigma}\right) - \Phi\left(\frac{a-\mu}{\sigma}\right).$$

【例 2-10】 设 $X \sim N(3, 2^2)$，

(1) 求 $P\{2 < X \leqslant 5\}$，$P\{|X| > 2\}$，$P\{X > 3\}$；

(2) 确定 c，使得 $P\{X > c\} = P\{X \leqslant c\}$；

(3) 设 d 满足 $P\{X > d\} \geqslant 0.9$，问：d 至多为多少？

解 因为 $X \sim N(3, 2^2)$，则 $Y = \dfrac{X-3}{2} \sim N(0,1)$，于是

(1)
$$P\{2 < X \leqslant 5\} = P\left\{\frac{2-3}{2} < \frac{X-3}{2} \leqslant \frac{5-3}{2}\right\}$$
$$= \Phi(1) - \Phi(-0.5) = 0.5328.$$

$$P\{|X|>2\}=1-P\{-2\leqslant X\leqslant 2\}=1-P\left\{\frac{-2-3}{2}<\frac{X-3}{2}\leqslant\frac{2-3}{2}\right\}$$

$$=1-\Phi(-0.5)+\Phi(-2.5)=0.6977.$$

$$P(X>3)=1-P(X\leqslant 3)=1-\Phi(0)=0.5.$$

(2) 由 $P\{X>c\}=P\{X\leqslant c\}$，得 $P\{X\leqslant c\}=0.5$，即

$$P\left\{\frac{X-3}{2}\leqslant\frac{c-3}{2}\right\}=0.5,$$

就有 $\Phi\left(\dfrac{c-3}{2}\right)=0.5$，得 $c=3$.

(3) $P\{X>d\}=1-P\{X\leqslant d\}=1-\Phi\left(\dfrac{d-3}{2}\right)\geqslant 0.9$，即 $-\dfrac{d-3}{2}\geqslant 1.281$，

即 d 至多取 0.436.

【例 2-11】 某工厂生产的电子管的寿命 X （单位：h）服从正态分布 $N(1600,\sigma^2)$，如果要求寿命在 $1200h$ 以上的概率不小于 0.96，求 σ 的值.

解 由已知 $\qquad P\{X>1200\}\geqslant 0.96,$

而 $\qquad P\{X>1200\}=1-P\{X\leqslant 1200\}=1-\Phi\left(\dfrac{1200-1600}{\sigma}\right)$

$$=1-\Phi\left(-\frac{400}{\sigma}\right)=1-\left[1-\Phi\left(\frac{400}{\sigma}\right)\right]=\Phi\left(\frac{400}{\sigma}\right),$$

故 $\qquad \Phi\left(\dfrac{400}{\sigma}\right)\geqslant 0.96,$

查标准正态分布表得 $\qquad \dfrac{400}{\sigma}\geqslant 1.76,$

故 $\sigma\leqslant 227.27$.

为了便于今后在数理统计中的应用，对于标准正态分布随机变量，我们引入上 α 分位点的定义.

设 $X\sim N(0,1)$，若 z_α 满足条件

$$P\{X>z_\alpha\}=\alpha,0<\alpha<1, \tag{2-18}$$

则称点 z_α 为标准正态分布的上 α 分位点 （图 2-7）.

z_α 的值可通过查标准正态分布表得到，另外，由 $\Phi(x)$ 图形的对称性知道

$$z_{1-\alpha}=-z_\alpha.$$

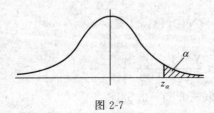

图 2-7

在自然界和社会现象中，大量随机变量都服从或近似服从正态分布. 例如，某学校学生的数学成绩，某地区成年男性的身高，测量某零件长度的误差等都服从正态分布. 在概率论与数理统计的

理论研究和实际应用中正态分布都起着特别重要的作用，在后面的学习中将进一步看到正态分布的重要性．

第五节 随机变量的函数分布

设 X 是一随机变量，$y = g(x)$ 是一个连续的实值函数，按照随机变量的定义，$Y = g(X)$ 也是一随机变量．本节讨论如何通过 X 的分布来求出随机变量 $Y = g(X)$ 的分布．

一、离散型随机变量函数的分布

设离散型随机变量 X 的分布律为

X	x_1	x_2	$\cdots$	x_k	$\cdots$
p_k	p_1	p_2	$\cdots$	p_k	$\cdots$

那么它的函数 $Y = g(X)$ 的分布律为

Y	$g(x_1)$	$g(x_2)$	$\cdots$	$g(x_k)$	$\cdots$
p_k	p_1	p_2	$\cdots$	p_k	$\cdots$

其中，若有 $g(x_i) = g(x_j)$，则应将 i,j 两列合为一列，此时 Y 取值 $g(x_i)$，而相应概率应为 $p_i + p_j$．

【例 2-12】 设随机变量 X 的分布律为

X	-1	0	1	2
p_k	0.2	0.3	0.1	0.4

试求 $Y = X^2 + 1$ 的分布律．

解 易知 Y 的可能取值为 1，2，5，且可知，

$$P\{Y = 1\} = P\{X^2 + 1 = 1\} = P\{X^2 = 0\} = P\{X = 0\} = 0.3,$$

$$P\{Y = 2\} = P\{X^2 = 1\} = P\{X = 1\} + P\{X = -1\} = 0.1 + 0.2 = 0.3,$$

$$P\{Y = 5\} = P\{X = 2\} = 0.4,$$

则有 $Y = X^2 + 1$ 的分布律为

Y	1	2	3
p_k	0.3	0.3	0.4

二、连续型随机变量函数的分布

已知随机变量 X 的密度函数为 $f_X(x)$，求随机变量 $Y = g(X)$ 的密度函数，可以按下面的步骤计算．

第一步：求出 Y 的分布函数.

$$F_Y(y)=P\{Y\leqslant y\}=P\{g(X)\leqslant y\}=\int_{D_y}f_X(x)\,\mathrm{d}x,$$

其中　　　$D_y=\{x\,|\,g(x)\leqslant y\}$;

第二步：$f_Y(y)=\dfrac{\mathrm{d}F_Y(y)}{\mathrm{d}y}$.

【例 2-13】　设随机变量 $X\sim N(0,1)$, $Y=\mathrm{e}^X$, 求随机变量 Y 的概率密度 $f_Y(y)$.

解　分别记 X,Y 的分布函数为 $F_X(x),F_Y(y)$, 因为 $X\sim N(0,1)$, 所以 X 的密度函数为 $f_X(x)=\dfrac{1}{\sqrt{2\pi}}\mathrm{e}^{-\frac{x^2}{2}}$.

先求 Y 的分布函数

$$F_Y(y)=P\{Y\leqslant y\}=P\{\mathrm{e}^X\leqslant y\},$$

当 $y\leqslant 0$ 时, $F_Y(y)=0$;

当 $y>0$ 时, $F_Y(y)=P\{X\leqslant \ln y\}=F_X(\ln y)=\int_{-\infty}^{\ln y}f_X(x)\,\mathrm{d}x.$

根据概率密度的性质, 有 $f_Y(y)=\dfrac{\mathrm{d}F_Y(y)}{\mathrm{d}y}$, 于是

当 $y\leqslant 0$ 时, $f_Y(y)=0$;

当 $y>0$ 时, $f_Y(y)=f_X(\ln y)(\ln y)'=\dfrac{1}{\sqrt{2\pi}}\mathrm{e}^{-\frac{(\ln y)^2}{2}}\dfrac{1}{y}$.

综上所述, 有 $f_Y(y)=\begin{cases}\dfrac{1}{\sqrt{2\pi}\,y}\mathrm{e}^{-\frac{(\ln y)^2}{2}}, & y>0,\\ 0, & y\leqslant 0.\end{cases}$

当 $y=g(x)$ 单调时也可以利用下面定理直接计算.

【定理 2-2】　设连续型随机变量 X 的概率密度为 $f_X(x)$, $-\infty<x<+\infty$, 又设函数 $g(x)$ 处处可导且 $g'(x)>0$ 或 $g'(x)<0$, 则 $Y=g(X)$ 是连续型随机变量, 其概率密度为

$$f_Y(y)=\begin{cases}f_X[h(y)]|h'(y)|, & \alpha<y<\beta,\\ 0, & 其他.\end{cases}\tag{2-19}$$

式中, $\alpha=\min\{g(-\infty),g(+\infty)\}$; $\beta=\max\{g(-\infty),g(+\infty)\}$; $h(y)$ 是 $g(x)$ 的反函数.

【例 2-14】　设随机变量 $X\sim N(\mu,\sigma^2)$, 试证明 X 的线性函数 $Y=aX+b(a\neq 0)$ 也服从正态分布.

证明　X 的密度函数为

$$f_X(x)=\dfrac{1}{\sqrt{2\pi}\sigma}\mathrm{e}^{-\frac{(x-\mu)^2}{2\sigma^2}},-\infty<x<+\infty.$$

现在 $y=g(x)=ax+b$，解得

$$x=h(y)=\frac{y-b}{a}，且有 h'(y)=\frac{1}{a}，$$

由定理得 $Y=aX+b$ 的概率密度为

$$f_Y(y)=\frac{1}{|a|}f_X(\frac{y-b}{a})，-\infty<y<+\infty，$$

即 $\quad f_Y(y)=\frac{1}{|a|}\frac{1}{\sqrt{2\pi}\sigma}e^{-\frac{(\frac{y-b}{a}-\mu)^2}{2\sigma^2}}=\frac{1}{|a|\sigma\sqrt{2\pi}}e^{-\frac{[y-(b+a\mu)]^2}{2(a\sigma)^2}}，-\infty<y<+\infty.$

即有
$$Y=aX+b\sim N(a\mu+b,(a\sigma)^2).$$

特别，在上式中取 $a=\frac{1}{\sigma}，b=-\frac{\mu}{\sigma}$ 得

$$Y=\frac{X-\mu}{\sigma}\sim N(0,1)$$

这就是定理 2-1 的结果.

【例 2-15】 已知随机变量 X 的概率密度为

$$f_X(x)=\begin{cases} \dfrac{2x}{\pi}, & 0<x<\pi, \\ 0, & 其他. \end{cases}$$

求 $Y=\sin X$ 的概率密度.

解 $0<x<\pi$ 时，$y=\sin x$ 的取值为 $0<y<1$，所以有

当 $y\leqslant 0$ 时，$F_Y(y)=P\{Y\leqslant y\}=P\{\sin X\leqslant y\}=0$；

当 $y\geqslant 1$ 时，$F_Y(y)=P\{Y\leqslant y\}=1$；

当 $0<y<1$ 时，

$$\begin{aligned}F_Y(y)&=P\{Y\leqslant y\}=P\{\sin X\leqslant y\}\\&=P\{0\leqslant X\leqslant \arcsin y\}+P\{\pi-\arcsin y\leqslant X\leqslant \pi\}\\&=\int_0^{\arcsin y}\frac{2x}{\pi}dx+\int_{\pi-\arcsin y}^{\pi}\frac{2x}{\pi}dx=2\arcsin y，\end{aligned}$$

根据概率密度的性质，有 $f_Y(y)=F'_Y(y)$，于是

$$f_y(y)=F'_Y(y)=\begin{cases} \dfrac{2}{\sqrt{1-y^2}}, & 0<y<1, \\ 0, & 其他. \end{cases}$$

第六节　几种常见分布的应用实例

【例 2-16】 顾问决策问题.

某厂长有 7 名顾问, 假定每名顾问贡献正确意见的概率为 0.6, 且顾问与顾问之间是否贡献正确意见相互独立. 现就某事可行与否分别征求各顾问的意见, 并按多数顾问的意见作出决策, 试求作出正确决策的概率.

解 设 X 表示"7 名顾问中贡献正确意见的人数", 则有 X 可能取值为 0, $1, 2, \cdots, 7, X \sim B(7, 0.6)$, 因此 X 的分布律为

$$P\{X=k\} = C_7^k \times 0.6^k \times 0.4^{7-k}, k=0,1,2,\cdots,7,$$

$$P\{X \geqslant 4\} = P\{X=4\} + P\{X=5\} + P\{X=6\} + P\{X=7\}$$

$$= \sum_{k=4}^{7} C_7^k \times 0.6^k \times 0.4^{7-k} \approx 0.7102,$$

所以作出正确决策的概率近似为 0.7102.

【例 2-17】 人力资源配置分析.

设有 80 台同类型设备, 各台工作是相互独立的, 发生故障的概率都是 0.01, 且一台设备的故障能由一个人处理. 现考虑两种配备维修工人的方法: 其一是由 4 人维护, 每人负责 20 台; 其二是由 3 人共同维护 80 台. 试比较这两种方法在设备发生故障时不能及时维修的概率大小.

解 按第一种方法.

以 X 记"第一人维护的 20 台设备中同一时刻发生故障的台数", 则有 $X \sim B(20, 0.01)$, 在这 20 台设备中, 如果有两台或两台以上设备发生故障, 即 $\{X \geqslant 2\}$, 该人将不能及时维护. 以 $A_i (i=1,2,3,4)$ 表示事件"第 i 人维护的 20 台设备中发生故障不能及时维修", 则有

$$\{设备发生故障而不能及时维修\} = (A_1 \cup A_2 \cup A_3 \cup A_4) \supset A_1,$$

因而相应的概率有

$$P(A_1 \cup A_2 \cup A_3 \cup A_4) \geqslant P(A_1) = P\{X \geqslant 2\}$$

故有

$$P\{X \geqslant 2\} = 1 - P\{X=0\} - P\{X=1\}$$

$$= 1 - C_{20}^0 (0.01)^0 (0.99)^{20} - C_{20}^1 (0.01)^1 (0.99)^{20-1}$$

$$\approx 0.0169,$$

即有

$$P(A_1 \cup A_2 \cup A_3 \cup A_4) \geqslant 0.0169.$$

按第二种方法.

以 Y 记"80 台设备中同一时刻发生故障的台数", 此时, $Y \sim B(80, 0.01)$, 故设备发生故障而不能及时维修的概率为

$$P\{Y \geqslant 4\} = 1 - \sum_{k=0}^{3} C_{80}^k (0.01)^k (0.99)^{80-k} \approx 0.0087.$$

我们发现, 在后一种情况下, 尽管任务重了(每人平均维护 27 台), 但工作效率不仅没有降低, 反而提高了.

【例 2-18】 交通路口事故分析.

在一个繁忙的交通路口，单独一辆汽车发生意外事故的概率是很小的，设 $p = 0.0001$，如果某段时间内有 1000 辆汽车通过这个路口，问：在这段时间内，该路口至少发生 1 起意外事故的概率是多少？

解 假设每辆汽车是否发生事故与其他汽车无关．设 X 表示"通过该路口的 1000 辆汽车中发生事故的起数"，$X \sim B(1000, 0.0001)$，由于 n 很大，p 很小，$\lambda = np = 0.1$，由泊松定理，

$$P\{X = k\} \approx e^{-0.1} \frac{(0.1)^k}{k!}, k = 0, 1, 2, \cdots,$$

所以，$P\{X \geqslant 1\} = 1 - P\{X < 1\} = 1 - P\{X = 0\} = 1 - e^{-0.1}$

$$\approx 1 - 0.9048 = 0.0952.$$

说明在该段时间内，该路口发生 1 起以上事故的概率约为 0.0952，它是比较小的．

【例 2-19】 企业评优问题．

某工业系统在进行安全管理评选时，有两家企业在其他方面得分相等，难分高下，只剩下千人事故率这个指标．甲企业有 2000 人，发生事故率为 0.005，即发生事故 10 起；乙企业有 1000 人，发生事故率为 0.005，即发生事故 5 起．那么，应该评选谁为先进企业呢？

解 显然，按事故数来评，则应评乙企业为先进．但甲企业不服，因为甲企业的事故数虽然是乙企业的 2 倍，但甲企业的人数正好是乙企业的 2 倍，按事故率来评，两企业都应榜上有名．由于指标限制，只能评出一家企业，究竟评谁好呢？

根据经验，可用泊松分布来解决这个问题．

统计资料表明，安全管理中的事故次数、负伤人数是服从泊松分布的．服从泊松分布的随机变量 X 的分布律为

$$P\{X = k\} = \frac{\lambda^k}{k!} e^{-\lambda},$$

式中，$\lambda = np$（n 为人数，p 为平均事故概率）．

事故发生了至少 x 次的概率为

$$P\{X \geqslant x\} = \sum_{k=x}^{\infty} \frac{\lambda^k}{k!} e^{-\lambda},$$

若 $x = 0$，上式 $P\{X \geqslant 0\} = 1$ 成为必然事件．

假设两厂均不发生事故得满分 10 分，两厂的均值分别为 10 与 5，则两厂发生事故的概率为

$$P_{甲}\{X = k\} = \frac{10^k}{k!} e^{-10}, \quad P_{乙}\{X = k\} = \frac{5^k}{k!} e^{-5}$$

查泊松分布表，两厂的得分见表2-1：

表 2-1

事故次数		0	1	2	3	4	5	6	7	8	9	10
得分	甲厂	10	10	10	9.97	9.9	9.71	9.33	8.7	7.8	6.67	5.42
	乙厂	10	9.93	9.6	8.75	7.34	5.6	3.84	2.37	1.33	0.68	0.32

由表 2-1 可知，甲企业发生 10 起事故时得 5.42 分，乙企业发生 5 起事故时得 5.6 分，故应评选乙企业为先进．

【例 2-20】 "3σ 原则"的应用实例．

进行一次考试，如果所有考生所得的分数可近似地表示为正态密度函数（换句话说，各级考分的频率图近似的呈现正态密度的中性曲线），则通常认为这次考试（就合理地划分考生成绩等级而言）是可取的．教师经常用考试的分数去估计正态参数 μ 和 σ^2，然后把分数超过 $\mu+\sigma$ 的评为 A 等，分数在 μ 到 $\mu+\sigma$ 之间的评为 B 等，分数在 $\mu-\sigma$ 到 μ 之间的评为 C 等，分数在 $\mu-2\sigma$ 到 $\mu-\sigma$ 之间评为 D 等，分数在 $\mu-2\sigma$ 以下者评为 F 等．由于

$$P\{X>\mu+\sigma\}=P\left\{\frac{X-\mu}{\sigma}\right\}=1-\Phi(1)\approx0.1587,$$

$$P\{\mu<X<\mu+\sigma\}=P\left\{0<\frac{X-\mu}{\sigma}<1\right\}=\Phi(1)-\Phi(0)\approx0.3413,$$

$$P\{\mu-\sigma<X<\mu\}=P\left\{-1<\frac{X-\mu}{\sigma}<0\right\}=\Phi(0)-\Phi(-1)\approx0.3413,$$

$$P\{\mu-2\sigma<X<\mu-\sigma\}=P\left\{-2<\frac{X-\mu}{\sigma}<-1\right\}=\Phi(2)-\Phi(1)\approx0.1359,$$

$$P\{X<\mu-2\sigma\}=P\left\{\frac{X-\mu}{\sigma}<-2\right\}=\Phi(-2)\approx0.0228,$$

所以，近似地说，这次考试中，能获得 A 等的大约占 16%，B 等的大约占 34%，C 等的大约占 34%，D 等的大约占 14%，成绩很差的大约占 2%．

一般情况，

$$P\{|X-\mu|<k\sigma\}=P\left\{-k<\frac{X-\mu}{\sigma}<k\right\}=\Phi(k)-\Phi(-k)$$
$$=2\Phi(k)-1,\ k=1,2,\cdots$$

$k=1$ 时，$P\{|X-\mu|<\sigma\}=2\Phi(1)-1=0.6826$，

$k=2$ 时，$P\{|X-\mu|<2\sigma\}=2\Phi(2)-1=0.9544$，

$k=3$ 时，$P\{|X-\mu|<3\sigma\}=2\Phi(3)-1=0.9973$．

在实际应用中，经常遵循的是"3σ 原则"：$P\{|X-\mu|\geqslant3\sigma\}=0.0027$．

【例 2-21】 正态分布的应用实例．

某市招聘 250 名公务员，按考试成绩从高分到低分依次录用，共有 1000 人

报名考试，考试后考试中心公布的信息是这样的：90 分以上的有 35 人，60 分以上的有 115 人，某人考得 80 分，他能否被录用？

解　考试成绩 X 一般都服从正态分布，因此设 $X \sim N(\mu, \sigma^2)$. 根据题意有

$$P\{X \geq 90\} = 1 - P\{X < 90\} = 1 - \Phi\left(\frac{90-\mu}{\sigma}\right) = \frac{35}{1000},$$

$$P\{X < 60\} = \Phi\left(\frac{60-\mu}{\sigma}\right) = \frac{115}{1000},$$

所以
$$\Phi\left(\frac{90-\mu}{\sigma}\right) = \frac{965}{1000}, \quad \Phi\left(\frac{60-\mu}{\sigma}\right) = \frac{115}{1000},$$

即
$$\begin{cases} \dfrac{90-\mu}{\sigma} = 1.80 \\ \dfrac{60-\mu}{\sigma} = -1.20 \end{cases},$$

解得
$$\mu = 72, \sigma = 10.$$

设录用的最低分为 x 分，则

$$P\{X \geq x\} = 1 - \Phi\left(\frac{x-72}{10}\right) = \frac{250}{1000},$$

得 $\Phi\left(\dfrac{x-72}{10}\right) = 0.75$，得到 $x = 78.75$ 分．

结论：所以在不考虑其他因素的前提下，这个人是能够被录用的．

第七节　几种常见分布的 MATLAB 实现

利用 MATLAB 统计工具箱提供的函数，可以比较方便地计算随机变量的分布列（或密度函数）和分布函数．

一、离散型随机变量的分布

在研究随机变量时，主要是研究随机变量的概率分布、累积分布和分布的数字特征（后面介绍）．常用的离散型随机变量的分布如表 2-2 所示．

表 2-2

函数名	调用格式	注　释
二项分布密度函数	binopdf(X,N,P)	计算二项分布的密度函数．其中 X 为随机变量，N 为独立试验的重复数，P 为事件发生的概率

续表

函数名	调用格式	注 释
二项分布累积分布函数	binocdf(X,N,P)	计算二项分布的累积分布函数. 其中 X 为随机变量,N 为独立试验的重复数,P 为事件发生的概率
二项分布逆累积分布函数	binoinv(X,N,P)	计算二项分布的逆累积积分布函数. 其中 X 为随机变量,N 为独立试验的重复数,P 为事件发生的概率
泊松分布密度函数	poisspdf(X,LMD)	功能:求泊松分布的密度函数. 其中 X 为随机变量,LMD 为参数
泊松分布累积分布函数	poisscdf(X,LMD)	求泊松分布的累积分布函数. 其中 X 为随机变量,LMD 为参数
泊松分布逆累积分布函数	poissinv(Y,LMD)	求泊松分布的逆累积积分布函数. 其中 Y 为显著概率值,LMD 为参数

【例 2-22】 已知 $X \sim B(10,0.7)$,求 $P\{X=6\}$.

解 输入程序:

≫binopdf(6,10,0.7)

运行程序后得到:

ans=

    0.2001

【例 2-23】 已知 $X \sim B(10,0.7)$,求 $P\{X \leqslant 6\}$.

解 输入程序:

≫binocdf(6,10,0.7)

运行程序后得到:

ans=

    0.3504

【例 2-24】 已知 $X \sim \pi(7)$,求 $P\{X=3\}$.

解 输入程序:

≫poisspdf(3,7)

运行程序后得到:

ans=

    0.0521

【例 2-25】 已知 $X \sim \pi(7)$,求 $P\{X \leqslant 6\}$.

解 输入程序:

≫poisscdf(6,7)

运行程序后得到:

ans=

0.4497

二、 连续型随机变量的分布

常用的三种连续型随机变量的概率分布是均匀分布、指数分布和正态分布. 其命令如表 2-3 所示.

表 2-3

函数名	调用格式	注　释
均匀分布密度函数	unifpdf(X,A,B)	求均匀分布的密度函数. 其中 X 为随机变量,A、B 为均匀分布参数
均匀分布累积分布函数	unifcdf(X,A,B)	求均匀分布的累积分布函数. 其中 X 为随机变量,A、B 为均匀分布参数
均匀分布逆累积分布函数	unifinv(P,A,B)	求均匀分布的逆累积分布函数. 其中 P 为概率值,A、B 为均匀分布参数.
指数分布密度函数	exppdf(X,L)	求指数分布的密度函数. 其中 X 为随机变量,L 为参数 λ
指数分布累积分布函数	expcdf(X,L)	求指数分布的累积函数. 其中 X 为随机变量, L 为参数 λ.
指数分布逆累积分布函数	expinv(P,L)	求指数分布的逆累积分布函数. 其中 P 为显著概率, L 为参数 λ
正态分布密度函数	normpdf(X,M,C)	求正态分布的密度函数. 其中 X 为随机变量, M 为正态分布参数 μ, C 为参数 σ
正态分布累积分布函数	normcdf(X,M,C)	求正态分布的累积分布函数. 其中 X 为随机变量, M 为正态分布参数 μ, C 为参数 σ
正态分布逆累积分布函数	norminv(P,M,C)	求正态分布的逆累积分布函数. 其中 P 为显著概率, M 为正态分布参数 μ, C 为参数 σ

【例 2-26】 已知 $X \sim U(2,7)$, 求 $f(3)$.

解 输入程序:

≫unifpdf(3,2,7)

运行程序后得到:

ans=

0.2000

【例 2-27】 已知 $X \sim U(2,7)$, 求 $P\{X \leqslant 5\}$.

解 输入程序:

≫unifcdf(5,2,7)

运行程序后得到：

ans＝

    0.6000

【例 2-28】 已知 $X \sim E(5)$，求 $f(3)$．

解 输入程序：

≫exppdf(3,5)

运行程序后得到：

ans＝

    0.1098

【例 2-29】 已知 $X \sim E(5)$，求 $P\{X \leqslant 3\}$．

解 输入程序：

≫expcdf(3,5)

运行程序后得到：

ans＝

    0.4512

【例 2-30】 已知 $X \sim N(5,2)$，求 $f(3)$．

解 输入程序：

≫normpdf(3,5,2)

运行程序后得到：

ans＝

    0.1210

【例 2-31】 已知 $X \sim N(5,2)$，求 $P\{X \leqslant 3\}$．

解 输入程序：

≫normcdf(3,5,1)

运行程序后得到：

ans＝

    0.0228

习题

A 组　基本题

1. 填空题

(1) 一射手对同一目标独立地进行 4 次射击，若至少击中一次的概率为 $\dfrac{80}{81}$，则该射手的命中率为_____．

（2）设随机变量 X 服从正态分布 $N(2,\sigma^2)$，且 $P(2<X\leqslant4)=0.3$，则 $P(X<0)=$ _____．

（3）若随机变量 $X\sim U(1,4)$，则方程 $x^2+2Xx+3X-2=0$ 有实根的概率为 _____．

（4）设连续型随机变量 X 的分布函数为 $F(x)$，已知 $F(4)=0.7$，$P\{1\leqslant X\leqslant4\}=0.3$，则 $F(1)=$ _____．

（5）已知随机变量 X 的分布函数为 $F(x)=a+b\arctan x$，$-\infty<x<+\infty$，则 $P\{-1<X\leqslant1\}=$ _____．

2. 选择题

（1）一袋中有 3 个红球、7 个白球，有放回地抽取三次，每次一球，则恰好有一次取到红球的概率为（　　）．

(A) $C_3^3\times C_{10}^3$ 　　　　　　(B) $C_3^3\times C_{10}^7$

(C) $C_3^1\times\dfrac{3}{10}\times(\dfrac{7}{10})^2$ 　　(D) $C_3^1\times(\dfrac{3}{10})^2\times\dfrac{7}{10}$

（2）设随机变量 X 只能取四个值 1,2,3,4，相应的概率分别是 $\dfrac{1}{2}$，$\dfrac{3}{4a}$，$\dfrac{5}{8a}$，$\dfrac{1}{8a}$，则 $a=$（　　）．

(A) 1　　　　(B) 2　　　　(C) 3　　　　(D) 4

（3）设连续型随机变量 X 的概率密度和分布函数分别为 $f(x)$ 和 $F(x)$，则下列表达式正确的是（　　）．

(A) $0\leqslant f(x)\leqslant1$ 　　　　(B) $P(X=x)\leqslant F(x)$

(C) $P(X=x)=F(x)$ 　　　　(D) $P(X=x)=f(x)$

（4）设随机变量 X 的概率密度函数为 $f(x)=\begin{cases}\dfrac{a}{1+x^2}, & x>0 \\ 0, & x\leqslant0\end{cases}$，则 a 的值是（　　）．

(A) $\dfrac{1}{\pi}$ 　　　　　　(B) $\dfrac{2}{\pi}$

(C) $\dfrac{1}{\sqrt{\pi}}$ 　　　　　　(D) $\dfrac{2}{\sqrt{\pi}}$

（5）设 $f(x)$，$g(x)$ 分别是随机变量 X 与 Y 的概率密度，则下列函数中是某随机变量概率密度的是（　　）．

(A) $f(x)g(x)$ 　　　　　　(B) $\dfrac{3}{5}f(x)+\dfrac{2}{5}g(x)$

(C) $3f(x)-2g(x)$ 　　　　(D) $2f(x)+g(x)-2$

3. 设在 15 只同类型的零件中有 2 只是次品，在其中取 3 次，每次任取 1

只，作不放回抽样，以 X 表示取出次品的只数，试求 X 的分布律.

4. 一大楼装有 5 个同类型的设备，调查表明在任一时刻 t 每个设备被使用的概率为 0.1，问：在同一时刻，

(1) 恰有 2 个设备被使用的概率是多少？

(2) 至少有 3 个设备被使用的概率是多少？

(3) 至多有 3 个设备被使用的概率是多少？

(4) 至少有 1 个设备被使用的概率是多少？

5. 掷两枚骰子，设点数之和为 X，求 X 的分布律.

6. 一房间有 3 扇同样大小的窗户，其中只有一扇是打开的，有一只鸟自开着的窗户飞入了房间，它只能从开着的窗户飞出去，鸟在房子里飞来飞去，试图飞出房间. 假定鸟是没有记忆的，它飞向各扇窗户是随机的. 以 X 表示鸟为了飞出房间试飞的次数，求 X 的分布律.

7. 有甲、乙两种味道和颜色都极为相似的名酒各 4 杯. 如果从中挑 4 杯，能将甲种酒全部挑出来，算是试验成功一次.

(1) 某人随机地去猜，问他试验成功一次的概率是多少.

(2) 某人声称他能通过品尝区分两种酒. 他连续试验 10 次，成功 3 次. 试推断他是猜对的，还是他确有区分的能力（设各次试验是相互独立的）.

8. 尽管在几何教科书中已经讲过用圆规和直尺三等分任意一个角是不可能的，但每年总有一些"发明者"撰写关于用圆规和直尺三等分任意一个角的文章，设某地区每年撰写此类文章的篇数 X 服从参数为 6 的泊松分布，求明年没有此类文章的概率.

9. 设 k 在 $(0,5)$ 上服从均匀分布，求方程 $4x^2+4kx+k+2=0$ 有实根的概率.

10. 设随机变量 X 的分布函数为

$$F(x)=\begin{cases}0, & x<-1,\\ \dfrac{1}{4}, & -1\leqslant x<2,\\ \dfrac{3}{4}, & 2\leqslant x<3,\\ 1, & x\geqslant 3.\end{cases}$$

求 X 的分布律.

11. 以 X 表示某商店从早晨开始营业起直到第一个顾客到达的等待时间（以分计），X 的分布函数是 $F_X(x)=\begin{cases}1-e^{-0.4x}, & x>0,\\ 0, & x\leqslant 0.\end{cases}$ 求下述概率：

(1) $P\{$至多 3min$\}$，

(2) $P\{$至少 4min$\}$，

(3) $P\{3\sim 4$min 之间$\}$，

(4) $P\{至多3min或至少4min\}$,

(5) $P\{恰好2.5min\}$.

12. 已知 $X \sim f(x) = \begin{cases} 2x, & 0 < x < 1, \\ 0, & 其他. \end{cases}$ 以 Y 表示对 X 的三次独立重复观察中

事件 $\left\{X \leqslant \dfrac{1}{2}\right\}$ 出现的次数,求 $P\{Y=2\}$.

13. 设随机变量 X 的概率密度为

(1) $f(x) = \begin{cases} 2\left(1 - \dfrac{1}{x^2}\right), & 1 \leqslant x \leqslant 2, \\ 0, & 其他. \end{cases}$

(2) $f(x) = \begin{cases} x, & 0 \leqslant x < 1, \\ 2-x, & 1 \leqslant x < 2, \\ 0, & 其他. \end{cases}$

求 X 的分布函数 $F(x)$.

14. 设随机变量 X 服从 $[a, b]\ (a>0)$ 上的均匀分布,且 $P\{0 < X < 3\} = \dfrac{1}{4}$,

$P\{X>4\} = \dfrac{1}{2}$,求 X 的概率密度.

15. 设随机变量 $X \sim B(2, p)$,$Y \sim B(3, p)$,若 $P(X \geqslant 1) = \dfrac{5}{9}$,则 $P(Y \geqslant 1)$

是多少?

16. 设随机变量 X 的分布函数为 $F_X(x) = \begin{cases} 0, & x < 1, \\ \ln x, & 1 \leqslant x \leqslant e, \\ 1, & x > e. \end{cases}$

求:(1) $P(X<2)$,$P(0<X \leqslant 3)$,$P(2<X<5/2)$;

(2) X 的概率密度 $f_X(x)$.

17. 设随机变量 X 服从参数为 $\mu = 10$,$\sigma = 0.02$ 的正态分布,又已知标准正态分布函数为 $\Phi(x)$,$\Phi(2.5) = 0.9938$,求 X 落在区间 $(9.95, 10.05)$ 内的概率.

18. 求标准正态分布的上 α 分位点.

(1) $\alpha = 0.01$,求 z_α;(2) $\alpha = 0.003$,求 z_α 及 $z_{\alpha/2}$.

19. 设随机变量 X 的概率密度为 $f_X(x) = \begin{cases} \dfrac{x}{8}, & 0 < x < 4, \\ 0, & 其他. \end{cases}$ 求随机变量 $Y =$

$2X+8$ 的概率密度.

20. 设随机变量 X 的分布律见下表.

X	-2	-1	0	1	3
p_i	$\dfrac{1}{5}$	$\dfrac{1}{6}$	$\dfrac{1}{5}$	$\dfrac{1}{15}$	$\dfrac{11}{30}$

求 $Y=X^2$ 的分布律.

21. 设随机变量 X 在 $(0,1)$ 上服从均匀分布.

（1）求 $Y=e^X$ 的概率密度；（2）求 $Y=-2\ln X$ 的概率密度.

B组 提高题

1. 一批产品共 10 件，其中 7 件正品和 3 件次品，每次从这批产品中任取一件，在下述三种情况下，分别求直至取得正品所需次数 X 的概率分布：

（1）每次取出的产品不再放回去；

（2）每次取出的产品仍放回去；

（3）每次取出一件产品后，总是另取一件正品放回到这批产品中.

2. 甲、乙两人投篮，投中的概率分别为 $0.6,0.7$，今各投 3 次，试求：

（1）甲、乙两人投中次数相等的概率；

（2）甲比乙投中次数多的概率.

3. 在区间 $[0,a]$ 上任意投掷一个质点，以 X 表示这个点的坐标，设这个质点落在 $[0,a]$ 中任意小区间内的概率与这个小区间的长度成正比，试求 X 的分布函数.

4. 某种型号器件的寿命 X（以 h 计）具有概率密度

$$f(x)=\begin{cases} \dfrac{1000}{x^2}, & x>1000, \\ 0, & \text{其他}. \end{cases}$$

现有一大批此种器件（设各器件损坏与否相互独立）任取 5 只，问：其中至少有 2 只寿命大于 1500h 的概率是多少？

5. 某仪器装有三只独立工作的同型号的电子元件，其寿命（单位：h）均服从于同一分布，其概率密度为 $f(x)=\begin{cases} \dfrac{1}{600}e^{-\frac{x}{600}}, & x>0, \\ 0, & x\leqslant 0. \end{cases}$ 试求在仪器使用的最初 200h 内至少有一只电子元件损坏的概率.

6. 某公共汽车站从上午 7 时起每 15min 发一班车，即在 $7:00,7:15,7:30,\cdots$ 有汽车发出. 如果乘客到达此车站的时间 X 是在 $7:00\sim 7:30$ 的均匀随机变量，试求乘客在车站等候：（1）不到 5min 的概率；（2）超过 10min 的概率.

7. 一工厂生产的电子管的寿命 X（以小时计）服从参数为 $\mu=160,\sigma$ 的正态分布，若要求 $P(120<X\leqslant 200)\geqslant 0.8$，允许 σ 最大为多少？

8. 设随机变量 X 在区间 $[2,5]$ 服从均匀分布，现对 X 进行三次独立观测，试求至少有两次观测值大于 3 的概率.

9. 设 $f(x)=(ax^2+bx+c)^{-1}$，$-\infty<x<\infty$，为使 $f(x)$ 为概率密度函数，系数 a,b,c 应满足什么条件？

10. 设电源电压 X 不超过 200V，在 $200\sim 240$V 和超过 240V 三种情况下，

某种电子元件损坏的概率分别为 0.1，0.001 和 0.2，假设电源电压服从正态分布 $X \sim N(220,25)$，试求：

(1) 该电子元件损坏的概率 α；

(2) 该电子元件损坏时，电源电压在 $200 \sim 240V$ 的概率 β.

11. 设在一电路中，电阻两端的电压(V)服从 $N(120,2^2)$，今独立测量了 5 次，试确定有 2 次测定值落在区间 $[118,122]$ 之外的概率.

12. 设 $X \sim N(0,1)$，求 $Y = 2X^2 + 1$ 的概率密度.

13. (1) 设随机变量 X 的概率密度为 $f(x)$，$-\infty < x < \infty$. 求 $Y = X^3$ 的概率密度.

(2) 设随机变量的 X 的概率密度为

$$f(x) = \begin{cases} e^{-x}, & x > 0, \\ 0, & \text{其他}. \end{cases}$$

求 $Y = X^2$ 的概率密度.

14. 设随机变量 X 的概率密度为

$$f(x) = \begin{cases} \dfrac{2x}{\pi^2}, & 0 < x < \pi, \\ 0, & \text{其他}. \end{cases}$$

求 $Y = \sin X$ 的概率密度.

15. 请用 MATLAB 软件完成 B 组的第 7 题、第 8 题、第 10 题，并用一个文件名存盘.

第三章

多维随机变量及其分布

第一节　二维随机变量

在上一章，讨论了一维随机变量及其分布，并介绍了几种常见的随机变量的分布，但在实际应用和理论研究中，我们所感兴趣的许多现象，其每次试验的结果仅用一个随机变量描述还不够，往往要用两个或两个以上的随机变量去描述。例如，炮弹在地面命中点的位置是由两个随机变量即横坐标和纵坐标来确定的；对某地区少年儿童发育情况的研究，基本指标有身高和体重等，它们都是定义在同一个样本空间上的随机变量。下面我们先介绍二维随机变量及其分布，然后推广到 n 维随机变量的情形。

【定义 3-1】　设随机试验 E 的样本空间为 $S = \{e\}$，$X = X(e)$，$Y = Y(e)$ 是定义在 S 上的随机变量，由它们构成的一个向量 (X, Y)，叫作二维随机变量。

和一维的情况类似，我们也借助"分布函数"来研究二维随机变量。

【定义 3-2】　设 (X, Y) 是二维随机变量，对于任意实数 x、y，函数

$$F(x, y) = P\{(X \leqslant x) \bigcap (Y \leqslant y)\} = P\{X \leqslant x, Y \leqslant y\}$$

称为二维随机变量 (X, Y) 的分布函数，或称为随机变量 X 和 Y 联合分布函数。

$F(x, y)$ 在 (x, y) 处的函数值就是随机点 (X, Y) 落在以点 (x, y) 为顶点的左下方无穷矩形区域内的概率（图 3-1）。

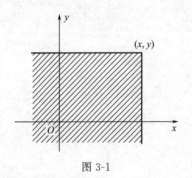

图 3-1

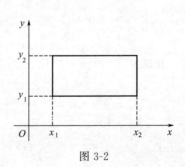

图 3-2

由定义 3-2,容易算出随机点(X,Y)落在矩形域（图 3-2）
$\{(x,y)\,|\,x_1<x\leqslant x_2,y_1<y\leqslant y_2\}$的概率为

$$P\{x_1<X\leqslant x_2,y_1<Y\leqslant y_2\}=F(x_2,y_2)-F(x_2,y_1)+F(x_1,y_1)-F(x_1,y_2).$$

分布函数 $F(x,y)$具有以下基本性质.

（1）$F(x,y)$关于变量 x 和 y 是不减函数，即对任意固定的 y，当 $x_1<x_2$ 时，有 $F(x_1,y)\leqslant F(x_2,y)$；对任意固定的 x，当 $y_1<y_2$ 时，有 $F(x,y_1)\leqslant F(x,y_2)$.

（2）$0\leqslant F(x,y)\leqslant 1$，且
$$F(-\infty,-\infty)=\lim_{\substack{x\to-\infty\\y\to-\infty}}F(x,y)=0;$$
$$F(+\infty,+\infty)=\lim_{\substack{x\to+\infty\\y\to+\infty}}F(x,y)=1$$

对任意固定的 x，$F(x,-\infty)=\lim\limits_{y\to-\infty}F(x,y)=0$；

对任意固定的 y，$F(-\infty,y)=\lim\limits_{x\to-\infty}F(x,y)=0$.

（3）$F(x,y)$关于 x 和 y 都是右连续的，即

$$F(x+0,y)=F(x,y)；\ F(x,y+0)=F(x,y).$$

（4）对于任意 $x_1<x_2$，$y_1<y_2$，下述不等式成立

$$F(x_2,y_2)-F(x_2,y_1)+F(x_1,y_1)-F(x_1,y_2)\geqslant 0.$$

如果二维随机变量(X,Y)的全部可能取值是有限对或可列无限多对，则(X,Y)叫作二维离散型随机变量.

【定义 3-3】　如果二维离散型随机变量(X,Y)的全部可能取到的值为(x_i,y_j)，$i,j=1,2,\cdots$，记

$$P\{X=x_i,Y=y_j\}=p_{ij},i,j=1,2,\cdots,$$

则由概率的定义有

$$0\leqslant p_{ij}\leqslant 1,\sum_{i=1}^{\infty}\sum_{j=1}^{\infty}p_{ij}=1,$$

我们称 $P\{X=x_i,Y=y_j\}=p_{ij},i,j=1,2,\cdots$为二维离散型随机变量$(X,Y)$的分布律，或称为随机变量 X 和 Y 联合分布律.

二维离散型随机变量 X 和 Y 联合分布函数为

$$F(x,\ y)=\sum_{x_i\leqslant x}\sum_{y_j\leqslant y}p_{ij},$$

其中和式是对一切满足 $x_i\leqslant x$，$y_j\leqslant y$ 的 p_{ij} 来求和的.

我们也能用表 3-1 的形式来表示 X 和 Y 联合分布律.

表 3-1

Y \ X	x_1	x_2	⋯	x_i	⋯
y_1	p_{11}	p_{21}	⋯	p_{i1}	⋯
y_2	p_{12}	p_{22}	⋯	p_{i2}	⋯
⋮	⋮	⋮		⋮	
y_j	p_{1j}	p_{2j}	⋯	p_{ij}	⋯
⋮	⋮	⋮		⋮	

【例 3-1】 口袋中有 2 只白球，3 只黑球，现进行有放回及无放回二次摸球. 定义随机变量如下：

$$X=\begin{cases}1, & 第一次摸到白球, \\ 0, & 第一次摸到黑球.\end{cases} \quad Y=\begin{cases}1, & 第二次摸到白球, \\ 0, & 第二次摸到黑球.\end{cases}$$

求 (X,Y) 的分布律.

解 有放回情形如表 3-2 所示，无放回情形如表 3-3 所示.

表 3-2

Y \ X	0	1
0	$\frac{3}{5} \times \frac{3}{5}$	$\frac{2}{5} \times \frac{3}{5}$
1	$\frac{3}{5} \times \frac{2}{5}$	$\frac{2}{5} \times \frac{2}{5}$

表 3-3

Y \ X	0	1
0	$\frac{2}{4} \times \frac{3}{5}$	$\frac{2}{5} \times \frac{2}{4}$
1	$\frac{3}{5} \times \frac{2}{4}$	$\frac{2}{5} \times \frac{1}{4}$

【定义 3-4】 对于二维随机变量 (X,Y) 的分布函数 $F(x,y)$，如果存在非负二元函数 $f(x,y)$，使得对任意 x、y，有

$$F(x,y)=P\{X\leqslant x, Y\leqslant y\}=\int_{-\infty}^{y}\int_{-\infty}^{x}f(u,v)\mathrm{d}u\mathrm{d}v,$$

则称 (X,Y) 是连续型的二维随机变量，函数 $f(x,y)$ 称为二维随机变量 (X,Y) 的概率密度，或称为随机变量 X 和 Y 联合概率密度.

按定义，概率密度 $f(x,y)$ 具有以下性质：

(1) $f(x,y)\geqslant 0$；

(2) $\int_{-\infty}^{+\infty}\int_{-\infty}^{+\infty}f(x,y)\mathrm{d}x\mathrm{d}y=F(+\infty,+\infty)=1$；

(3) 设 G 是 xOy 平面上的区域，点 (X,Y) 落在区域 G 内的概率为

$$P\{(X,Y) \in G\} = \iint_G f(x,y)\mathrm{d}x\mathrm{d}y;$$

(4) 若 $f(x,y)$ 在点 (x,y) 连续，则有

$$\frac{\partial^2 F(x,y)}{\partial x \partial y} = f(x,y).$$

【例 3-2】　已知二维随机变量 (X,Y) 的概率密度为

$$f(x,y) = \begin{cases} A\mathrm{e}^{-2x-y}, & x>0, y>0, \\ 0, & \text{其他}. \end{cases}$$

(1) 求 A；(2) 求分布函数 $F(x,y)$；(3) 求 $P\{X \leqslant Y\}$.

解　(1) 由 $\int_{-\infty}^{+\infty} \int_{-\infty}^{+\infty} f(x,y)\mathrm{d}x\mathrm{d}y = 1$ 得

$$\int_0^{+\infty} \int_0^{+\infty} A\mathrm{e}^{-2x-y}\mathrm{d}x\mathrm{d}y = \frac{1}{2}A = 1, \text{解得 } A = 2.$$

(2) 当 $x>0, y>0$ 时，

$$F(x,y) = \int_{-\infty}^x \int_{-\infty}^y f(u,v)\mathrm{d}u\mathrm{d}v = 2\int_0^x \int_0^y \mathrm{e}^{-2u-v}\mathrm{d}u\mathrm{d}v$$
$$= (1-\mathrm{e}^{-2x})(1-\mathrm{e}^{-y}),$$

其他，$F(x,y) = 0$，于是有

$$F(x,y) = \begin{cases} (1-\mathrm{e}^{-2x})(1-\mathrm{e}^{-y}), & x>0, y>0, \\ 0, & \text{其他}. \end{cases}$$

(3) $P\{X \leqslant Y\} = P\{(X,Y) \in G\}$

$$= \iint_G f(x,y)\mathrm{d}x\mathrm{d}y = \int_0^{+\infty} \left(\int_0^y 2\mathrm{e}^{-2x-y}\mathrm{d}x \right)\mathrm{d}y = \frac{2}{3}.$$

以上关于二维随机变量的讨论，可以推广到 $n(n>2)$ 维随机变量的情况，相应地，也有对应的概念，这里不进行讨论.

第二节　边缘分布

设 $F(x,y)$ 是随机变量 X 和 Y 联合分布函数，我们称 X 和 Y 各自的分布函数 $F_X(x)$ 和 $F_Y(y)$ 为 (X,Y) 的边缘分布函数，事实上有 (X,Y) 关于 X 的边缘分布函数

$$F_X(x) = P\{X \leqslant x\} = P\{X \leqslant x, Y < +\infty\}$$
$$= F(x, +\infty) = \lim_{y \to +\infty} F(x,y), \tag{3-1}$$

同理有 (X,Y) 关于 Y 的边缘分布函数

$$F_Y(y) = F(+\infty, y) = \lim_{x \to +\infty} F(x,y). \tag{3-2}$$

对于二维离散型随机变量(X,Y)分布律

$$P\{X=x_i,Y=y_j\}=p_{ij},i,j=1,2,\cdots,$$

我们称 X 和 Y 各自的分布律 $P\{X=x_i\}$ 和 $P\{Y=y_j\}$ 为 (X,Y) 的边缘分布律,事实上有 (X,Y) 关于 X 的边缘分布律

$$P\{X=x_i\}=P\{X=x_i,Y\leqslant+\infty\}\overset{\triangle}{=\!=}p_{i\cdot}=\sum_{j=1}^{\infty}p_{ij},i=1,2,\cdots,\quad(3\text{-}3)$$

同理有 (X,Y) 关于 Y 的边缘分布律

$$P\{Y=y_j\}=P\{X\leqslant+\infty,Y=y_j\}\overset{\triangle}{=\!=}p_{\cdot j}=\sum_{i=1}^{\infty}p_{ij},j=1,2,\cdots.\quad(3\text{-}4)$$

上述关于联合分布律与边缘分布律之间的关系可用表 3-4 来表示.

表 3-4

Y \ X	x_1	x_2	$\cdots$	x_i	$\cdots$	$p_{\cdot j}$
y_1	p_{11}	p_{21}	$\cdots$	p_{i1}	$\cdots$	$p_{\cdot 1}$
y_2	p_{12}	p_{22}	$\cdots$	p_{i2}	$\cdots$	$p_{\cdot 2}$
$\vdots$	$\vdots$	$\vdots$		$\vdots$		$\vdots$
y_j	p_{1j}	p_{2j}	$\cdots$	p_{ij}		$p_{\cdot j}$
$\vdots$	$\vdots$	$\vdots$		$\vdots$		$\vdots$
$p_{i\cdot}$	$P_{1\cdot}$	$P_{2\cdot}$	$\cdots$	$P_{i\cdot}$	$\cdots$	

例如例 3-1,两种情况的边缘分布律分别如表 3-5、表 3-6 所示.

表 3-5

Y \ X	0	1	$p_{\cdot j}$
0	$\frac{3}{5}\times\frac{3}{5}$	$\frac{2}{5}\times\frac{3}{5}$	$\frac{3}{5}$
1	$\frac{3}{5}\times\frac{2}{5}$	$\frac{2}{5}\times\frac{2}{5}$	$\frac{2}{5}$
$p_{i\cdot}$	$\frac{3}{5}$	$\frac{2}{5}$	1

表 3-6

Y \ X	0	1	$p_{\cdot j}$
0	$\frac{2}{4}\times\frac{3}{5}$	$\frac{2}{5}\times\frac{2}{4}$	$\frac{3}{5}$
1	$\frac{3}{5}\times\frac{2}{4}$	$\frac{2}{5}\times\frac{1}{4}$	$\frac{2}{5}$
$p_{i\cdot}$	$\frac{3}{5}$	$\frac{2}{5}$	1

对于二维连续型随机变量(X,Y)的概率密度$f(x,y)$，我们称X和Y各自的概率密度$f_X(x)$和$f_Y(y)$为(X,Y)的关于X或Y边缘概率密度，事实上有

(X,Y)关于X的边缘概率密度

$$f_X(x)=\int_{-\infty}^{+\infty}f(x,y)\mathrm{d}y,\tag{3-5}$$

(X,Y)关于Y的边缘概率密度

$$f_Y(y)=\int_{-\infty}^{+\infty}f(x,y)\mathrm{d}x.\tag{3-6}$$

【例 3-3】 已知二维随机变量(X,Y)具有密度函数

$$f(x,y)=\begin{cases}Ce^{-2(x+y)},&x>0,y>0,\\0,&其他.\end{cases}$$

求：(1) 常数C；

(2) (X,Y)的分布函数$F(x,y)$及X和Y的边缘分布函数$F_X(x)$，$F_Y(y)$和边缘密度函数$f_X(x)$，$f_Y(y)$；

(3) 概率$P\{(X,Y)\in D\}$. 其中D由$x=0,y=0$及$x+y=1$围成.

解 (1) 由密度函数的性质

$$\int_{-\infty}^{+\infty}\int_{-\infty}^{+\infty}f(x,y)\mathrm{d}x\mathrm{d}y=1,$$

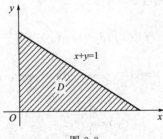

图 3-3

得 $$1=\int_0^{+\infty}\int_0^{+\infty}Ce^{-2(x+y)}\mathrm{d}x\mathrm{d}y=C\int_0^{+\infty}e^{-2x}\mathrm{d}x\int_0^{+\infty}e^{-2y}\mathrm{d}y=\frac{C}{4},$$

解得 $$C-4.$$

(2) 由连续型随机变量(X,Y)的分布函数的定义有

$$F(x,y)=\int_{-\infty}^{x}\int_{-\infty}^{y}f(u,v)\mathrm{d}u\mathrm{d}v$$

$$= \int_0^x \int_0^y 4e^{-2(u+v)} \, du \, dv = (1-e^{-2x})(1-e^{-2y}), x>0, \quad y>0,$$
$$0, \qquad\qquad\qquad\qquad\qquad\qquad\qquad\qquad 其他.$$

从而有
$$F_X(x) = F(x, +\infty) = \begin{cases} \int_0^x \int_0^\infty 4e^{-2(u+v)} \, du \, dv = 1-e^{-2x}, & x>0, \\ 0, & x \leqslant 0. \end{cases}$$

所以
$$f_X(x) = F_X'(x) = \begin{cases} 2e^{-2x}, & x>0, \\ 0, & x \leqslant 0. \end{cases}$$

同理
$$F_Y(y) = \begin{cases} 1-e^{-2y}, & y>0, \\ 0, & y \leqslant 0. \end{cases} \qquad f_Y(y) = \begin{cases} 2e^{-2y}, & y>0, \\ 0, & y \leqslant 0. \end{cases}$$

注意：也可以利用式 (3-5) 去求 $f_X(x)$ 和 $f_Y(y)$.

(3) 如图 3-3 所示，有
$$P\{(X, Y) \in D\} = \iint_D f(x, y) \, dx \, dy = \int_0^1 \left(\int_0^{1-y} 4e^{-2(x+y)} \, dx \right) dy$$
$$= \int_0^1 2e^{-2y}(1-e^{-2(1-y)}) \, dy = 1-3e^{-2}.$$

【例 3-4】 设二维随机变量 (X, Y) 具有如下概率密度函数

(1) $f(x,y) = \begin{cases} \dfrac{2e^{-y+1}}{x^3}, & x>1, y>1, \\ 0, & 其他. \end{cases}$ (2) $f(x,y) = \begin{cases} \dfrac{1}{\pi} e^{-\frac{x^2+y^2}{2}}, & xy \leqslant 0, \\ 0, & 其他. \end{cases}$

分别求 X 和 Y 的边缘概率密度.

解 根据 $f_X(x) = \int_{-\infty}^{+\infty} f(x,y) \, dy$, $f_Y(x) = \int_{-\infty}^{+\infty} f(x,y) \, dx$ 得

(1) 当 $x>1$ 时, $f_X(x) = \int_1^{+\infty} \dfrac{2e^{-y+1}}{x^3} \, dy = \dfrac{2}{x^3}$,

于是
$$f_X(x) = \begin{cases} \dfrac{2}{x^3}, & x>1, \\ 0, & 其他. \end{cases}$$

当 $y>1$ 时, $f_Y(y) = \int_1^{+\infty} \dfrac{2e^{-y+1}}{x^3} \, dx = e^{-y+1}$,

于是
$$f_Y(y) = \begin{cases} e^{-y+1}, & y>1, \\ 0, & 其他. \end{cases}$$

(2) 当 $x>0$ 时, $f_X(x) = \int_{-\infty}^0 \dfrac{1}{\pi} e^{-\frac{x^2+y^2}{2}} \, dy = \dfrac{1}{\sqrt{2\pi}} e^{-\frac{x^2}{2}}$,

当 $x \leqslant 0$ 时, $f_X(x) = \int_0^{+\infty} \dfrac{1}{\pi} e^{-\frac{x^2+y^2}{2}} \, dy = \dfrac{1}{\sqrt{2\pi}} e^{-\frac{x^2}{2}}$,

其中，由标准正态分布的密度函数可以得到

$$\int_{-\infty}^{0} e^{-\frac{x^2}{2}} \, dx = \int_{0}^{+\infty} e^{-\frac{x^2}{2}} \, dx = \sqrt{\frac{\pi}{2}} \cdot$$

于是

$$f_X(x) = \frac{1}{\sqrt{2\pi}} e^{-\frac{x^2}{2}}, \quad x \in (-\infty, +\infty).$$

类似可得

$$f_Y(y) = \frac{1}{\sqrt{2\pi}} e^{-\frac{y^2}{2}}, \quad y \in (-\infty, +\infty).$$

第三节 条件分布

我们由条件概率很自然地引出条件概率分布的概念.

设二维随机变量 (X,Y) 的分布律为 $P\{X=x_i, Y=y_j\} = p_{ij} (i,j=1,2,\cdots)$，$(X,Y)$ 关于 X 和 Y 的边缘分布律为

$$P\{X=x_i\} = p_{i\cdot} = \sum_{j=1}^{\infty} p_{ij}, i=1,2,\cdots,$$

$$P\{Y=y_j\} = p_{\cdot j} = \sum_{i=1}^{\infty} p_{ij}, j=1,2,\cdots.$$

【定义 3-5】 设 (X,Y) 是二维离散型随机变量，对于固定的 j，若 $P\{Y=y_j\} = p_{\cdot j} > 0$，则称

$$P\{X=x_i | Y=y_j\} = \frac{P\{X=x_i, Y=y_j\}}{P\{Y=y_j\}} = \frac{p_{ij}}{p_{\cdot j}}, \quad i=1,2,\cdots \tag{3-7}$$

为在 $Y=y_j$ 的条件下随机变量 X 的条件分布律.

同样，对于固定的 i，若 $P\{X=x_i\} = p_{i\cdot} > 0$，则称

$$P\{Y=y_j | X=x_i\} = \frac{P\{X=x_i, Y=y_j\}}{P\{X=x_i\}} = \frac{p_{ij}}{p_{i\cdot}}, j=1,2,\cdots \tag{3-8}$$

为在 $X=x_i$ 的条件下随机变量 Y 的条件分布律.

条件分布律也具有分布律的性质：

(1) $P\{X=x_i | Y=y_j\} \geq 0$；(2) $\sum_{i=1}^{\infty} P\{X=x_i | Y=y_j\} = 1$.

【例 3-5】 设随机变量 X 在 1,2,3,4 四个整数中等可能地取一个值，另一个随机变量 Y 在 $1 \sim X$ 中等可能地取一个值. 试求：(1) (X,Y) 的分布律及关于 X,Y 的边缘分布律；(2) $Y=1$ 的条件下 X 的条件分布律.

解 (1) 易知 $\{X=i, Y=j\}$ 的取值情况是：$i=1,2,3,4, j$ 取不大于 i 的正整数，且

$$P\{X=i,Y=j\}=P\{Y=j\,|\,X=i\}P\{X=i\}=\frac{1}{i}\times\frac{1}{4},i=1,2,3,4,j\leqslant i.$$

于是得(X,Y)的分布律如表 3-7 所示.

表 3-7

Y \ X	1	2	3	4	$P._j$
1	$\frac{1}{4}$	$\frac{1}{8}$	$\frac{1}{12}$	$\frac{1}{16}$	$\frac{25}{48}$
2	0	$\frac{1}{8}$	$\frac{1}{12}$	$\frac{1}{16}$	$\frac{13}{48}$
3	0	0	$\frac{1}{12}$	$\frac{1}{16}$	$\frac{7}{48}$
4	0	0	0	$\frac{1}{16}$	$\frac{1}{16}$
$P_i.$	$\frac{1}{4}$	$\frac{1}{4}$	$\frac{1}{4}$	$\frac{1}{4}$	1

（2）$Y=1$ 的条件下，X 的条件分布律为

$$P\{X=1\,|\,Y=1\}=\frac{P\{X=1,Y=1\}}{P\{Y=1\}}=\frac{1/4}{25/48}=\frac{12}{25},$$

$$P\{X=2\,|\,Y=1\}=\frac{P\{X=2,Y=1\}}{P\{Y=1\}}=\frac{1/8}{25/48}=\frac{6}{25},$$

$$P\{X=3\,|\,Y=1\}=\frac{P\{X=3,Y=1\}}{P\{Y=1\}}=\frac{1/12}{25/48}=\frac{4}{25},$$

$$P\{X=4\,|\,Y=1\}=\frac{P\{X=4,Y=1\}}{P\{Y=1\}}=\frac{1/16}{25/48}=\frac{3}{25}.$$

或写成

$X=k$	1	2	3	4
$P\{X=k\,|\,Y=1\}$	$\frac{12}{25}$	$\frac{6}{25}$	$\frac{4}{25}$	$\frac{3}{25}$

【定义 3-6】 设二维随机变量(X,Y)概率密度为 $f(x,y)$，(X,Y)关于 Y 的边缘概率密度为 $f_Y(y)$，若对于固定的 y，$f_Y(y)>0$，则称 $\frac{f(x,y)}{f_Y(y)}$ 为在 $Y=y$ 的条件下随机变量 X 的条件概率密度，记为

$$f_{X|Y}(x\,|\,y)=\frac{f(x,y)}{f_Y(y)}. \tag{3-9}$$

类似地，称 $f_{Y|X}(y\,|\,x)=\frac{f(x,y)}{f_X(x)}$，其中 $f_X(x)>0$，为在 $X=x$ 的条件下随机

变量 Y 的条件概率密度.

【例 3-6】 已知二维随机变量 (X,Y) 的概率密度为

$$f(x,y)=\begin{cases}2\mathrm{e}^{-2x-y} & x>0,y>0,\\ 0, & \text{其他}.\end{cases}$$

求：(1) 条件概率密度 $f_{X|Y}(x|y)$，(2) $P\{X\leqslant 2|Y\leqslant 2\}$. (参见例 3-2)

解 (1) 先求 Y 的边缘密度函数，

$$f_Y(y)=\int_{-\infty}^{+\infty}f(x,y)\mathrm{d}x=\begin{cases}\int_0^{+\infty}2\mathrm{e}^{-2x-y}\mathrm{d}x, & y>0,\\ 0, & \text{其他},\end{cases}=\begin{cases}\mathrm{e}^{-y}, & y>0,\\ 0, & \text{其他}.\end{cases}$$

所以，当 $y\leqslant 0$ 时，$f_{X|Y}(x|y)$ 不存在.

当 $y>0$ 时，$f_{X|Y}(x|y)=\dfrac{f(x,y)}{f_Y(y)}=\begin{cases}2\mathrm{e}^{-2x}, & x>0,\\ 0, & \text{其他}.\end{cases}$

(2) 因为 $F(x,y)=\begin{cases}(1-\mathrm{e}^{-2x})(1-\mathrm{e}^{-y}), & x>0,y>0,\\ 0, & \text{其他}.\end{cases}$

所以 $\qquad P\{X\leqslant 2|Y\leqslant 2\}=\dfrac{P\{X\leqslant 2,Y\leqslant 2\}}{P\{Y\leqslant 2\}}=\dfrac{F(2,2)}{F_Y(2)}=1-\mathrm{e}^{-4}.$

【例 3-7】 设数 X 在区间 $(0,1)$ 上随机地取值，当观察到 $X=x\ (0<x<1)$ 时，数 Y 在区间 $(x,1)$ 上随机地取值，求 Y 的概率密度 $f_Y(y)$.

解 由已知 X 具有概率密度

$$f_X(x)=\begin{cases}1, & 0<x<1,\\ 0, & \text{其他}.\end{cases}$$

对于任意给定的值 $x\ (0<x<1)$，在 $X=x$ 的条件下 Y 的条件概率密度为

$$f_{Y|X}(y|x)=\begin{cases}\dfrac{1}{1-x}, & x<y<1,\\ 0, & \text{其他}.\end{cases}$$

所以得 X 和 Y 联合概率密度为

$$f(x,y)=f_{Y|X}(y|x)f_X(x)=\begin{cases}\dfrac{1}{1-x}, & 0<x<y<1,\\ 0, & \text{其他}.\end{cases}$$

于是得关于 Y 的边缘概率密度为

$$f_Y(y)=\int_{-\infty}^{\infty}f(x,y)\mathrm{d}x=\begin{cases}\int_0^y\dfrac{1}{1-x}\mathrm{d}x=-\ln(1-y), & 0<y<1,\\ 0, & \text{其他}.\end{cases}$$

第四节　相互独立的随机变量

本节我们将利用两个事件相互独立的概念引出两个随机变量相互独立的概念.

【定义 3-7】　设 $F(x,y)$ 及 $F_X(x)$、$F_Y(y)$ 分别是二维随机变量 (X,Y) 的分布函数和边缘分布函数，如果对于任意的实数 x,y 有

$$F(x,y)=P\{X\leqslant x,Y\leqslant y\}=P\{X\leqslant x\}P\{Y\leqslant y\}=F_X(x)F_Y(y) \quad (3\text{-}10)$$

则称随机变量 X 和 Y 是相互独立的.

如果 (X,Y) 是二维连续型随机变量，$f(x,y)$，$f_X(x)$，$f_Y(y)$ 分别是二维随机变量 (X,Y) 的概率密度及边缘概率密度，则 X 和 Y 相互独立的条件等价于

$$f(x,y)=f_X(x)f_Y(y) \quad (3\text{-}11)$$

在平面上几乎处处成立.

如果 (X,Y) 是二维离散型随机变量，则 X 和 Y 相互独立的条件等价于：对于 (X,Y) 的所有可能取值 (x_i,y_j) 有

$$P\{X=x_i,Y=y_j\}=P\{X=x_i\}P\{Y=y_j\} \quad (3\text{-}12)$$

简记为 $\qquad\qquad\qquad P_{ij}=P_i.P._j.$

例如例 3-1，有放回的情况满足 $P_{ij}=P_i.P._j$，因此 X 和 Y 是相互独立的，无放回的情况不满足 $P_{ij}=P_i.P._j$，因此 X 和 Y 是不相互独立的.

又如例 3-2，已知二维随机变量 (X,Y) 的概率密度为

$$f(x,y)=\begin{cases}2\mathrm{e}^{-2x-y}, & x>0,y>0,\\ 0, & \text{其他}.\end{cases}$$

而 X 和 Y 的边缘概率密度分别为

$$f_X(x)=\begin{cases}2\mathrm{e}^{-2x}, & x>0,\\ 0, & \text{其他}.\end{cases} \qquad f_Y(y)=\begin{cases}\mathrm{e}^{-y}, & y>0,\\ 0, & \text{其他}.\end{cases}$$

显然有 $f(x,y)=f_X(x)f_Y(y)$，所以 X 和 Y 是相互独立的.

【例 3-8】　设二维随机变量 (X,Y) 的联合密度函数为：

$$f(x,y)=\begin{cases}Axy^2,0<x<2.0<y<1,\\ 0, & \text{其他}.\end{cases}$$

试判断 X 和 Y 是否独立

解　先求参数 A.

由 $\int_{-\infty}^{+\infty}\int_{-\infty}^{+\infty} f(x,y)\mathrm{d}x\,\mathrm{d}y = 1$ 得

$$\int_0^2\int_0^1 Axy^2\,\mathrm{d}x\,\mathrm{d}y = \frac{2}{3}A = 1,\text{解得 } A = \frac{3}{2}.$$

根据公式 $f_X(x) = \int_{-\infty}^{+\infty} f(x,y)\mathrm{d}y$，得

$$f_X(x) = \begin{cases} \int_0^1 \dfrac{3}{2}xy^2\,\mathrm{d}y, & 0 < x < 2 \\ 0, & \text{其他} \end{cases} = \begin{cases} \dfrac{x}{2}, & 0 < x < 2 \\ 0, & \text{其他} \end{cases}$$

由 $f_Y(x) = \int_{-\infty}^{+\infty} f(x,y)\mathrm{d}x$，得

$$f_Y(y) = \begin{cases} \int_0^2 \dfrac{3}{2}xy^2\,\mathrm{d}x, & 0 < y < 1 \\ 0, & \text{其他} \end{cases} = \begin{cases} 3y^2, & 0 < y < 1 \\ 0, & \text{其他} \end{cases}$$

由于 $f(x,y) = f_X(x)f_Y(y)$，所以 X 和 Y 相互独立.

以上所述关于二维随机变量独立性的一些概念，容易推广到 n 维随机变量的情况，相应的推广由读者自己来完成.

最后介绍两个常见的二维随机变量的分布.

一、均匀分布

设 G 是平面上的有界区域，其面积为 A，若二维随机变量 (X,Y) 具有概率密度

$$f(x,y) = \begin{cases} \dfrac{1}{A}, & (x,y) \in G, \\ 0, & \text{其他}. \end{cases} \tag{3-13}$$

则称 (X,Y) 在 G 上服从均匀分布.

例如，二维随机变量 (X,Y) 在圆域 $x^2+y^2 \leqslant 4$ 上服从均匀分布，则其概率密度为

$$f(x,y) = \begin{cases} \dfrac{1}{4\pi}, & x^2+y^2 \leqslant 4, \\ 0, & \text{其他}. \end{cases}$$

二、二维正态分布

设二维随机变量 (X,Y) 的概率密度为

$$f(x,y) = \frac{1}{2\pi\sigma_1\sigma_2\sqrt{1-\rho^2}}\exp\left\{\frac{-1}{2(1-\rho^2)}\left[\frac{(x-\mu_1)^2}{\sigma_1^2}\right.\right.$$

$$-2\rho\frac{(x-\mu_1)(y-\mu_2)}{\sigma_1\sigma_2}+\frac{(y-\mu_2)^2}{\sigma_2^{\ 2}}]\Big\}, \tag{3-14}$$

式中，$\mu_1,\mu_2,\sigma_1,\sigma_2,\rho$ 都是常数，且 $\sigma_1>0,\sigma_2>0,-1<\rho<1$，则称$(X,Y)$服从参数为 $\mu_1,\mu_2,\sigma_1,\sigma_2,\rho$ 的二维正态分布，记作$(X,Y)\sim N(\mu_1,\mu_2,\sigma_1^2,\sigma_2^2,\rho)$.

两点说明：

(1) 二维正态分布$(X,Y)\sim N(\mu_1,\mu_2,\sigma_1^2,\sigma_2^2,\rho)$的两个边缘分布是一维正态分布 $X\sim N(\mu_1,\sigma_1^2)$，$Y\sim N(\mu_2,\sigma_2^2)$；

(2) 如果(X,Y)服从二维正态分布，即$(X,Y)\sim N(\mu_1,\mu_2,\sigma_1^2,\sigma_2^2,\rho)$，则有 X 和 Y 相互独立的充分必要条件是 $\rho=0$.

第五节　两个随机变量的函数分布

一、 离散型随机变量函数的分布

【例 3-9】 已知二维随机变量(X,Y)的分布律为

X Y	1	2
1	1/4	1/6
2	1/3	1/4

求：(1) $Z=X+Y$，(2) $Z=\max\{X,Y\}$，(3) $Z=\min\{X,Y\}$的分布律.

解 (1) $Z=X+Y$ 的可能取值为 $2,3,4$，其概率为

$$P\{Z=2\}=P\{X=1,Y=1\}=1/4,$$
$$P\{Z=3\}=P\{X=1,Y=2\}+P\{X=2,Y=1\}=1/2,$$
$$P\{Z=4\}=P\{X=2,Y=2\}=1/4,$$

所以 $Z=X+Y$ 的分布律为

$Z=X+Y$	2	3	4
p_k	$\frac{1}{4}$	$\frac{1}{2}$	$\frac{1}{4}$

(2) $Z=\max\{X,Y\}$的可能取值为 $1,2$，其概率为

$$P\{Z=1\}=P\{\max\{X,Y\}=1\}=P\{X=1,Y=1\}=\frac{1}{4},$$

$$P\{Z=2\}=1-P\{Z=1\}=\frac{3}{4},$$

所以 $Z=\max\{X,Y\}$得分布律为

$Z=\max\{X,Y\}$	1	2
p_k	$\frac{1}{4}$	$\frac{3}{4}$

（3）类似地可求得 $Z=\min\{X,Y\}$ 的分布律为

$Z=\min\{X,Y\}$	1	2
p_k	$\dfrac{3}{4}$	$\dfrac{1}{4}$

二、 连续型随机变量函数的分布

设二维随机变量 (X,Y) 的概率密度是 $f(x,y)$，$Z=g(X,Y)$ 是 (X,Y) 的连续函数，则 $Z=g(X,Y)$ 的概率密度 $f_Z(z)$ 的一般求法如下．

先求 $Z=g(X,Y)$ 的分布函数

$$F_Z(z)=P\{Z\leqslant z\}=P\{g(X,Y)\leqslant z\}=\iint\limits_{g(x,y)\leqslant z}f(x,y)\mathrm{d}x\mathrm{d}y,$$

求导即得 $Z=g(X,Y)$ 的概率密度

$$f_Z(z)=[F_Z(z)]'.$$

1. $Z=X+Y$ 的分布

设 (X,Y) 是二维连续型随机变量，它具有概率密度 $f(x,y)$，则 $Z=X+Y$ 为连续型随机变量，其概率密度为

$$f_Z(z)=f_{X+Y}(z)=\int_{-\infty}^{+\infty}f(x,z-x)\mathrm{d}x;$$

或

$$f_Z(z)=f_{X+Y}(z)=\int_{-\infty}^{+\infty}f(z-y,y)\mathrm{d}y.\tag{3-15}$$

当 X 和 Y 相互独立时，

$$f_{X+Y}(z)=\int_{-\infty}^{+\infty}f_X(x)f_Y(z-x)\mathrm{d}x=\int_{-\infty}^{+\infty}f_X(z-y)f_Y(y)\mathrm{d}y.\tag{3-16}$$

证明可按上面步骤进行，请读者自己完成．

【例 3-10】 设随机变量 X 和 Y 相互独立，它们都服从 $N(0,1)$ 分布，求 $Z=X+Y$ 的概率密度．

解 随机变量 X 和 Y 的概率密度为

$$f_X(x)=\frac{1}{\sqrt{2\pi}}e^{-\frac{x^2}{2}},-\infty<x<\infty,$$

$$f_Y(y)=\frac{1}{\sqrt{2\pi}}e^{-\frac{y^2}{2}},-\infty<y<\infty,$$

根据上面公式得

$$f_{X+Y}(z)=\int_{-\infty}^{+\infty}f_X(x)f_Y(z-x)\mathrm{d}x$$

$$=\frac{1}{2\pi}\int_{-\infty}^{+\infty}e^{-\frac{x^2}{2}}e^{-\frac{(z-x)^2}{2}}\mathrm{d}x=\frac{1}{2\pi}e^{-\frac{z^2}{4}}\int_{-\infty}^{+\infty}e^{-(x-\frac{z}{2})^2}\mathrm{d}x,$$

令 $t = x - \dfrac{z}{2}$，得

$$f_{X+Y}(z) = \frac{1}{2\pi} e^{-\frac{z^2}{4}} \int_{-\infty}^{+\infty} e^{-t^2}\, dt = \frac{1}{2\pi} e^{-\frac{z^2}{4}} \sqrt{\pi} = \frac{1}{2\sqrt{\pi}} e^{-\frac{z^2}{4}},$$

即 $Z = X + Y$ 服从 $N(0,2)$ 分布.

一般，设 X 和 Y 相互独立且 $X \sim N(\mu_1, \sigma_1^2)$，$Y \sim N(\mu_2, \sigma_2^2)$，由前面公式可证 $Z = X + Y$ 仍然服从正态分布，且有 $Z = X + Y \sim N(\mu_1 + \mu_2, \sigma_1^2 + \sigma_2^2)$.

这个结论还能推广到 n 个独立的正态随机变量线性组合的情况，设 n 个随机变量 X_1，X_2，$\cdots$，X_n 相互独立，且 $X_i \sim N(\mu_i, \sigma_i^2)(i=1,2,\cdots,n)$，则它们的线性组合

$$Z = c_1 X_1 + c_2 X_2 + \cdots + c_n X_n$$
$$\sim N(c_1\mu_1 + c_2\mu_2 + \cdots + c_n\mu_n, c_1^2\sigma_1^2 + c_2^2\sigma_2^2 + \cdots + c_n^2\sigma_n^2). \tag{3-17}$$

【例 3-11】 设随机变量 X 和 Y 相互独立且都服从 $[0,1]$ 上的均匀分布，求 $Z = X + Y$ 的概率密度.

解 随机变量 X 和 Y 的概率密度为

$$f_X(x) = \begin{cases} 1, & 0 \leqslant x \leqslant 1, \\ 0, & \text{其他}. \end{cases} \quad f_Y(y) = \begin{cases} 1, & 0 \leqslant y \leqslant 1, \\ 0, & \text{其他}. \end{cases}$$

因为 X 和 Y 相互独立，所以

$$f(x,y) = f_X(x)f_Y(y) = \begin{cases} 1, & 0 \leqslant x \leqslant 1, 0 \leqslant y \leqslant 1, \\ 0, & \text{其他}. \end{cases}$$

根据公式 $\quad f_{X+Y}(z) = \displaystyle\int_{-\infty}^{+\infty} f(x, z-x)\, dx$，

易知仅当 $\begin{cases} 0 \leqslant x \leqslant 1 \\ 0 \leqslant z-x \leqslant 1 \end{cases}$ 即 $\begin{cases} 0 \leqslant x \leqslant 1 \\ z-1 \leqslant x \leqslant z \end{cases}$ 时上述积分的被积函数不等于零，于是有

当 $z < 0$ 时，$f_{X+Y}(z) = \displaystyle\int_{-\infty}^{+\infty} f(x, z-x)\, dx = 0$，

当 $0 \leqslant z < 1$ 时，$f_{X+Y}(z) = \displaystyle\int_{-\infty}^{+\infty} f(x, z-x)\, dx = \int_0^z 1\, dx = z$，

当 $1 \leqslant z < 2$ 时，$f_{X+Y}(z) = \displaystyle\int_{-\infty}^{+\infty} f(x, z-x)\, dx = \int_{z-1}^1 1\, dx = 2 - z$，

当 $z \geqslant 2$ 时，$f_{X+Y}(z) = \displaystyle\int_{-\infty}^{+\infty} f(x, z-x)\, dx = 0$.

所以 $Z = X + Y$ 的概率密度为

$$f_{X+Y}(z)=\begin{cases} z, & 0\leqslant z<1, \\ 2-z, & 1\leqslant z<2, \\ 0, & 其他. \end{cases}$$

2. $M=\max\{X,Y\}$ 及 $N=\min\{X,Y\}$ 的分布

设 X 和 Y 是两个相互独立的随机变量,它们的分布函数分别为 $F_X(x)$ 和 $F_Y(y)$,现在来求 $M=\max\{X,Y\}$ 及 $N=\min\{X,Y\}$ 的分布函数.

先求 $M=\max\{X,Y\}$ 的分布函数 $F_M(z)$.

$$F_M(z)=F_{\max}(z)=P\{M\leqslant z\}=P\{\max\{X,Y\}\leqslant z\}$$

$$=P\{X\leqslant z,Y\leqslant z\}=P\{X\leqslant z\}P\{Y\leqslant z\}=F_X(z)F_Y(z). \tag{3-18}$$

类似地可求得 $N=\min\{X,Y\}$ 的分布函数 $F_N(z)$,

$$F_N(z)=F_{\min}(z)=P\{N\leqslant z\}=P\{\min\{X,Y\}\leqslant z\}$$

$$=1-P\{\min\{X,Y\}>z\}=1-P\{X>z,Y>z\}$$

$$=1-P\{X>z\}P\{Y>z\}=1-[1-F_X(z)][1-F_Y(z)]. \tag{3-19}$$

这个结论容易推广到 n 个相互独立的随机变量的情况,设 $X_1,X_2,\cdots,X_n$ 是 n 个相互独立的随机变量,它们的分布函数分别为 $F_{X_i}(x_i)(i=1,2,\cdots,n)$,则 $M=\max\{X_1,X_2,\cdots,X_n\}$ 及 $N=\min\{X_1,X_2,\cdots,X_n\}$ 的分布函数分别为

$$F_M(z)=F_{X_1}(z)F_{X_2}(z)\cdots F_{X_n}(z), \tag{3-20}$$

$$F_N(z)=1-[1-F_{X_1}(z)][1-F_{X_2}(z)]\cdots[1-F_{X_n}(z)]. \tag{3-21}$$

特别地,当随机变量 $X_1,X_2,\cdots,X_n$ 相互独立且具有相同的分布函数 $F(x)$ 时,

$$F_M(z)=[F(z)]^n, \tag{3-22}$$

$$F_N(z)=1-[1-F(z)]^n. \tag{3-23}$$

【例 3-12】 对某种电子装置的输出测量了 5 次,得到的观察值 X_1,X_2,X_3,X_4,X_5,设它们是相互独立的随机变量,且都服从同一分布

$$F(z)=\begin{cases} 1-e^{-\frac{r^2}{8}}, & z\geqslant 0, \\ 0, & 其他. \end{cases}$$

试求:$\max\{X_1,X_2,X_3,X_4,X_5\}>4$ 的概率.

解 令 $M=\max\{X_1,X_2,X_3,X_4,X_5\}$,由于 X_1,X_2,X_3,X_4,X_5 相互独

立，且服从同一分布，由式（3-22）得 M 的分布函数

$$F_M(z) = [F(z)]^5,$$

所求概率

$$P\{M > 4\} = 1 - P\{M \leqslant 4\} = 1 - F_M(4) = 1 - [F(4)]^5 = 1 - (1 - e^{-2})^5.$$

第六节　多维随机变量应用实例

【例 3-13】　相遇问题.

一负责人到达办公室的时间均匀分布在 8:00～12:00，他的秘书到达办公室的时间均匀分布在 7:00～9:00，设他们两人到达的时间相互独立，求他们到达办公室的时间相差不超过 5min 的概率.

解　设 X 和 Y 分别表示负责人和他的秘书到达办公室的时间，由题设知 X 和 Y 的概率密度分别为

$$f_X(x) = \begin{cases} \dfrac{1}{4}, & 8 < x < 12, \\ 0, & \text{其他}. \end{cases} \qquad f_Y(y) = \begin{cases} \dfrac{1}{2}, & 7 < y < 9, \\ 0, & \text{其他}. \end{cases}$$

由于 X,Y 相互独立，所以 (X,Y) 的概率密度为

$$f(x,y) = f_X(x)f_Y(y) = \begin{cases} \dfrac{1}{8}, & 8 < x < 12, 7 < y < 9, \\ 0, & \text{其他}. \end{cases}$$

因此，有 $P\left\{|X-Y| \leqslant \dfrac{1}{12}\right\} = \iint_G f(x, y)\,\mathrm{d}x\,\mathrm{d}y = \dfrac{1}{8} \times (G \text{ 的面积}) = \dfrac{1}{48}.$

即负责人和他的秘书到达办公室的时间相差不超过 5min 的概率为 $\dfrac{1}{48}$.

【例 3-14】　电路系统寿命问题.

某家庭原来有 4 个灯泡用于室内照明，新装修后有 24 个灯泡用于室内照明，装修入住后主人总认为灯泡更容易坏了，试解释其中的原因.

解　设所有灯泡的使用寿命相互独立，且服从参数为 θ 指数分布，用 X_i 表示第 i 只灯泡的使用寿命，则装修前等待第一个灯泡烧坏的时间长度 X 为

$$X = \min\{X_1, X_2, X_3, X_4\}$$

装修后等待第一个灯泡烧坏的时间长度 Y 为

$$Y = \min\{X_1, X_2, \cdots, X_{24}\}$$

由例 3-15 的讨论知道，X 和 Y 仍然服从指数分布，参数分别为 $\dfrac{\theta}{4}$ 和 $\dfrac{\theta}{24}$，例如，$\theta=1500\mathrm{h}$，计算可得

$$P\{X>400\}=0.3442,P\{X>200\}=0.5866,P\{X>100\}=0.7651.$$

$$P\{Y>400\}=0.0017,P\{Y>200\}=0.0408,P\{Y>100\}=0.2019.$$

从中不难看出，Y 要比 X 取同样的值的概率要小得多，装修前使用 200h 不换灯泡的概率是 58.66%，装修后使用 200h 不换灯泡的概率是 4.08%，不换灯泡是不大可能的．

从本例知道，在教室使用普通灯泡照明是不可取的，因为一个教室需要使用多个灯泡，如果使用灯泡，就经常会有灯泡烧坏．当然，普通灯泡费电也是一个重要原因．

【例 3-15】 电路系统寿命问题．

设系统 L 由两个相互独立的子系统 L_1，L_2 连接而成，连接的方式分别为：(1) 串联；(2) 并联；(3) 备用（当系统 L_1 损坏时，系统 L_2 开始工作）．如图 3-4 所示，设 L_1，L_2 的寿命分别为 X 和 Y，已知它们的概率密度分别为

$$f_X(x)=\begin{cases}\alpha e^{-\alpha x},&x>0,\\0,&x\leqslant0.\end{cases}\quad f_Y(y)=\begin{cases}\beta e^{-\beta y},&y>0,\\0,&y\leqslant0.\end{cases}$$

其中 $\alpha>0,\beta>0$ 且 $\alpha\neq\beta$. 试分别就以上三种连接方式，求出 L 的寿命 Z 的密度函数．

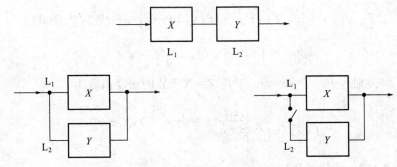

图 3-4

解 (1)串联情况　由于 L_1，L_2 中有一个损坏时，系统 L 就停止工作，所以这时 L 的寿命为

$$Z=\min\{X,Y\}.$$

X 和 Y 的分布函数为

$$F_X(x)=\begin{cases}1-e^{-\alpha x},&x>0,\\0,&x\leqslant0.\end{cases}\quad F_Y(y)=\begin{cases}1-e^{-\beta y},&y>0,\\0,&y\leqslant0.\end{cases}$$

由前面的公式得 $Z = \min\{X,Y\}$ 的分布函数为

$$F_{\min}(z) = 1 - [1-F_X(z)][1-F_Y(z)] = \begin{cases} 1-e^{-(\alpha+\beta)z}, & z>0, \\ 0, & z\leqslant 0. \end{cases}$$

于是 $Z = \min\{X,Y\}$ 的密度函数为

$$f_{\min}(z) = \begin{cases} (\alpha+\beta)e^{-(\alpha+\beta)z}, & z>0, \\ 0, & z\leqslant 0. \end{cases}$$

(2) 并联情况   由于当且仅当 L_1,L_2 都损坏时，系统 L 才停止工作，所以这时 L 的寿命为

$$Z = \max\{X,Y\}.$$

由前面的公式得 $Z = \max\{X,Y\}$ 的分布函数为

$$F_{\max}(z) = F_X(z)F_Y(z) = \begin{cases} (1-e^{-\alpha z})(1-e^{-\beta z}), & z>0, \\ 0, & z\leqslant 0. \end{cases}$$

于是 $Z = \max\{X,Y\}$ 的密度函数为

$$f_{\max}(z) = \begin{cases} \alpha e^{-\alpha z} + \beta e^{-\beta z} - (\alpha+\beta)e^{-(\alpha+\beta)z}, & z>0, \\ 0, & z\leqslant 0. \end{cases}$$

(3) 备用的情况   由于当系统 L_1 损坏时系统 L_2 才开始工作，因此整个系统 L 的寿命 Z 是 L_1,L_2 两者寿命之和，即 $Z = X+Y$，所以，当 $z>0$ 时，$Z = X+Y$ 的概率密度为

$$f_{X+Y}(z) = \int_{-\infty}^{+\infty} f_X(z-y)f_Y(y)\mathrm{d}y = \int_0^z \alpha e^{-\alpha(z-y)}\beta e^{-\beta y}\mathrm{d}y$$

$$= \alpha\beta e^{-\alpha z}\int_0^z e^{-(\beta-\alpha)y}\mathrm{d}y = \frac{\alpha\beta}{\beta-\alpha}(e^{-\alpha z} - e^{-\beta z}),$$

当 $z\leqslant 0$ 时，$f_{X+Y}(z) = 0$，于是 $Z = X+Y$ 的密度函数为

$$f_{X+Y}(z) = \begin{cases} \dfrac{\alpha\beta}{\beta-\alpha}(e^{-\alpha z} - e^{-\beta z}), & z>0, \\ 0, & z\leqslant 0. \end{cases}$$

【例 3-16】 路线择优问题.

某人需乘车到飞机场搭乘飞机，现有两条路线可供选择. 走第一条路线所需的时间为 X_1，$X_1 \sim N(50,100)$（单位：min）；走第二条路线所需的时间为 X_2，$X_2 \sim N(60,16)$. 为及时赶到机场，问：

(1) 若有 70min，应选择哪一条路线更有把握？若有 65min 呢？

(2) 若走第一条路线，并以 95% 的概率保证能及时赶上飞机，距飞机起飞时刻至少需要提前多少时间出发？

解 两条路线存在择优选择的问题，如何比较"优劣"呢？

（1）若有 70min 可用，两条路线可及时赶上飞机的概率分别为

$$P\{0<X_1\leqslant 70\}=\Phi\left(\frac{70-50}{10}\right)-\Phi\left(\frac{0-50}{10}\right)=\Phi(2)-\Phi(-5)\approx\Phi(2)$$

$$P\{0<X_2\leqslant 70\}=\Phi\left(\frac{70-60}{4}\right)-\Phi\left(\frac{0-60}{4}\right)=\Phi(2.5)-\Phi(-15)\approx\Phi(2.5)$$

由于 $\Phi(2.5)>\Phi(2)$，所以选择第二条路线为好.

若有 65min 可用时，有

$$P\{0<X_1\leqslant 65\}=\Phi\left(\frac{65-50}{10}\right)-\Phi\left(\frac{0-50}{10}\right)\approx\Phi(1.5)$$

$$P\{0<X_2\leqslant 65\}=\Phi\left(\frac{65-60}{4}\right)-\Phi\left(\frac{0-60}{4}\right)\approx\Phi(1.25)$$

由于 $\Phi(1.5)>\Phi(1.25)$，所以选择第一条路线为好.

（2）设需要提前 x 分钟出发，应有

$$0.95\leqslant P\{0<X_1\leqslant x\}\approx\Phi\left(\frac{x-50}{10}\right),$$

故 $\dfrac{x-50}{10}\geqslant 1.65$，解得 $x\geqslant 66.5$.

因此距飞机起飞时刻至少需要提前 66.5min 出发，才能以 95% 的概率保证能及时赶上飞机.

第七节 二维随机变量及其分布的 MATLAB 实现

利用 MATLAB 提供的 mvnpdf 函数可以计算二维正态分布随机变量在指定位置处的密度函数值. 其命令如表 3-8 所示：

表 3-8

函数名	调用格式	注　释
二维正态分布随机变量密度函数	mvnpdf(x,mu,sigma)	输出均值为 mu 协方差矩阵为 sigma 的正态分布函数在 x 处的值

【例 3-17】 求均值为（0，0）协方差矩阵为 $\begin{pmatrix}1&0\\0&1\end{pmatrix}$ 的二维正态分布函数在点（1，2）处的值（均值、协方差将在后面的内容中介绍）.

解 输入程序：

≫mvnpdf([1,2],[0 0],[1 0;0 1])

运行程序后得到：

ans＝

0.0131

【例3-18】 绘制出均值为（0，0），协方差矩阵为$\begin{pmatrix} 0.25 & 0.3 \\ 0.3 & 1 \end{pmatrix}$的二维正态

分布的概率密度函数曲面.

解 输入程序：

```
≫mu=[0 0];
≫sigma=[0.25 0.3;0.3 1];
≫x=-3:0.1:3;y=-3:0.15:3;
≫[x1,y1]=meshgrid(x,y);
≫f=mvnpdf([x1(:)y1(:)],mu,sigma);
≫F=reshape(f,numel(y),numel(x));
≫surf(x,y,F)
```

运行程序后得到图像如图 3-5.

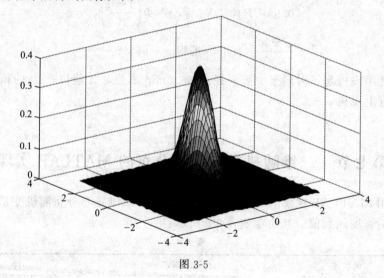

图 3-5

【例3-19】 设(X,Y)具有概率密度$f(x,y)=\begin{cases} Cx^2y, & x^2 \leqslant y \leqslant 1, \\ 0, & \text{其他} \end{cases}$

（1）确定常数C；

（2）求边缘概率密度$f_X(x)$和$f_Y(y)$.

解 输入程序：

```
syms x y C
fxy=C * x^2 * y;
g=int(int(fxy,y,x * x,1),x,-1,1);
C=double(solve(g==1))
```

运行程序后得到：

C＝5.25

注：g＝int(f,x,a,b)表示求函数 f 对符号变量 X 从 a 到 b 的定积分.

输入程序：

syms x y

fxy＝5.25 * x * x * y;

fx＝int(fxy,y,x * x,1)

fy＝int(fxy,x,－sqrt(y),sqrt(y))

运行程序后得到：

fx＝21/8 * x^2 * (1－x^4)

fy＝7/2 * y^(5/2)

所以，$f_x(x)=\begin{cases}\dfrac{21}{8}x^2(1-x^4), & -1\leqslant x\leqslant 1,\\ 0, & 其他.\end{cases}$

$$f_y(y)=\begin{cases}\dfrac{7}{2}y^2, & 0\leqslant y\leqslant 1,\\ 0, & 其他.\end{cases}$$

习题

A 组　基本题

1. 填空题

(1) 设二维随机变量(X,Y)的概率密度为

$$\varphi(x,y)=\begin{cases}1, & 0<x<1,0<y<1,\\ 0, & 其他.\end{cases}$$

则概率 $P\{X<0.5,Y<0.6\}=$ ＿＿＿＿＿＿.

(2) 已知二维随机变量(X,Y)具有概率密度

$$f(x,y)=\begin{cases}C\sin(x+y),0\leqslant x\leqslant\dfrac{\pi}{4},0\leqslant y\leqslant\dfrac{\pi}{4},\\ 0, & 其他.\end{cases}$$，则 $C=$ ＿＿＿＿＿＿.

(3) 若 X,Y 相互独立，已知 $X\sim U(0,2)$，$Y\sim N(1,1)$，则(X,Y)的联合概率密度 $\varphi(x,y)=$ ＿＿＿＿＿＿.

(4) 已知随机变量 X 和 Y 相互独立，它们的分布函数分别为 $F_X(x)$ 和 F_Y

(y)，则 $Z=\min\{X,Y\}$ 的分布函数为 $F_Z(z)=$_____.

（5）设 随 机 变 量 X 和 Y 相 互 独 立 且 都 服 从 标 准 正 态 分 布，则 $P\{X+Y\geqslant0\}=$_____，$P\{\max(X,Y)\geqslant0\}=$_____.

2. 选择题

（1）事件 $\{X\leqslant a,Y\leqslant b\}$ 和事件 $\{X>a,Y>b\}$ 的关系是（   ）.

（A） $P\{X\leqslant a,Y\leqslant b\}>P\{X>a,Y>b\}$

（B） $P\{X\leqslant a,Y\leqslant b\}<P\{X>a,Y>b\}$

（C） $P\{X\leqslant a,Y\leqslant b\}+P\{X>a,Y>b\}=1$

（D） $P\{X\leqslant a,Y\leqslant b\}+P\{X>a,Y>b\}\leqslant1$

（2）设两个随机变量 X 与 Y 相互独立，且 $P\{X=-1\}=P\{Y=-1\}=P\{X=1\}=P\{Y=1\}=\dfrac{1}{2}$. 则下列各式中成立的是（   ）.

（A） $P\{X=Y\}=\dfrac{1}{2}$ （B） $P\{X=Y\}=1$

（C） $P\{X+Y=0\}=\dfrac{1}{4}$ （D） $P\{XY=1\}=\dfrac{1}{4}$

（3）设随机变量 $X\sim N(3,1),Y\sim N(2,1)$，且 X 和 Y 是相互独立，令 $Z=X-2Y$，则概率 $P(Z\leqslant1)=$（   ）.

（A） $\Phi\left(\dfrac{2}{\sqrt{5}}\right)$ （B） $\Phi(0)$ （C） $\Phi\left(\dfrac{1}{\sqrt{5}}\right)$ （D） $\Phi\left(\dfrac{-1}{\sqrt{5}}\right)$

（4）设随机变量 X 和 Y 相互独立，且 $X\sim N(0,1),Y\sim N(1,1)$，则下列成立的是（   ）.

（A） $P(X+Y\leqslant1)=\dfrac{1}{2}$ （B） $P(X+Y\leqslant0)=\dfrac{1}{2}$

（C） $P(X-Y\geqslant0)=\dfrac{1}{2}$ （D） $P(X-Y\leqslant0)=\dfrac{1}{2}$

3. （1）盒子里装有 3 只黑球、2 只红球、2 只白球，在其中任取 4 只球. 以 X 表示取到黑球的只数，以 Y 表示取到红球的只数，求 X 和 Y 的联合分布律.

（2）在（1）中求 $P\{X>Y\},P\{Y=2X\},P\{X+Y=3\},P\{X<3-Y\}$.

4. 设二维离散型随机变量(X,Y)的联合分布律为下表中所列.

X \ Y	0	1	2
0	1/8	1/16	1/16
1	1/6	1/12	1/12
2	1/24	1/48	1/48
3	1/6	1/12	1/12

求：(1) $P\{X \leqslant 1\}$；(2) $P\{X=Y\}$；(3) $P\{X \geqslant Y\}$.

5. 在一个箱子中装有 12 只开关，其中 2 只是次品，在其中取两次，每次任取一只，考虑两种试验：(1) 放回抽样；(2) 不放回抽样. 定义随机变量 X,Y 如下：

$$X = \begin{cases} 0, \text{第一次取出的是正品,} \\ 1, \text{第一次取出的是次品.} \end{cases} \qquad Y = \begin{cases} 0, \text{第二次取出的是正品,} \\ 1, \text{第二次取出的是次品.} \end{cases}$$

试分别就 (1)，(2) 两种情况，写出(X,Y)的联合分布律.

6. 设随机变量(X,Y)的概率密度为

$$f(x,y) = \begin{cases} k(6-x-y), & 0<x<2, 2<y<4, \\ 0, & \text{其他.} \end{cases}$$

(1) 确定常数 k；(2) 求 $P\{X<1, Y<3\}$；(3) $P\{X<1.5\}$；(4) $P\{X+Y \leqslant 4\}$.

7. 设二维连续型随机变量(X,Y)的联合概率密度函数为

$$f(x,y) = \begin{cases} k e^{-3x-4y}, & x \geqslant 0, y \geqslant 0, \\ 0, & \text{其他.} \end{cases}$$

(1) 确定常数 k；(2) 求(X,Y)的联合分布函数；(3) $P(0<X<1, 0<Y<2)$.

8. 试就第 5 题的条件写出(X,Y)的边缘分布律，并判断 X 与 Y 是否相互独立.

9. 设二维连续型随机变量(X,Y)的概率密度为

$$f(x,y) = \begin{cases} e^{-y}, & 0<x<y, \\ 0, & \text{其他.} \end{cases}$$

求 X 和 Y 的边缘概率密度.

10. 设二维连续型随机变量(X,Y)的联合概率密度函数为

$$f(x,y)=\begin{cases} cx^2y, & x^2 \leqslant y \leqslant 1, \\ 0, & 其他. \end{cases}$$

(1) 确定常数 c;

(2) 求 X 和 Y 的边缘概率密度.

11. 设随机变量 (X,Y) 具有分布函数

$$F(x,y)=\begin{cases} 1-e^{-x}-e^{-y}+e^{-x-y}, & x>0, y>0, \\ 0, & 其他. \end{cases}$$

求边缘分布函数.

12. 设 X,Y 相互独立,其概率密度分别为

$$f_X(x)=\begin{cases} \lambda_1 e^{-\lambda_1 x}, & x>0, \\ 0, & 其他. \end{cases} \quad f_Y(y)=\begin{cases} \lambda_2 e^{-\lambda_2 y}, & y>0, \\ 0, & 其他. \end{cases}$$

求 $P\{X<Y\}$.

13. 设随机变量 X 和 Y 相互独立,其概率密度分别为

$$f_X(x)=\begin{cases} 1, & 0 \leqslant x \leqslant 1, \\ 0, & 其他. \end{cases} \quad f_Y(y)=\begin{cases} e^{-y}, & y>0, \\ 0, & y \leqslant 0. \end{cases}$$

求随机变量 $Z=X+Y$ 概率密度.

B 组   提高题

1. 将一枚硬币抛掷 3 次,以 X 表示在 3 次中出现正面的次数,以 Y 表示在 3 次中出现正面、反面次数之差的绝对值.试写出:(1) (X,Y) 的联合分布律;(2) (X,Y) 的边缘分布律.

2. 设随机变量 X 和 Y 相互独立, X 在区间 $[0,1]$ 上服从均匀分布, Y 的概率密度为

$$f_Y(y)=\begin{cases} \dfrac{1}{2}e^{-y/2}, & y>0, \\ 0, & y \leqslant 0. \end{cases}$$

(1) 求 (X,Y) 的联合概率密度函数;

(2) 设含有 a 的二次方程为 $a^2+2Xa+Y=0$,试求方程有实根的概率.

3. 火箭返回地球的时候,落入一半径为 R 的圆形区域内,落入该区域任何地点都是可能的,设该圆形区域的中心为坐标圆点,目标出现点 (x,y) 在屏幕上按均匀分布.求:(1) X 和 Y 的联合分布密度函数;(2) X 与 Y 的边际分布密度函数;(3) X 与 Y 是否相互独立.

4. 设二维随机变量(X,Y)的概率密度函数为

$$f(x,y)=\begin{cases}\dfrac{1}{2}(x+y)\mathrm{e}^{-(x+y)}, & x>0,y>0, \\ 0, & \text{其他}.\end{cases}$$

(1) X 与 Y 是否相互独立?

(2) 求随机变量 $Z=X+Y$ 概率密度.

5. 设二维随机变量(X,Y)的概率密度为

$$f(x,y)=\begin{cases}2-x-y, & 0<x<1,0<y<1, \\ 0, & \text{其他}.\end{cases}$$

(1) 求 $P\{X>2Y\}$;

(2) 求 $Z=X+Y$ 的概率密度 $f_Z(z)$.

6. 设二维随机变量(X,Y)的概率密度函数为

$$f(x,y)=\begin{cases}b\mathrm{e}^{-(x+y)}, & 0<x<1,y>0, \\ 0, & \text{其他}.\end{cases}$$

(1) 确定常数 b;

(2) 求 X 和 Y 的边缘概率密度;

(3) 求 $M=\max\{X,Y\}$ 的分布函数.

7. 设随机变量(X,Y)的分布律见下表.

Y \ X	0	1	2	3	4	5
0	0.00	0.01	0.03	0.05	0.07	0.09
1	0.01	0.02	0.04	0.05	0.06	0.08
2	0.01	0.03	0.05	0.05	0.05	0.06
3	0.01	0.02	0.04	0.06	0.06	0.05

(1) 求 $P\{X=2|Y=2\}$, $P\{Y=3|X=0\}$.

(2) 求 $V=\max\{X,Y\}$ 的分布律.

(3) 求 $U=\min\{X,Y\}$ 的分布律.

(4) 求 $W=X+Y$ 的分布律.

8. 某种商品一周的需要量是一个随机变量,其概率密度为

$$f(t)=\begin{cases} t\mathrm{e}^{-t}, & t>0, \\ 0, & t\leqslant 0. \end{cases}$$

设各周的需要量是相互独立的. 试求：（1）两周的需求量的概率密度；（2）三周的需要量的概率密度.

9. 请用 MATLAB 软件完成 B 组的第 2 题，并用一个文件名存盘.

第四章

随机变量的数字特征

通过前面的学习我们知道，分布函数（或密度函数、分布率）给出了随机变量的一种最完全、准确的描述，因此，原则上讲，全面认识和分析随机现象就应当求出随机变量的分布，但是对许多实际问题来讲，要想精确地求出其分布是很困难的．其实，通过对现实问题的分析，人们发现对某些随机现象的认识并非一定要了解它的确切分布，而只要求掌握它们取值的某些重要特征，这些特征往往更能集中地反映随机变量取值的特点．例如，要评价两个不同厂家生产的灯泡的质量，人们最关心的是谁家的灯泡使用的平均寿命更长些，而不需要知道其寿命的准确分布，同时还要考虑其寿命与平均寿命的偏离程度等，这些数据反映了它在某些方面的重要特征．

我们把刻画随机变量（或其分布）某些特征的确定数值称为随机变量的数字特征．

本章主要介绍反映随机变量取值的平均程度、分散程度以及随机变量之间的线性相依程度的数字特征——数学期望、方差与相关系数．

第一节　数学期望

一、随机变量的数学期望

先看一个例子．进行掷骰子游戏，规定：掷出 1 点得 1 分；掷出 2 点或 3 点得 2 分；掷出 4 点、5 点、或 6 点得 4 分，共掷 N 次，设投掷一次所得的分数 X 是一个随机变量．按题设 X 的分布律为

X	$x_1=1$	$x_2=2$	$x_3=4$
p_k	1/6	2/6	3/6

问：预期平均投掷一次能得多少分？

若在 N 次投掷中，得 1 分的共 n_1 次，得 2 分的共 n_2 次，得 4 分的共 n_3 次，$n_1+n_2+n_3=N$，那么平均投掷一次得分为

$$\frac{n_1 x_1 + n_2 x_2 + n_3 x_3}{N} = \sum_{k=1}^{3} x_k \frac{n_k}{N}.$$

显然，不同的 N 次投掷所算的得分也不一样，而且这个数事先也不知道，只有游戏结束时才能知道，我们注意到这里 n_k/N 是事件 $\{X = x_k\}$ 发生的频率，后面我们将会讲到当 N 充分大时，n_k/N 在某种意义下接近于事件 $\{X = x_k\}$ 的概率 p_k，于是平均投掷一次得分为

$$\frac{n_1 x_1 + n_2 x_2 + n_3 x_3}{N} = \sum_{k=1}^{3} x_k \frac{n_k}{N} \approx \sum_{k=1}^{3} x_k p_k.$$

以 x_k, p_k 的具体数据代入 $\sum_{k=1}^{3} x_k p_k$，得

$$\sum_{k=1}^{3} x_k p_k = 1 \times \frac{1}{6} + 2 \times \frac{2}{6} + 4 \times \frac{3}{6} = \frac{17}{6}(分).$$

这就是说，投掷者可以预期在投掷的次数 N 很大时，平均投掷一次能得 $17/6$ 分左右。上式表明随机变量 X 的观察值的算术平均 $\sum_{k=1}^{3} x_k \frac{n_k}{N}$，当 N 充分大时接近于数 $\sum_{k=1}^{3} x_k p_k$，我们称数 $\sum_{k=1}^{3} x_k p_k$ 为随机变量 X 的数学期望，记为 $E(X)$（在本例中 $E(X) = 17/6$）。一般地，有以下定义。

【定义 4-1】 设离散型随机变量 X 分布律为 $P\{X = x_k\} = p_k, k = 1, 2, \cdots$，若级数 $\sum_{k=1}^{\infty} x_k p_k$ 绝对收敛，则称级数 $\sum_{k=1}^{\infty} x_k p_k$ 的和为随机变量 X 的数学期望，记为 $E(X)$，即

$$E(X) = \sum_{k=1}^{\infty} x_k p_k. \tag{4-1}$$

设连续型随机变量 X 密度函数为 $f(x)$，若积分 $\int_{-\infty}^{+\infty} x f(x) \mathrm{d}x$ 绝对收敛，则称积分 $\int_{-\infty}^{+\infty} x f(x) \mathrm{d}x$ 的值为随机变量 X 的数学期望，记为 $E(X)$，即

$$E(X) = \int_{-\infty}^{+\infty} x f(x) \mathrm{d}x. \tag{4-2}$$

【例 4-1】 设用一个匀称的骰子来玩游戏。在这样的游戏中，若骰子向上为 2，则玩游戏的人赢 20 元，若向上为 4，则赢 40 元，若向上为 6 则输 30 元，若其他的面向上，则玩游戏的人既不赢也不输，求玩游戏的人赢得钱数的数学期望。

解 令 X 为任何一次抛掷中赢得的钱数,则随机变量 X 的分布律为

X	0	20	40	-30
p_k	$\dfrac{1}{2}$	$\dfrac{1}{6}$	$\dfrac{1}{6}$	$\dfrac{1}{6}$

则由离散型随机变量数学期望的定义可知,

$$E(X)=0\times\frac{1}{2}+20\times\frac{1}{6}+40\times\frac{1}{6}+(-30)\times\frac{1}{6}=5.$$

从而玩游戏的人可期望赢 5 元,因此,在一个公正的游戏中,玩游戏的人为了参加游戏应当付 5 元底金.

【**例 4-2**】 设随机变量 X 的概率密度为

$$f(x)=\begin{cases} kx^{\alpha}, & 0<x<1, \\ 0, & 其他. \end{cases}$$

已知 $E(X)=0.75$,求常数 k 与 α 的值.

解 由题设知

$$E(X)=\int_{-\infty}^{+\infty}xf(x)\mathrm{d}x=\int_0^1 kx^{\alpha+1}\mathrm{d}x=\frac{k}{\alpha+2}x^{\alpha+2}\Big|_0^1=\frac{k}{\alpha+2}=0.75,$$

另一方面,由于

$$\int_{-\infty}^{+\infty}f(x)\mathrm{d}x=\int_0^1 kx^{\alpha}\mathrm{d}x=\frac{k}{\alpha+1}x^{\alpha+1}\Big|_0^1=\frac{k}{\alpha+1}=1,$$

于是,得关于 k 与 α 的方程组

$$\begin{cases} \dfrac{k}{\alpha+2}=0.75, \\ \dfrac{k}{\alpha+1}=1, \end{cases}$$

解得 $\alpha=2,k=3$.

二、 随机变量函数的数学期望

【**定理 4-1**】 (1) 设 Y 是随机变量 X 的函数:$Y=g(X)$,$g(x)$ 是连续函数.

如果 X 为离散型随机变量,它的分布律为 $P\{X=x_i\}=p_i i=1,2,\cdots$,若

$\displaystyle\sum_{i=1}^{\infty}g(x_i)p_i$ 绝对收敛,则有

$$E(Y)=E[g(X)]=\sum_{i=1}^{\infty}g(x_i)p_i. \tag{4-3}$$

如果 X 为连续随机变量，它的密度函数为 $f(x)$，若积分 $\int_{-\infty}^{+\infty} g(x)f(x)\mathrm{d}x$ 绝对收敛，则有

$$E(Y) = E[g(X)] = \int_{-\infty}^{+\infty} g(x)f(x)\mathrm{d}x. \tag{4-4}$$

（2）设 Z 是随机变量 X,Y 的函数 $Z = g(X,Y)$（g 是连续实函数），若 (X,Y) 是二维离散随机变量，其分布律为

$$P\{X = x_i, Y = y_j\} = p_{ij} \quad (i,j = 1,2,\cdots),$$

则有

$$E(Z) = E[g(X,Y)] = \sum_i \sum_j g(x_i, y_j)p_{ij}. \tag{4-5}$$

若 (X,Y) 是二维连续型随机变量，其密度函数为 $f(x,y)$ 时，则有

$$E(Z) = E[g(X,Y)] = \int_{-\infty}^{+\infty}\int_{-\infty}^{+\infty} g(x,y)f(x,y)\mathrm{d}x\mathrm{d}y. \tag{4-6}$$

这个结论表明：求随机变量函数的数学期望，不一定要知道它的分布，只要知道作为自变量的随机变量的分布即可，如果先求出随机变量的函数的分布，则求期望的问题，就转化为一维随机变量的期望问题了.

【例 4-3】 已知随机变量 X 的分布律为

X	1	2	3
p_k	0.1	0.2	0.7

求 $E(X^2 + 1)$.

解 $E(X^2+1) = (1^2+1) \times 0.1 + (2^2+1) \times 0.2 + (3^2+1) \times 0.7 = 8.2.$

【例 4-4】 设二维随机变量 (X,Y) 的概率密度为

$$f(x,y) = \begin{cases} 3x, & 0 < x < 1, 0 < y < x, \\ 0, & 其他. \end{cases}$$

（1）求 $E(X)$；（2）求 $E(XY)$.

解 （1）解法 1 先求 X 的概率密度

$$f_X(x) = \int_{-\infty}^{+\infty} f(x,y)\mathrm{d}y = \begin{cases} \int_0^x 3x\mathrm{d}y, & 0 < x < 1 \\ 0, & 其他 \end{cases} = \begin{cases} 3x^2, & 0 < x < 1, \\ 0, & 其他. \end{cases}$$

所以得

$$E(X) = \int_{-\infty}^{+\infty} xf_X(x)\mathrm{d}x = \int_0^1 3x^3\mathrm{d}x = \frac{3}{4}.$$

解法 2：　$E(X) = \int_{-\infty}^{+\infty} \int_{-\infty}^{+\infty} x f(x,y) \mathrm{d}x \mathrm{d}y = \int_0^1 \left(\int_0^x 3x^2 \mathrm{d}y \right) \mathrm{d}x = \dfrac{3}{4}.$

(2)　$E(XY) = \int_{-\infty}^{+\infty} \int_{-\infty}^{+\infty} x y f(x,y) \mathrm{d}x \mathrm{d}y$

$$= \int_0^1 \left(\int_0^x 3x^2 y \mathrm{d}y \right) \mathrm{d}x = \int_0^1 \dfrac{3}{2} x^4 \mathrm{d}x = \dfrac{3}{10}.$$

【例 4-5】　某工厂生产的某种设备的寿命 X（以年计）服从指数分布，其概率密度为

$$f(x) = \begin{cases} \dfrac{1}{4} \mathrm{e}^{-\frac{x}{4}}, & x > 0, \\ 0, & x \leqslant 0. \end{cases}$$

工厂规定，若出售的设备在一年内损坏，则可予以调换．已知工厂售出一台设备赢利 100 元，调换一台设备厂方需花费 300 元．试求厂方出售一台设备净赢利的数学期望．

解　解法 1　净赢利是寿命的函数，寿命是随机的，因此净赢利也是随机的，设净赢利为 Y，即 $Y = g(X)$，其中

$$g(x) = \begin{cases} 100, & x > 1, \\ 100 - 300, & 0 \leqslant x \leqslant 1. \end{cases}$$

于是　$E(Y) = \int_{-\infty}^{+\infty} g(x) f(x) \mathrm{d}x = \dfrac{-200}{4} \int_0^1 \mathrm{e}^{\frac{x}{4}} \mathrm{d}x + \dfrac{100}{4} \int_1^{+\infty} \mathrm{e}^{-\frac{x}{4}} \mathrm{d}x$

$= 200 \mathrm{e}^{\frac{-x}{4}} \big|_0^1 - 100 \mathrm{e}^{-\frac{x}{4}} \big|_1^{+\infty} = 200 \mathrm{e}^{-\frac{1}{4}} - 200 - (0 - 100 \mathrm{e}^{-\frac{1}{4}})$

$= 300 \mathrm{e}^{-\frac{1}{4}} - 200 \approx 33.64 (元)$

故该厂出售一台设备净赢利的数学期望为 33.64 元．

解法 2　先求出寿命大于 1 年和不大于 1 年的概率，赢利是按此概率服从 0—1 分布的．

$$P\{X > 1\} = \int_1^{+\infty} \dfrac{1}{4} \mathrm{e}^{-\frac{x}{4}} \mathrm{d}x = -\mathrm{e}^{-\frac{x}{4}} \big|_1^{+\infty} = \mathrm{e}^{-\frac{1}{4}},$$

$$P\{0 \leqslant x \leqslant 1\} = \int_0^1 \dfrac{1}{4} \mathrm{e}^{-\frac{x}{4}} \mathrm{d}x = 1 - \mathrm{e}^{-\frac{1}{4}}.$$

设售出一台设备的净赢利为 Y 元，则 Y 的分布律为

Y	100	$100 - 300$
p_k	$\mathrm{e}^{-\frac{1}{4}}$	$1 - \mathrm{e}^{-\frac{1}{4}}$

$$E(Y) = 100 \mathrm{e}^{-\frac{1}{4}} + (100 - 300)(1 - \mathrm{e}^{-\frac{1}{4}}) = 300 \mathrm{e}^{-\frac{1}{4}} - 200 \approx 33.64 (元).$$

三、 数学期望的性质

在假设所遇到的数学期望都存在的条件下，数学期望有下列简单性质．

(1) $E(C) = C$（C 为常数）；

(2) $E(CX) = CE(X)$（C 为常数）；

(3) 设 X, Y 是任意两个随机变量，则 $E(X+Y) = E(X) + E(Y)$；

(4) 若 X, Y 是相互独立的随机变量，则 $E(XY) = E(X)E(Y)$．

性质（3）和（4）都可以推广到任意有限个随机变量的情形．

【例 4-6】 将 n 只球（$1 \sim n$ 号）随机地放进 n 只盒子（$1 \sim n$ 号）中去，一只盒子装一只球，若一只球装入与球同号的盒子中，称为一个配对．记 X 为总的配对数．求 $E(X)$．

解 引入随机变量

$$X_i = \begin{cases} 1, & \text{第 } i \text{ 号球恰装入第 } i \text{ 号盒子}, \\ 0, & \text{第 } i \text{ 号球不是装入第 } i \text{ 号盒子} \end{cases} \quad i = 1, 2, \cdots, n.$$

则 $X = \sum\limits_{i=1}^{n} X_i$，$E(X) = \sum\limits_{i=1}^{n} E(X_i)$，$X_i$ 服从（0－1）分布，其分布律为

X_i	0	1
p_k	$1 - \dfrac{1}{n}$	$\dfrac{1}{n}$

$$E(X_i) = \frac{1}{n} (i = 1, 2, \cdots, n),$$

于是

$$E(X) = \sum_{i=1}^{n} E(X_i) = \sum_{i=1}^{n} \frac{1}{n} = 1.$$

第二节　方差

数学期望反映了随机变量取值的平均程度，是一个很重要的数字特征，但是在某些场合只知道平均程度是不够的．例如，包装机包装食盐，额定质量每袋为 500g，实际上不可能做到每袋质量正好是额定质量，每袋盐的质量是随机变量．现有两台机器，包装出的食盐质量都保证了期望值为 500g，但是，如果一台机器包装的食盐质量偏离均值比较大，而另一台机器包装的食盐质量偏离均值相对较小，那么我们显然认为后一台机器的性能较好．这一节我们介绍的随机变量的方差，就是用来刻画一个随机变量取值偏离程度的数字特征．

一、 方差的定义

【定义 4-2】 设 X 是一个随机变量，若 $E\{[X - E(X)]^2\}$ 存在，则称 $E\{[X$

$-E(X)]^2\}$ 为 X 的方差，记作 $D(X)$ 或 $Var(X)$. 即

$$D(X)=Var(x)=E\{[X-E(X)]^2\}. \tag{4-7}$$

方差的平方根 $\sqrt{D(X)}$ 称为标准差或均方差，记作 $\sigma(X)$，在实际问题中标准差用得很广泛.

由定义 4-2 可知，方差实际上就是随机变量 X 的函数 $g(X)=[X-E(X)]^2$ 的数学期望，于是，若 X 为离散型随机变量，则 $D(X)=\sum_{i=1}^{\infty}[x_k-E(X)]^2 p_k$，其中

$$P\{X=x_k\}=p_k, \quad k=1,2,\cdots.$$

若 X 为连续型随机变量，则 $D(X)=\int_{-\infty}^{+\infty}[x-E(X)]^2 f(x)\mathrm{d}x$，其中 $f(x)$ 是 X 的概率密度.

利用数学期望的性质容易得到计算方差的简化公式

$$D(X)=E(X^2)-[E(X)]^2. \tag{4-8}$$

二、　方差的性质

(1) 若 C 是常数，则 $D(C)=0$；

(2) 若 C 是常数，则 $D(CX)=C^2 D(X)$；

(3) $D(X+C)=D(X)$，C 是常数；

(4) 设 X,Y 是两个随机变量，则有

$$D(X\pm Y)=D(X)+D(Y)\pm 2E\{[X-E(X)][Y-E(Y)]\},$$

特别，若 X,Y 相互独立，则有 $D(X\pm Y)=D(X)+D(Y)$.

证明　(4) $D(X\pm Y)=E\{[(X\pm Y)-E(X\pm Y)]^2\}$

$=E\{[(X-E(X))\pm(Y-E(Y))]^2\}$

$=E\{[X-E(X)]^2\}+E\{[Y-E(Y)]^2\}\pm 2E\{[X-E(X)][Y-E(Y)]\}$

$=D(X)+D(Y)\pm 2E\{[X-E(X)][Y-E(Y)]\}$

若 X,Y 相互独立，则有 $E(XY)=E(X)E(Y)$，

$E\{[X-E(X)][Y-E(Y)]\}=E(XY)-E(X)E(Y)-E(Y)E(X)+E(X)E(Y)=E(XY)-E(X)E(Y)=0,$

于是　　　　　　　　$D(X\pm Y)=D(X)+D(Y).$

其他性质的证明请读者自己完成.

【例 4-7】 已知随机变量 X 的分布律为

X	-1	0	1
p_k	0.1	0.2	0.7

求方差 $D(X^2)$.

解 $\quad E(X^2)=(-1)^2\times0.1+0^2\times0.2+1^2\times0.7=0.8,$

$\qquad\quad E(X^4)=(-1)^4\times0.1+0^4\times0.2+1^4\times0.7=0.8,$

所以 $\qquad D(X^2)=E(X^4)-(EX^2)^2=0.8-0.8^2=0.16.$

【**例 4-8**】 设二维随机变量 (X,Y) 的概率密度为

$$f(x,y)=\begin{cases}3x, & 0<x<1,0<y<x,\\ 0, & \text{其他}.\end{cases}$$

求 $D(X)$.

解 由例 4-4 知

$$f_X(x)=\int_{-\infty}^{+\infty}f(x,y)\mathrm{d}y=\begin{cases}\int_0^x 3x\,\mathrm{d}y, & 0<x<1,\\ 0, & \text{其他},\end{cases}=\begin{cases}3x^2, & 0<x<1,\\ 0, & \text{其他}.\end{cases}$$

$$E(X)=\int_{-\infty}^{+\infty}xf_X(x)\mathrm{d}x=\int_0^1 3x^3\,\mathrm{d}x=\frac{3}{4},$$

$$E(X^2)=\int_{-\infty}^{+\infty}x^2f_X(x)\mathrm{d}x=\int_0^1 3x^4\,\mathrm{d}x=\frac{3}{5},$$

所以得

$$D(X)=E(X^2)-[E(X)]^2=\frac{3}{5}-\frac{9}{16}=\frac{3}{80}.$$

表 4-1 中常见分布的数学期望与方差请，读者自己完成计算.

表 4-1

分布名称	分布记号	均值	方差
(0—1)分布	$B(1,p)$	p	$p(1-p)$
二项分布	$B(n,p)$	np	$np(1-p)$
泊松分布	$\pi(\lambda)$	λ	λ
几何分布	$G(p)$	$\dfrac{1}{p}$	$\dfrac{1-p}{p^2}$
超几何分布	$H(n,M,N)$	$\dfrac{nM}{N}$	$\dfrac{nM}{N}\left(1-\dfrac{M}{N}\right)\left(\dfrac{N-n}{N-1}\right)$
均匀分布	$U(a,b)$	$\dfrac{a+b}{2}$	$\dfrac{(b-a)^2}{12}$
指数分布	$E(\theta)$	$\dfrac{1}{\theta}$	$\dfrac{1}{\theta^2}$
正态分布	$N(\mu,\sigma^2)$	μ	σ^2

【**例 4-9**】 设随机变量 X_1,X_2,X_3 相互独立，且 X_1 服从区间 $(0,6)$ 上的

均匀分布，$X_2 \sim N(0,2)$，X_3 服从参数为 3 的泊松分布，试求 $Y = X_1 - 2X_2 + 3X_3$ 的方差.

解 由已知条件知
$$D(X_1) = 3, D(X_2) = 2, D(X_3) = 3,$$
而由方差的性质可得
$$D(Y) = D(X_1 - 2X_2 + 3X_3) = D(X_1) + 4D(X_2) + 9D(X_3)$$
$$= 3 + 4 \times 2 + 9 \times 3 = 38.$$

第三节 协方差及相关系数

一、协方差及相关系数

【定义 4-3】 若 (X,Y) 是一个二维随机变量，量 $E\{[X - E(X)][Y - E(Y)]\}$ 称为 X 与 Y 的协方差，记作 $\mathrm{Cov}(X,Y)$，即
$$\mathrm{Cov}(X,Y) = E\{[X - E(X)][Y - E(Y)]\}; \tag{4-9}$$
称
$$\rho_{XY} = \frac{\mathrm{Cov}(X,Y)}{\sqrt{D(X)D(Y)}} \tag{4-10}$$
为随机变量 X 与 Y 的相关系数.

将 $\mathrm{Cov}(X,Y)$ 的定义式展开，易得
$$\mathrm{Cov}(X,Y) = E(XY) - E(X)E(Y). \tag{4-11}$$
我们常常用这一公式计算协方差.

二、协方差及相关系数的性质

利用协方差的定义和数学期望的性质容易得到如下性质.

(1) $\mathrm{Cov}(X,C) = 0$，C 是常数.

(2) $\mathrm{Cov}(X,Y) = \mathrm{Cov}(Y,X)$.

(3) $\mathrm{Cov}(aX,bY) = ab\,\mathrm{Cov}(X,Y)$；
$\mathrm{Cov}(X_1 + X_2, Y) = \mathrm{Cov}(X_1, Y) + \mathrm{Cov}(X_2, Y)$.

(4) $D(X \pm Y) = D(X) + D(Y) \pm 2\mathrm{Cov}(X,Y)$；
$D(aX \pm bY) = a^2 D(X) + b^2 D(Y) \pm 2ab\,\mathrm{Cov}(X,Y)$.

(5) $|\rho_{XY}| \leqslant 1$.

(6) $|\rho_{XY}| = 1$ 的充要条件是，存在常数 a, b，使得 $P\{Y = a + bX\} = 1$.

以上性质的证明请大家自己完成.

【定义 4-4】 若随机变量 X,Y 的相关系数 $\rho_{XY}=0$，则称 X,Y 不相关.

可以证明相关系数 ρ_{XY} 与 X,Y 的线性关系有密切的关系，当 $|\rho_{XY}|$ 较大时，表明 X,Y 线性关系较紧密，特别当 $|\rho_{XY}|=1$ 时，X,Y 之间以概率 1 存在线性关系，而当 $\rho_{XY}=0$ 时，X,Y 不存在线性关系，因此 ρ_{XY} 是一个可以表征 X,Y 之间线性关系紧密程度的量.

特别要注意独立和不相关的区别，即若 X,Y 独立，则 X,Y 相关系数 $\rho_{XY}=0$；反过来，若 X,Y 相关系数 $\rho_{XY}=0$，X,Y 却不一定独立. 但是对于二维正态分布 X,Y 独立与 X,Y 不相关是等价的，大家可以自己完成证明.

【定理 4-2】 对随机变量 X,Y，下列事实是等价的.

① $\mathrm{Cov}(X,Y)=0$；

② X 与 Y 不相关；

③ $E(XY)=E(X)E(Y)$；

④ $D(X+Y)=D(X)+D(Y)$.

正确地用好定理 4-2 中的等价命题，对解题及理解本章内容会起到很好的作用，证明请大家自己完成.

【例 4-10】 二维随机变量 (X,Y) 的概率分布为：

X \ Y	0	1
0	$\dfrac{2}{3}$	$\dfrac{1}{12}$
1	$\dfrac{1}{6}$	$\dfrac{1}{12}$

求 X,Y 的相关系数 ρ_{XY}.

解 因为 $E(X)=\dfrac{1}{4}$，$E(Y)=\dfrac{1}{6}$，$E(XY)=\dfrac{1}{12}$，

$$E(X^2)=\frac{1}{4},\quad E(Y^2)=\frac{1}{6},$$

$$D(X)=E(X^2)-[E(X)]^2=\frac{3}{16},\quad D(Y)=E(Y^2)-[E(Y)]^2=\frac{5}{36},$$

$$\mathrm{Cov}(X,Y)=E(XY)-E(X)E(Y)=\frac{1}{24},$$

所以 X 与 Y 的相关系数为

$$\rho_{XY}=\frac{\mathrm{Cov}(X,Y)}{\sqrt{D(X)D(Y)}}=\frac{1}{\sqrt{15}}.$$

【例4-11】 已知随机变量 (X,Y) 的概率密度为

$$f(x,y)=\begin{cases}2, & 0<x<1,\quad 0<y<x,\\ 0, & \text{其他}.\end{cases}$$

求 X,Y 的相关系数 ρ_{XY}.

解 由已知得

$$E(X)=\int_{-\infty}^{+\infty}\int_{-\infty}^{+\infty}xf(x,y)\,\mathrm{d}x\,\mathrm{d}y=\int_0^1\left(\int_0^x 2x\,\mathrm{d}y\right)\mathrm{d}x=\int_0^1 2x^2\,\mathrm{d}x=\frac{2}{3},$$

类似地有， $E(Y)=\int_0^1\left(\int_0^x 2y\,\mathrm{d}y\right)\mathrm{d}x=\int_0^1 x^2\,\mathrm{d}x=\frac{1}{3},$

$$E(X^2)=\int_0^1\left(\int_0^x 2x^2\,\mathrm{d}y\right)\mathrm{d}x=\int_0^1 2x^3\,\mathrm{d}x=\frac{1}{2},$$

$$E(Y^2)=\int_0^1\left(\int_0^x 2y^2\,\mathrm{d}y\right)\mathrm{d}x=\int_0^1 \frac{2}{3}x^3\,\mathrm{d}x=\frac{1}{6},$$

$$E(XY)=\int_0^1\left(\int_0^x 2xy\,\mathrm{d}y\right)\mathrm{d}x=\int_0^1 x^3\,\mathrm{d}x=\frac{1}{4},$$

$$\mathrm{Cov}(X,Y)=E(XY)-E(X)E(Y)=\frac{1}{4}-\frac{2}{9}=\frac{1}{36},$$

$$D(X)=E(X^2)-[E(X)]^2=\frac{1}{2}-\frac{4}{9}=\frac{1}{18},$$

$$D(Y)=E(Y^2)-[E(Y)]^2=\frac{1}{6}-\frac{1}{9}=\frac{1}{18},$$

所以 X 与 Y 的相关系数为

$$\rho_{XY}=\frac{\mathrm{Cov}(X,Y)}{\sqrt{D(X)D(Y)}}=\frac{\frac{1}{36}}{\sqrt{\frac{1}{18}\times\frac{1}{18}}}=\frac{1}{2}.$$

【例 4-12】 设 $X\sim N(\mu,\sigma^2)$，$Y\sim N(\mu,\sigma^2)$，且 X,Y 相互独立，试求 $Z_1=\alpha X+\beta Y$ 和 $Z_2=\alpha X-\beta Y$ 的相关系数（其中 α,β 是不为零的常数）.

解 由已知条件得

$$E(Z_1)=E(\alpha X+\beta Y)=(\alpha+\beta)\mu, \quad E(Z_2)=E(\alpha X-\beta Y)=(\alpha-\beta)\mu,$$

$$D(Z_1)=D(\alpha X+\beta Y)=(\alpha^2+\beta^2)\sigma^2, \quad D(Z_2)=D(\alpha X-\beta Y)=(\alpha^2+\beta^2)\sigma^2,$$

$$E(Z_1Z_2)=E[(\alpha X+\beta Y)(\alpha X-\beta Y)]=\alpha^2 E(X^2)-\beta^2 E(Y^2)$$

$$=\alpha^2(\sigma^2+\mu^2)-\beta^2(\sigma^2+\mu^2)=(\alpha^2-\beta^2)(\sigma^2+\mu^2),$$

$$\mathrm{Cov}(Z_1,Z_2)=E(Z_1Z_2)-E(Z_1)E(Z_2)$$

$$=(\alpha^2-\beta^2)(\sigma^2+\mu^2)-[(\alpha+\beta)\mu][(\alpha-\beta)\mu]=(\alpha^2-\beta^2)\sigma^2,$$

所以 Z_1 和 Z_2 相关系数为

$$\rho_{Z_1 Z_2} = \frac{\mathrm{Cov}(Z_1, Z_2)}{\sqrt{DZ_1 DZ_2}} = \frac{(\alpha^2 - \beta^2)\sigma^2}{\sqrt{(\alpha^2 + \beta^2)\sigma^2(\alpha^2 + \beta^2)\sigma^2}} = \frac{(\alpha^2 - \beta^2)}{(\alpha^2 + \beta^2)}.$$

【例 4-13】 设随机变量 X 和 Y 在圆 $G = \{(x, y) \mid x^2 + y^2 \leqslant r^2\}$ 上服从均匀分布.

(1) 求 X 和 Y 的相关系数 ρ_{XY};

(2) X 和 Y 是否独立?

解 (1) 求相关系数 ρ_{XY}, 易见, X 和 Y 的联合密度为

$$f(x, y) = \begin{cases} \dfrac{1}{\pi r^2}, & (x, y) \in G, \\ 0, & (x, y) \notin G. \end{cases}$$

计算得 X 的边缘密度 $f_X(x)$ 和 Y 的边缘密度 $f_Y(y)$ 分别为

$$f_X(x) = \begin{cases} \dfrac{2}{\pi r^2}\sqrt{r^2 - x^2}, & |x| \leqslant r, \\ 0, & |x| > r. \end{cases} \qquad f_Y(y) = \begin{cases} \dfrac{2}{\pi r^2}\sqrt{r^2 - y^2}, & |y| \leqslant r, \\ 0, & |y| > r. \end{cases}$$

于是得

$$E(X) = \int_{-\infty}^{+\infty} x f_X(x) \, \mathrm{d}x = \frac{2}{\pi r^2} \int_{-r}^{+r} x \sqrt{r^2 - x^2} \, \mathrm{d}x = 0,$$

$$E(Y) = \int_{-\infty}^{+\infty} y f_Y(y) \, \mathrm{d}y = \frac{2}{\pi r^2} \int_{-r}^{+r} y \sqrt{r^2 - y^2} \, \mathrm{d}y = 0,$$

$$\mathrm{Cov}(X, Y) = E(XY) - E(X)E(Y) = E(XY)$$

$$= \int_{-\infty}^{+\infty} \int_{-\infty}^{+\infty} xy f(x, y) \, \mathrm{d}x \, \mathrm{d}y = \iint\limits_{x^2 + y^2 \leqslant r^2} \frac{xy}{\pi r^2} \, \mathrm{d}x \, \mathrm{d}y = 0.$$

所以 X 和 Y 的相关系数 $\rho_{XY} = 0$, 即 X 和 Y 不相关.

(2) 由以上计算可知, $f(x, y) \neq f_X(x) f_Y(y)$, 可见随机变量 X 和 Y 不独立. 于是, X 和 Y 虽然不相关, 但是也不独立.

最后简单介绍矩的概念.

【定义 4-5】 设 X, Y 是两个随机变量:

若 $E(X^k)$ $(k = 1, 2, \cdots)$ 存在, 称其为 X 的 k 阶原点矩;

若 $E[X - E(X)]^k$ $(k = 2, 3, \cdots)$ 存在, 称其为 X 的 k 阶中心矩;

若 $E(X^k Y^l)$ $(k, l = 1, 2, \cdots)$ 存在, 称其为 X 和 Y 的 $k + l$ 阶混合原点矩;

若 $E\{[X - E(X)]^k [Y - E(Y)]^l\}$ $(k, l = 1, 2, \cdots)$ 存在, 称其为 X 和 Y 的 $k + l$ 阶混合中心矩.

显然, X 的数学期望是 X 的一阶原点矩, 方差是 X 的二阶中心矩, $\mathrm{Cov}(X, Y)$ 是 X 和 Y 的二阶混合中心矩.

第四节 随机变量数字特征的应用实例

【例 4-14】 产品利润问题.

一种产品投放市场,每件产品可能发生三种情况:按定价销售出去;打折销售出去;销售不出而回收.根据市场分析,这三种情况发生的概率分别为 0.6,0.3,0.1.若在这三种情况下每件产品的利润分别为 10 元、0 元和 −15 元(即亏损 15 元).问:对每件产品厂家可期望获利多少?

解 设 X 表示"一件产品的利润"(单元:元),则 X 是随机变量,且其分布律为

X	10	0	−15
p_k	0.6	0.3	0.1

依题意,所要求的是 X 的数学期望,即

$$E(X) = 10 \times 0.6 + 0 \times 0.3 + (-15) \times 0.1 = 4.5(\text{元}).$$

由以上计算可以看出,虽然任一件产品投放市场都有亏损的风险,但每件产品的期望利润为 4.5 元是大于零的.也就是说,如果该厂把大批的产品投放市场,大约有 60% 的产品能每件获利 10 元,约 30% 的产品保本,约 10% 的产品每件亏损 15 元,总地来说平均每件能获利 4.5 元.

【例 4-15】 产品销售问题.

设某种家电的使用寿命 X(单位:年)服从指数分布,其概率密度为

$$f(x) = \begin{cases} \dfrac{1}{10} e^{-\frac{x}{10}}, & x > 0, \\ 0, & x \leqslant 0. \end{cases}$$

若某商店对这种家用电器采用先使用后付款的销售方式.并规定:若 $X \leqslant 1$,则需付款 1500 元;若 $1 < X \leqslant 2$,则需付款 2000 元;若 $2 < X \leqslant 3$,则需付款 2500 元;若 $X > 3$,则需付款 3000 元,试求该商店销售一台这种家电的收费 Y 的数学期望.

解 由题意,在该商店里,一台这种家电的收费 Y 是其使用寿命 X 的函数,且有

$$Y = g(X) = \begin{cases} 1500, & X \leqslant 1, \\ 2000, & 1 < X \leqslant 2, \\ 2500, & 2 < X \leqslant 3, \\ 3000, & X > 3. \end{cases}$$

由于　$P\{X \leqslant 1\} = \int_0^1 \frac{1}{10} e^{-x/10} \mathrm{d}x = 1 - e^{-0.1} \approx 0.0952$，

$$P\{1 < X \leqslant 2\} = \int_1^2 \frac{1}{10} e^{-x/10} \mathrm{d}x = e^{-0.1} - e^{-0.2} \approx 0.0861,$$

$$P\{2 < X \leqslant 3\} = \int_2^3 \frac{1}{10} e^{-x/10} \mathrm{d}x = e^{-0.2} - e^{-0.3} \approx 0.0779,$$

$$P\{X > 3\} = \int_3^{+\infty} \frac{1}{10} e^{-x/10} \mathrm{d}x = e^{-0.3} \approx 0.7408,$$

因此，一台该种家电的收费 Y 的分布律为

Y	1500	2000	2500	3000
p_k	0.0952	0.0861	0.0779	0.7408

由此易得 $E(Y) = 2732.15$，即该商店对这种家电的平均收费为每台 2732.15 元．

【例 4-16】 投资决策问题．

某人有 10 万元可以在一年内投资使用．有两种投资方案：一是存入银行获取利息，如果存入银行，假设年利率为 3.5%，到期即可得到利息 3500 元；二是购买股票，买股票的收益取决于经济形势，假设分形势好、形势中等、形势不好（即经济衰退）三种状态．若形势好可以获利 4 万元；若形势中等可以获利 1 万元；若形势不好将会损失 3 万元．又设经济形势好、形势中等、形势不好的概率分别为 20%，45%，35%．试问，选择哪一种投资方案可使投资的收益较大？

解　设 X 为 "购买股票的收益"，它是一个随机变量，其分布律为

X	-3	1	4
p_k	0.35	0.45	0.2

从而平均收益

$$E(X) = 4 \times 0.20 + 1 \times 0.45 - 3 \times 0.35 = 0.20 \text{（万元）},$$

为了计算平均收益的平均偏差，即标准差 $\sqrt{D(X)}$，需要计算

$$E(X^2) = 4^2 \times 0.20 + 1^2 \times 0.45 + (-3)^2 \times 0.35 = 6.8 \text{（万元}^2\text{）}$$

$$D(X) = E(X^2) - [E(X)]^2 = 6.8 - 0.20^2 = 6.76 \text{（万元}^2\text{）},$$

从而，投资风险为

$$\sqrt{D(X)} = 2.6 \text{（万元）}$$

因为 X 的平均收益 $E(X) = 2000$ 元小于银行总利息额，并且投资风险 2.6 万元，相对于收益来说过大，因此，为了规避风险应将钱存入银行．

【例 4-17】 贸易决策问题．

假定国际市场上每年对我国某种出口商品的需求量是随机变量 X（单位：

千吨），其密度函数为 $f(x)=\begin{cases} \dfrac{1}{2000}, & 2000 \leqslant x \leqslant 4000, \\ 0, & \text{其他}. \end{cases}$　设每售出这种商品 1 千吨，可为国家挣得外汇 3000 万元；但假如销售不了而囤积于仓库，则每千吨需花保养费 1000 万元．问：需要组织多少货源，才能使国家收益最大？

解　设 y 为一年预备出口的该种商品量，由于外国的需求量为 X，则国家收入 Y（单位：千万元）是 X 的函数，且

$$Y=g(X)=\begin{cases} 3y, & X \geqslant y, \\ 3X-(y-X), & X < y. \end{cases}$$

Y 为随机变量．若收益达到最大，那么其平均值也达到最大．而

$$E(Y)=\int_{-\infty}^{+\infty}g(x)f(x)\mathrm{d}x=\frac{1}{2000}\int_{2000}^{4000}g(x)\mathrm{d}x$$

$$=\frac{1}{2000}\int_{2000}^{y}[3x-(y-x)]\mathrm{d}x+\frac{1}{2000}\int_{y}^{4000}3y\,\mathrm{d}x$$

$$=\frac{1}{1000}(-y^2+7000y-4\times10^6),$$

当 $y=3500$ 时，$E(Y)$ 取得最大值．因此，应该组织 3500 千吨该商品，平均说来能使国家的收益最大，这是最好的决策．

【例 4-18】　求职决策问题．

有 3 家公司接受了李先生的求职申请，愿意为其提供面试机会．按面试时间由公司 1、公司 2、到公司 3 的先后顺序，每家公司都可能提供极好、好和一般三种职位，每家公司将根据面试情况决定给予何种职位或拒绝提供职位．规定求职双方在面试后需立刻决策且不许毁约，职介专家在为李先生的学业成绩和综合素质进行评估后认为，他获得极好、好、一般职位的可能性分别为 0.2，0.3，0.5，三家公司的工资数据如表 4-2 所示．

表 4-2

工资 ＼ 职位	极好 (0.2)	好 (0.3)	一般 (0.5)
1	3500	3000	2200
2	3900	2950	2500
3	4000	3000	2500

如果把工资数尽量大作为首要条件，那么李先生如何决策？

解　设李先生接受公司 1、公司 2、公司 3 的工资数分别为 X_1,X_2,X_3，则其分布律为

X_1	2200	3000	3500
p_k	0.5	0.3	0.2

X_2	2500	2950	3900
p_k	0.5	0.3	0.2

X_3	2500	3000	4000
p_k	0.5	0.3	0.2

依李先生的情况，获得 3 个公司的工资均值分别为

$$E(X_1)=2700, E(X_2)=2915, E(X_3)=2950.$$

由于面试有先后顺序，使得李先生在公司 1、公司 2 面试决策时，还会考虑到公司 3 的情况．因为 $E(X_3)=2950$，而 $E(X_1)=2700$，李先生是一个谨慎的人，除非公司 1 提供极好职位，否则放弃公司 1 的可能性是非常大的．他注意到公司 2、公司 3 相应于好和极好职位的工资水平分别都差不多，因此，除非公司 2 提供极好职位，否则，李先生肯定还是会选择去公司 3 面试．综上所述，李先生的总决策如下：先去公司 1 面试，若公司 1 提供极好职位，选择公司 1，否则，去公司 2 面试；若公司 2 提供极好职位，选择公司 2；否则，去公司 3 面试；接受公司 3 提供的任一可能的职位．

第五节　几种常见分布数字特征的 MATLAB 实现

MATLAB 提供了常见分布的期望和方差的计算函数，见表 4-3.

表 4-3

函数名	调用形式	注　释
均匀分布的期望与方差（连续）	$[M,V]=\text{unifstat}(a,b)$	返回均匀分布（连续）的期望和方差，M 为期望，V 为方差
二项分布的期望与方差	$[M,V]=\text{binostat}(N,P)$	返回二项分布的期望和方差这里 N,P 为二项分布的两个参数，可为标量也可为向量或矩阵
指数分布的期望和方差	$[M,V]=\text{expstat}(p,\text{Lambda})$	返回指数分布的期望和方差，M 为期望，V 为方差
泊松分布的期望和方差	$[M,V]=\text{poisstat}(\text{Lambda})$	返回泊松分布的期望和方差，M 为期望，V 为方差

续表

函数名	调用形式	注　释
正态分布的期望和方差	$[M,V]=\text{normstat}(mu,sigma)$	返回正态分布的期望和方差，M 为期望，V 为方差
卡方分布	$[M,V]=\text{chi2stat}(N)$	返回卡方分布的期望和方差，M 为期望，V 为方差，N 为自由度
t 分布的期望和方差	$[M,V]=\text{tstat}(N)$	返回 t 分布的期望和方差，M 为期望，V 为方差
F 分布的期望和方差	$[M,V]=\text{fstat}(n1,n2)$	返回 F 分布的期望和方差，M 为期望，V 为方差
几何分布的期望和方差	$[M,V]=\text{geostat}(p)$	返回几何分布的期望和方差，M 为期望，V 为方差
超几何分布的期望和方差	$[M,V]=\text{hygestat}(N,M,K)$	返回超几何分布的期望和方差，M 为期望，V 为方差

【例 4-19】 已知 $X \sim U(1,10)$，求其期望和方差.

解　输入程序：

≫a＝1;b＝10;

≫$[M,V]=\text{unifstat}(a,b)$

运行程序后得到：

M＝

　5.5000

V＝

　6.7500

【例 4-20】 已知 $X \sim N(5,4)$，求其期望和方差.

解　输入程序：

≫$[M,V]=\text{normstat}(5,2)$

运行程序后得到：

M＝

　5

V＝

　4

【例 4-21】 已知 $X \sim B(100,0.4)$，求其期望和方差.

解　输入程序：

≫$[M,V]=\text{binostat}(100,0.4)$

运行程序后得到：

M＝

　40

V＝

24

习题

A 组　基本题

1. 填空题

(1) 某电子元件的寿命 X 服从均值为 100h 的指数分布，$D(X)=$ _____ .

(2) X，Y 为两个相互独立的随机变量，$D(X)=4$，$D(Y)=3$ 分别为其方差，则 $D(X-Y)=$ _____ .

(3) X 为正态分布的随机变量，概率密度 $f(x)=\dfrac{1}{2\sqrt{2\pi}}e^{-\frac{(x-1)^2}{8}}$，则 $E(X)=$ _____ ，$D(X)=$ _____ ，$E(2X^2-1)=$ _____ .

(4) 已知随机变量 X 与 Y 的方差及它们的协方差分别为 $D(X)=1,D(Y)=2$，$\mathrm{Cov}(X,Y)=\dfrac{1}{2}$，则 $D(2X-Y)=$ _____ .

(5) 设随机变量 X 与 Y 的相关系数为 $\dfrac{1}{4}$，如果 $D(X)=D(Y)=1,U=X+Y$，$V=X+aY$，则当 $a=$ _____ 时，U 与 V 不相关.

2. 选择题

(1) 下列命题中（　　）是正确的 .

(A) X 与 Y 不独立，则 X 与 Y 必定相关

(B) X 与 Y 不相关，则 X 与 Y 独立

(C) X 与 Y 不独立，则 X 与 Y 不相关

(D) X 与 Y 独立，则 X 与 Y 必定不相关

(2) X,Y 相互独立是 $E(XY)-E(X)E(Y)=0$ 的（　　）.

(A) 充要条件　　(B) 必要条件　　(C) 充分条件　　(D) 都不对

(3) 已知二维随机变量 (X,Y) 服从二维正态分布，$D(X)\neq D(Y)$，则（　　）.

(A) X 与 Y 一定独立　　　　(B) X 与 Y 一定不独立

(C) $X+Y$ 与 $X-Y$ 一定独立　(D) $X+Y$ 与 $X-Y$ 一定不独立

(4) 设 X,Y 为随机变量，且相关系数 $\rho_{XY}=0$，则（　　）.

(A) $D(X-Y)=D(X)+D(Y)$　　　(B) $E(XY)\neq E(X)E(Y)$

(C) X 与 Y 相互独立　　　　　(D) X 与 Y 线性相关

(5) 如果随机变量 X,Y 满足 $D(X+Y)=D(X-Y)$，则必有（　　　）.

(A) X 与 Y 独立　　　　　　　　　(B) X 与 Y 不相关

(C) $D(Y)=0$　　　　　　　　　　　(D) $D(X)=0$

3. (1) 在句子 "THE GIRL PUT ON HER BEAUTIFUL RED HAT" 中随机地取一单词，以 X 表示取到的单词所包含的字母个数，写出 X 的分布律并求 $E(X)$.

(2) 在上述句子的 30 个字母中随机地取一字母；以 Y 表示取到的字母所在的单词所包含的字母数，写出 Y 的分布律并求 $E(Y)$.

4. 某产品的次品率为 0.1，检验员每天检验 4 次，每次随机地取 10 件产品进行检验，如发现其中的次品数多于 1，就去调整设备. 以 X 表示一天中调整设备的次数，试求 $E(X)$. （设诸产品是否为次品是相互独立的）

5. 有 3 只球、4 只盒子，盒子的编号为 1,2,3,4，将球逐个独立地、随机地放入 4 只盒子中去，以 X 表示其中至少有一只球的盒子的最小号码（例如 $X=3$ 表示第 1 号，第 2 号盒子是空的，第 3 号盒子至少有一只球），试求 $E(X)$.

6. 设在某一规定的时间间隔里，某电气设备用于最大负荷的时间 X（以分计）是一个随机变量，其概率密度为

$$f(x)=\begin{cases} \dfrac{1}{(1500)^2}x, & 0\leqslant x\leqslant 1500, \\ \dfrac{-1}{(1500)^2}(x-3000), & 1500 < x\leqslant 3000, \\ 0, & 其他. \end{cases}$$

求 $E(X)$.

7. 设随机变量 X 服从指数分布，其概率密度为

$$f(x)=\begin{cases} \dfrac{1}{\theta}e^{-x/\theta}, & x > 0, \\ 0, & x\leqslant 0. \end{cases} \text{其中 } \theta > 0 \text{ 是常数.}$$

求 $E(X),D(X)$.

8. 设随机变量 X 服从几何分布，其分布律为

$P\{X=K\}=p(1-p)^{k-1}$，$K=1,2\cdots$，其中 $0 < p < 1$ 是常数.

求 $E(X),D(X)$.

9. 设随机变量 X 的分布律为

X	-2	0	2
P	0.4	0.3	0.3

求 $E(X)$，$E(X^2)$，$E(3X^2+5)$.

10. 设风速 V 服从 $(0,a)$ 的均匀分布，即 V 的概率密度为

$$f(v)=\begin{cases}\dfrac{1}{a}, & 0<v<a, \\ 0, & 其他.\end{cases}$$

若飞机翼面受到的正压力 W 是 V 的函数：$W=kV^2$（$K>0$ 为常数），求 W 的数学期望.

11. 设随机变量 (X,Y) 的概率密度为

$$f(x,y)=\begin{cases}12y^2, & 0\leqslant y\leqslant x\leqslant 1, \\ 0, & 其他.\end{cases}$$

求 $D(X)$.

12. 设随机变量 X,Y 的分布律如下表.

X \ Y	-1	0	1
-1	1/8	1/8	1/8
0	1/8	0	1/8
1	1/8	1/8	1/8

讨论 X 与 Y 的相关性和独立性.

13. 设随机变量 $(X，Y)$ 的密度函数为

$$f(x,y)=\begin{cases}x+y, & 0\leqslant x\leqslant 1,0\leqslant y\leqslant 1, \\ 0, & 其他.\end{cases}$$

试求 $X+Y$，XY 的数学期望.

14. 设随机变量 X 服从均匀分布，即 $X\sim U(0,1)$，且有 $Y=X^2$，求 X,Y 的协方差 $\mathrm{Cov}(X,Y)$.

15. 已知 $D(X)=25$，$D(Y)=36$，$\rho_{XY}=0.4$，求 $D(X-Y)$.

16. 设随机变量 (X,Y) 具有概率密度

$$f(x,y)=\begin{cases}\dfrac{1}{8}(x+y), & 0\leqslant x\leqslant 2,0\leqslant y\leqslant 2, \\ 0, & 其他.\end{cases}$$

求 $E(X)$，$E(Y)$，$\mathrm{Cov}(X,Y)$，ρ_{XY}，$D(X+Y)$

B 组 提高题

1. 设连续型随机变量 X 的分布密度为 $f(x)=\begin{cases} x, & 0<x\leqslant 1, \\ 2-x, & 1<x\leqslant 2, \\ 0, & \text{其他}. \end{cases}$ 求 $E(X)$.

2. 某人用 n 把钥匙去开门，只有一把钥匙能打开，今逐个任取一把试开. 求要开此门所需试开次数 X 的均值 $E(X)$ 和方差 $D(X)$. 假设：(1) 不能打开者不放回去；(2) 不能打开者仍放回去不加辨认.

3. 设随机变量 X_1，X_2 的概率密度分别为

$$f_1(x)=\begin{cases} 2e^{-2x}, & x>0, \\ 0, & x\leqslant 0. \end{cases} \quad f_2(x)=\begin{cases} 4e^{-4x}, & x>0, \\ 0, & x\leqslant 0. \end{cases}$$

(1) 求 $E(X_1+X_2)$，$E(2X_1-3X_2^2)$.
(2) 又设 X_1，X_2 相互独立，求 $E(X_1X_2)$.

4. 设 $X\sim N(3,6)$，$Y\sim U(0,1)$，且 X，Y 独立，试求 $E(XY)$，$D(XY)$.

5. 某公共汽车起点站于每小时的 10 分、30 分、55 分发车，设乘客不知发车时间，故在任意时刻乘客都有可能到达车站候车，试求乘客的平均候车时间.

6. 设 X_1，X_2 分别表示甲、乙手表的日走时误差，则其概率密度分别为：

$$f_1(x)=\begin{cases} \dfrac{1}{20}, & -10<x<10, \\ 0, & \text{其他}. \end{cases} \quad f_2(x)=\begin{cases} \dfrac{1}{40}, & -20<x<20, \\ 0, & \text{其他}. \end{cases}$$

问：哪一个表走得较好？

7. 某工厂生产的某种设备的寿命 X （以年计）服从指数分布，其概率密度为

$$f(x)=\begin{cases} \dfrac{1}{4}e^{-\frac{x}{4}}, & x>0, \\ 0, & x\leqslant 0. \end{cases}$$

工厂规定，若出售的设备在一年内损坏，则可予以调换. 已知工厂售出一台设备赢利 100 元，调换一台设备厂方需花费 300 元. 试求厂方出售一台设备净赢利的数学期望.

8. 五家商店联营，它们每两周售出的某种农产品的数量（单位：kg）分别为 X_1，X_2，X_3，X_4，X_5. 已知 $X_1\sim N(200,225)$，$X_2\sim N(240,240)$，$X_3\sim N(180,225)$，$X_4\sim N(260,265)$，$X_5\sim N(320,270)$，X_1，X_2，X_3，X_4，X_5 相互独立.

（1）求五家商店两周的总销售量的均值和方差．

（2）商店每隔两周进一次货，为了使新的供货到达前商店不会脱销的概率大于 0.99，问：商店的仓库应至少储存多少千克该产品？

9. （1）设 X 与 Y 相互独立，$E(X)=E(Y)=0,D(X)=D(Y)=1$，求 $E[(X+Y)^2]$．

（2）设 X 与 Y 相互独立，其数学期望与方差均为已知值，求 $D(XY)$．

10. 设随机变量 (X,Y) 具有概率密度

$$f(x,y)=\begin{cases}1, & |y|<x,0<x<1, \\ 0, & \text{其他}.\end{cases}$$

求 $E(X)$，$E(Y)$．

11. 设 X,Y 是随机变量，且有 $E(X)=3,E(Y)=1,D(X)=4,D(Y)=9$，令 $Z=5X-Y+15$，分别在下列三种情况下求 $E(Z)$ 和 $D(Z)$．

（1）X,Y 相互独立；（2）X,Y 不相关；（3）X 与 Y 的相关系数为 0.25．

12. 请用 MATLAB 软件完成 A 组的第 9 题，B 组的第 3 题、第 4 题，并用一个文件名存盘．

第五章

大数定律及中心极限定理

第一节 大数定律

一、切比雪夫不等式

【定理 5-1】 设随机变量 X 的数学期望 $E(X)$ 及方差 $D(X)$ 存在，则对于任意正数 ε，有不等式

$$P\{|X-E(X)|\geqslant\varepsilon\}\leqslant\frac{D(X)}{\varepsilon^2};\tag{5-1}$$

或

$$P\{|X-E(X)|<\varepsilon\}\geqslant1-\frac{D(X)}{\varepsilon^2}.\tag{5-2}$$

我们称该不等式为切比雪夫（Chebyshev）不等式.

证明 我们仅对连续型的随机变量进行证明. 设 X 的密度函数为 $f(x)$，则有

$$P\{|X-E(X)|\geqslant\varepsilon\}=\int_{|X-E(X)|\geqslant\varepsilon}f(x)\mathrm{d}x$$

$$\leqslant\int_{|X-E(X)|\geqslant\varepsilon}\frac{|X-E(X)|^2}{\varepsilon^2}f(x)\mathrm{d}x\leqslant\frac{1}{\varepsilon^2}\int_{-\infty}^{\infty}[x-E(X)]^2f(x)\mathrm{d}x=\frac{D(X)}{\varepsilon^2}.$$

从该定理中看出，如果 $D(X)$ 越小，那么随机变量 X 取值于开区间 $(E(X)-\varepsilon,E(X)+\varepsilon)$ 中的概率就越大，这就说明方差是一个反映随机变量的分布对其分布中心 $E(X)$ 的集中程度的数量指标.

利用切比雪夫不等式，我们可以在随机变量 X 的分布未知的情况下估算事件 $|X-E(X)|\geqslant\varepsilon$ 的概率. 同时，在理论上切比雪夫不等式常作为其他定理证明的工具.

【例 5-1】 设随机变量 X 的数学期望 $E(X)=10$，方差 $D(X)=0.04$，估计 $P\{9.2<X<11\}$ 的大小.

解 根据切比雪夫不等式有

$$P\{9.2 < X < 11\} = P\{-0.8 < X - 10 < 1\}$$

$$\geqslant P\{|X - 10| < 0.8\} \geqslant 1 - \frac{0.04}{0.8^2} = 0.9375,$$

因而 $P\{9.2 < X < 11\}$ 不会小于 0.9375.

二、 大数定律

人们在长期的实践中发现，事件发生的频率具有稳定性，也就是说随着试验次数的增多，事件发生的频率将稳定在一个确定的常数. 对某个随机变量 X 进行大量的重复观测，所得到的大批观测数据的算术平均值也具有稳定性，由于这类稳定性都是在对随机现象进行大量重复试验的条件下呈现出来的，因而反映这方面规律的定理统称为大数定律.

【定理 5-2】（切比雪夫大数定律）设随机变量序列 $X_1, X_2, \cdots$ 相互独立，且具有相同的数学期望和方差，$E(X_k) = \mu$，$D(X_k) = \sigma^2$，$(k = 1, 2, \cdots)$，则对任意的正数 ε，有

$$\lim_{n \to \infty} P\left\{\left|\frac{1}{n}\sum_{k=1}^{n}X_k - \mu\right| < \varepsilon\right\} = 1. \tag{5-3}$$

证明 由已知得

$$E\left(\frac{1}{n}\sum_{k=1}^{n}X_k\right) = \frac{1}{n}\sum_{k=1}^{n}E(X_k) = \frac{1}{n}(n\mu) = \mu,$$

又因为 $X_1, X_2, \cdots$ 相互独立，所以

$$D\left(\frac{1}{n}\sum_{k=1}^{n}X_k\right) = \frac{1}{n^2}\sum_{k=1}^{n}D(X_k) = \frac{1}{n^2}(n\sigma^2) = \frac{\sigma^2}{n},$$

根据切比雪夫不等式，对于任意正数 ε 有

$$1 \geqslant P\left\{\left|\frac{1}{n}\sum_{k=1}^{n}X_k - \mu\right| < \varepsilon\right\} \geqslant 1 - \frac{\sigma^2/n}{\varepsilon^2} = 1 - \frac{\sigma^2}{n\varepsilon^2},$$

在上式令 $n \to \infty$，即得 $\lim\limits_{n \to \infty} P\left\{\left|\dfrac{1}{n}\sum\limits_{k=1}^{n}X_k - \mu\right| < \varepsilon\right\} = 1.$

该定理表明，当 n 很大时，随机变量 $X_1, X_2, \cdots$ 的算术平均值 $\dfrac{1}{n}\sum\limits_{k=1}^{n}X_k$ 接近其数学期望 $E\left(\dfrac{1}{n}\sum\limits_{k=1}^{n}X_k\right) = \mu$，这种接近是在概率意义下的接近. 通俗地说，在定理 5-2 的条件下，n 个相互独立随机变量的算术平均值，在 n 无限增加时将几乎变成一个常数.

【定义 5-1】 设 $Y_1, Y_2, \cdots, Y_n, \cdots$ 是一个随机变量序列，a 为一个常数，若对任意的正数 ε，有

$$\lim_{n\to\infty}P\{\,|Y_n-a|<\varepsilon\}=1,$$

则称序列 $Y_1,Y_2,\cdots,Y_n,\cdots$ 依概率收敛于 a，记为

$$Y_n\xrightarrow{P}a.$$

依概率收敛的随机变量序列有以下性质.

设 $X_n\xrightarrow{P}a$，$Y_n\xrightarrow{P}b$，又有函数 $g(x,y)$ 在点 (a,b) 连续，则

$$g(X_n,Y_n)\xrightarrow{P}g(a,b).$$

因此该定义的结论也可以写成　$\dfrac{1}{n}\sum_{k=1}^{n}X_k\xrightarrow{P}\mu.$

【定理 5-3】　（贝努利大数定律）设 f_A 是 n 次独立重复试验中事件 A 发生的次数，p 是事件 A 在每次试验中发生的概率，即 $f_A\sim B(n,p)$，则对任意的正数 ε，有

$$\lim_{n\to\infty}P\left\{\left|\frac{f_A}{n}-p\right|<\varepsilon\right\}=1. \tag{5-4}$$

该定理的结论也可以写成 $\dfrac{f_A}{n}\xrightarrow{P}p.$

证明　令

$$X_k=\begin{cases}1,&\text{第 }k\text{ 次试验中 }A\text{ 发生,}\\0,&\text{第 }k\text{ 次试验中 }A\text{ 不发生.}\end{cases}\quad(k=1,2,\cdots,n),$$

则 $X_1,X_2,\cdots,X_n$ 相互独立，且都服从以 p 为参数的 $(0-1)$ 分布，因而

$$E(X_k)=p\quad(k=1,2,\cdots,n),$$

由切比雪夫大数定律得

$$\lim_{n\to\infty}P\left\{\left|\frac{1}{n}\sum_{k=1}^{n}X_k-p\right|<\varepsilon\right\}=1,$$

即

$$\lim_{n\to\infty}P\left\{\left|\frac{f_A}{n}-p\right|<\varepsilon\right\}=1.$$

贝努利大数定律表明，事件 A 发生的频率 $\dfrac{f_A}{n}$ 依概率收敛于事件 A 的概率 p，这个定理以严格的数学形式表达了频率的稳定性，就是说当 n 很大时，事件 A 发生的频率与 A 发生的概率有较大偏差的可能性很小，由实际推断原理，在实际应用中，当试验次数很大时，便可以用事件发生的频率来代替事件发生的概率.

第二节　中心极限定理

在客观实际中有许多随机变量，它们是由大量相互独立的随机因素的综合影

响所形成的，而其中每一个因素在总的影响中所起的作用都是微小的，这种随机变量往往近似地服从正态分布，这种现象就是中心极限定理的客观背景．本节仅介绍两个最常用的中心极限定理．

【定理 5-4】 （独立同分布的中心极限定理）.

设随机变量序列 $X_1, X_2, \cdots, X_n, \cdots$ 相互独立，服从同一分布，且具有相同的数学期望和方差：$E(X_k) = \mu$，$D(X_k) = \sigma^2 > 0$，$(k = 1, 2 \cdots)$，则随机变量之和 $\sum\limits_{k=1}^{n} X_k$ 的标准化变量

$$Y_n = \frac{\sum\limits_{k=1}^{n} X_k - E\left(\sum\limits_{k=1}^{n} X_k\right)}{\sqrt{D\left(\sum\limits_{k=1}^{n} X_k\right)}} = \frac{\sum\limits_{k=1}^{n} X_k - n\mu}{\sqrt{n}\,\sigma}$$

的分布函数 $F_n(x)$ 对于任意 x 满足

$$\lim_{n \to \infty} F_n(x) = \lim_{n \to \infty} P\left\{ \frac{\sum\limits_{k=1}^{n} X_k - n\mu}{\sqrt{n}\,\sigma} \leqslant x \right\} = \int_{-\infty}^{x} \frac{1}{\sqrt{2\pi}} e^{-\frac{t^2}{2}} \,\mathrm{d}t = \Phi(x). \quad (5\text{-}5)$$

证明略．

在一般情况下，很难求出 n 个随机变量之和 $\sum\limits_{k=1}^{n} X_k$ 的分布函数，但是，该定理表明，当 n 充分大并且满足定理的条件时，$\sum\limits_{k=1}^{n} X_k$ 近似服从正态分布，这样就可以利用正态分布对 $\sum\limits_{k=1}^{n} X_k$ 作理论分析或作实际计算，其好处是明显的．即当 n 较大时，在给定条件下，有

$$\sum_{k=1}^{n} X_k \overset{近似}{\sim} N(n\mu, n\sigma^2),$$

或

$$\frac{\sum\limits_{k=1}^{n} X_k - n\mu}{\sqrt{n}\,\sigma} \overset{近似}{\sim} N(0, 1).$$

【定理 5-5】 （棣莫佛-拉普拉斯中心极限定理）

设随机变量 $\eta_n (n = 1, 2, \cdots)$ 服从参数为 $n, p (0 < p < 1)$ 的二项分布，即 $\eta_n \sim B(n, p)$，则对任意实数 x，有

$$\lim_{n\to\infty}P\left\{\frac{\eta_n-np}{\sqrt{np(1-p)}}\leqslant x\right\}=\int_{-\infty}^{x}\frac{1}{\sqrt{2\pi}}e^{-\frac{t^2}{2}}dt=\Phi(x).\tag{5-6}$$

证明　η_n 可分解为 n 个相互独立且都服从以 p 为参数的（0—1）分布的随机变量 $X_1,X_2,\cdots,X_n$ 之和，即有 $\eta_n=\sum\limits_{k=1}^{n}X_k$，由于

$$E(X_k)=p,D(X_k)=p(1-p)(k=1,2,\cdots,n),$$

由独立同分布的中心极限定理得

$$\lim_{n\to\infty}P\left\{\frac{\eta_n-np}{\sqrt{np(1-p)}}\leqslant x\right\}=\lim_{n\to\infty}P\left\{\frac{\sum\limits_{k=1}^{n}X_k-np}{\sqrt{np(1-p)}}\leqslant x\right\}=\int_{-\infty}^{x}\frac{1}{\sqrt{2\pi}}e^{-\frac{t^2}{2}}dt=\Phi(x).$$

结论说明，二项分布的极限分布是正态分布. 一般来说，当 n 较大时，二项分布的概率计算非常复杂，这时我们就可以用正态分布来近似地计算二项分布，即在给定条件下，有

$$\frac{\eta_n-np}{\sqrt{np(1-p)}}\overset{近似}{\sim}N(0,1).\tag{5-7}$$

【例 5-2】　据以往经验，某种电子元件的寿命服从均值为 100h 的指数分布，现随机地取 16 只，设它们的寿命是相互独立的，求这 16 只元件的寿命的总和大于 1920h 的概率.

解　设这 16 只元件的寿命分别为 X_k，$k=1,2,\cdots,16$，其总和 $X=\sum\limits_{k=1}^{16}X_k$，由题意知，　　　$E(X_k)=100$，$D(X_k)=10000$，$k=1,2,\cdots,16$，满足独立同分布的中心极限定理的条件，于是有

$$\frac{\sum\limits_{i=1}^{16}X_i-16\times100}{100\sqrt{16}}=\frac{X-1600}{400}\overset{近似}{\sim}N(0,1),$$

于是

$$P\{X>1920\}=P\left\{\frac{X-1600}{400}>\frac{1920-1600}{400}\right\}\approx1-\Phi(0.8)=0.2119,$$

因此，这 16 只元件的寿命的总和大于 1920h 的概率约为 0.2119.

【例 5-3】　有一批建住房屋用的木柱，其中 80% 的长度不小于 3m，现从这批木柱中随机地取出 100 根，问：其中至少有 30 根短于 3m 的概率是多少？

解　事件"取出的 100 根中，至少有 30 根短于 3m"等价于"取出的 100 根中，至多有 70 根不小于 3m"，

令 η_n 表示"取出的 100 根中，不小于 3m 的根数"．则

$$\eta_n \sim B(100, 0.8),$$

由棣莫佛-拉普拉斯中心极限定理有，

$$\frac{\eta_n - np}{\sqrt{np(1-p)}} \overset{近似}{\sim} N(0,1).$$

$$P\{\eta_n < 70\} = P\left\{\frac{\eta_n - 100 \times 0.8}{\sqrt{100 \times 0.8 \times 0.2}} < \frac{70 - 100 \times 0.8}{\sqrt{100 \times 0.8 \times 0.2}}\right\} \approx 1 - \Phi(2.5) = 0.0062.$$

第三节　中心极限定理应用实例

【例 5-4】 某药厂断言，该厂生产的某种药品对于医治一种疑难血液病的治愈率为 0.8，医院任意抽取 100 个服用此药品的病人，若其中多于 75 人治愈，就接受此断言，否则就拒绝此断言．

（1）若实际上此药品对这种疾病的治愈率是 0.8．问：接受这一断言的概率是多少？

（2）若实际上此药品对这种疾病的治愈率为 0.7．问：接受这一断言的概率是多少？

解 由药厂断言来看 100 人中治愈人数 $X \sim B(100, 0.8)$．

（1）在治愈率与实际情况相符合条件下，接受药厂断言的概率即为 $P\{X > 75\}$．由中心极限定理知近似地有

$$X \sim N(100 \times 0.8, 100 \times 0.8 \times 0.2) \quad 即 \quad X \sim N(80, 4^2)$$

于是

$$p_1 = P\{X > 75\} = 1 - \Phi\left(\frac{75 - 80}{4}\right) = 1 - \Phi\left(\frac{-5}{4}\right) = \Phi(1.25) = 0.8944.$$

（2）若实际上治愈率为 0.7，即 $X \sim B(100, 0.7)$，则治愈人数 X 近似地服从正态分布，即有 $X \sim N(100 \times 0.7, 100 \times 0.7 \times 0.3)$．
所求概率

$$p_2 = P\{X > 75\} = 1 - \Phi\left(\frac{75 - 100 \times 0.7}{\sqrt{100 \times 0.7 \times 0.3}}\right) = 1 - \Phi\left(\frac{5}{\sqrt{21}}\right) = 1 - \Phi(1.09)$$
$$= 1 - 0.8621 = 0.1379.$$

【例 5-5】 保险公司盈亏问题．

在一家保险公司有 1 万人参加保险，每年每人付 12 元保险费，在一年内这些人死亡的概率都为 0.006，死亡后家属可向保险公司领取 1000 元，试求：

(1) 保险公司一年的利润不少于 6 万元的概率；

(2) 保险公司亏本的概率.

解 设参加保险的 1 万人中一年内的死亡人数为 X，则 $X \sim B(10000, 0.006)$，其分布律为

$$P\{X=k\} = C_{10000}^k (0.006)^k (0.994)^{10000-k}, \quad (k=0,1,2,\cdots,10000),$$

由题设，公司一年收入保险费 12 万元，付给死者家属 $1000X$ 元，于是，公司一年的利润为

$$120000 - 1000X = 1000(120 - X),$$

根据棣莫佛-拉普拉斯中心极限定理有

$$\frac{X - 10000 \times 0.006}{\sqrt{10000 \times 0.006 \times 0.994}} = \frac{X-60}{7.72} \overset{近似}{\sim} N(0,1).$$

(1) 保险公司一年的利润不少于 6 万元的概率为

$$P\{1000(120-X) \geqslant 60000\} = P\{0 \leqslant X \leqslant 60\} \approx \Phi\left(\frac{60-60}{7.72}\right) - \Phi\left(\frac{0-60}{7.72}\right)$$

$$= \Phi(0) - \Phi(-7.77) \approx 0.5 - 0 = 0.5.$$

(2) 保险公司亏本的概率为

$$P\{1000(120-X) < 0\} = P\{X > 120\} = P\left\{\frac{X-60}{7.72} > \frac{120-60}{7.72}\right\}$$

$$= 1 - \Phi(7.77) \approx 1 - 1 = 0.$$

结果表明保险公司几乎不会亏本.

【例 5-6】 测量误差问题.

测量某种物体的长度时，由于存在测量误差，每次测得的长度值只能是近似值. 现进行多次测量，然后取这些测量值的平均值作为实际长度的估计值. 假定 n 个测量值 $X_1, X_2, \cdots, X_n$ 是独立同分布的随机变量，具有共同的期望 μ（即实际长度）及方差 $\sigma^2 = 1$. 试问：若以 95% 的把握可以确信其估计值精确到 ± 0.2 以内，必须测量多少次？

解 本题即求 n，使得 $\quad P\left\{\left|\dfrac{1}{n}\sum\limits_{i=1}^n X_i - \mu\right| \leqslant 0.2\right\} \geqslant 0.95$

由中心极限定理这里可以假设 $\quad \overline{X} = \dfrac{1}{n}\sum\limits_{i=1}^n X_i \overset{近似}{\sim} N\left(\mu, \dfrac{\sigma^2}{n}\right).$

$$P\left\{\left|\frac{1}{n}\sum_{i=1}^n X_i - \mu\right| \leqslant 0.2\right\} = P\left\{\left|\frac{\frac{1}{n}\sum\limits_{i=1}^n X_i - \mu}{\frac{\sigma}{\sqrt{n}}}\right| \leqslant 0.2\frac{\sqrt{n}}{\sigma}\right\} = 2\Phi\left(\frac{0.2\sqrt{n}}{\sigma}\right) - 1 \geqslant 0.95$$

所以
$$\Phi\left(\frac{0.2\sqrt{n}}{\sigma}\right) \geqslant 0.975,$$

查标准正态分布数值表，得

$$\frac{0.2\sqrt{n}}{\sigma} > 1.96, 代入 \sigma = 1,$$

解得
$$n \geqslant \frac{1.96^2}{0.04} = 96.04,$$

即需要测量 96 次以上就可以有 95% 的把握确信估计值与真值之差小于 0.2.

习题

A 组　基本题

1. 试分别用切比雪夫不等式和中心极限定理确定，当掷 1 枚均匀铜板时，需投多少次，才能保证得到正面出现的频率在 0.4～0.6 之间的概率不小于 90%.

2. 重复投掷硬币 100 次，设每次出现正面的概率均为 0.5. 问"正面出现次数小于 60，大于 50"的概率是多少？

3. 已知某生产线上组装每件成品的时间服从指数分布，统计资料表明该生产线每件成品的组装时间平均为 10min，各件产品的组装时间相互独立.

(1) 试求组装 100 件成品需要 15～20h 的概率；

(2) 以 95% 的概率在 16h 之内最多可以组装多少件成品？

4. 一食品店有三种蛋糕出售，由于售出哪一种蛋糕是随机的，因而售出一只蛋糕的价格是一个随机变量，它取 1（元）、1.2（元）、1.5（元）各个值的概率分别为 0.3, 0.2, 0.5. 若售出 300 只蛋糕：

(1) 求收入至少 400（元）的概率；

(2) 求售出价格为 1.2（元）的蛋糕多于 60 只的概率.

5. 设各零件的质量都是随机变量，它们相互独立，且服从相同的分布，其数学期望为 0.5kg，均方差为 0.1kg，问 5000 只零件的总质量超过 2510kg 的概率是多少？

6. 一个工人修理一台机器需用两个阶段，第一阶段所需时间（h）服从均值为 0.2 的指数分布，第二阶段所需时间服从均值为 0.3 的指数分布，且与第一阶段独立，现有 20 台机器需要修理，求他在 8h 内完成的概率.

B 组　提高题

1. （1）一复杂的系统由 100 个相互独立起作用的部件所组成．在整个运行期间每个部件损坏的概率为 0.10．为了使整个系统起作用，至少必须有 85 个部件正常工作，求整个系统起作用的概率．

（2）一复杂的系统由 n 个相互独立起作用的部件所组成．每个部件的可靠性为 0.90，且必须至少必须有 80% 的部件工作才能使整个系统正常工作．问：n 至少为多少才能使系统的可靠性不低于 0.95？

2. 随机地选取两组学生，每组 80 人，分别在两个实验室里测量某种化合物 pH 值．各人测量的结果是随机变量，它们相互独立，且服从同一分布，其数学期望为 5，方差为 0.3，以 $\overline{X}$，$\overline{Y}$ 分别表示第一组和第二组所得结果的算术平均．

（1）求 $P\{4.9<\overline{X}<5.1\}$；（2）求 $P\{-0.1<\overline{X}-\overline{Y}<0.1\}$．

3. 某种电子器件的寿命（小时）具有数学期望 μ（未知），方差 $\sigma^2=400$．为了估计 μ，随机地选取 n 只这种器件，在时刻 $t=0$ 投入测试（设测试是相互独立的）直到失效，测得其寿命为 $X_1,X_2,\cdots,X_n$，以 $\overline{X}=\dfrac{1}{n}\sum\limits_{k=1}^{n}X_k$ 作为 μ 的估计．为了使 $P\{|\overline{X}-\mu|<1\}\geq0.95$．问：$n$ 至少为多少？

4. 独立地测量一个物理量，每次测量产生的误差都服从区间 $(-1,1)$ 上的均匀分布．

（1）如果取 n 次测量的算术平均值作为测量结果，求它与其真值的差小于一个小的正数 ε 的概率；

（2）计算（1）中当 $n=36$，$\varepsilon=\dfrac{1}{6}$ 时概率的近似值；

（3）取 $\varepsilon=\dfrac{1}{6}$，要使上述概率不小于 $\alpha=0.95$，应进行多少次测量？

第六章

数理统计的基本概念

从本章开始，我们将介绍数理统计的内容．数理统计是一门应用性很强的数学分支，它以概率论为基础，根据试验或观察得到的数据来研究随机现象，对随机现象的客观规律性作出一些合理的估计和判断．数理统计包含许多内容，但其核心部分是统计推断，它包括两个基本问题，即参数估计和假设检验．我们将在后面的学习中给大家介绍，本章我们首先给大家介绍一下数理统计的基本概念．

第一节　随机样本

在数理统计中，我们把研究对象的全体所构成的集合称为总体，而组成总体的每一对象称为个体．总体所含个体的个数叫总体的容量，按容量分类可分为有限总体与无限总体．

例如，要研究某灯泡厂生产的一批灯泡的平均寿命，这批灯泡就构成了一个总体，其中每一只灯泡就是一个个体；又如我们要考察某学校学生的数学成绩，这个学校的全体学生就构成一个总体，其中每个学生就是一个个体．

在实际中我们所研究的往往是总体中个体的各种数量指标，如我们关心的是灯泡的寿命指标 X，或学生的数学成绩 Y，它们都是随机变量．为了方便起见，我们今后就把这个数量指标 X 或 Y 的取值的全体看作总体，并且称这一总体为具有分布函数 $F(x)$ 的总体．

总体中的每一个个体是随机试验的一个观察值，因此它是某一随机变量 X 的值，这样，一个总体就对应一个随机变量 X，我们对总体的研究就变成了对随机变量 X 的研究，今后，X 的分布函数和数字特征就称为总体的分布函数和数字特征，以后我们就简称总体 X.

例如，如果灯泡厂生产的灯泡寿命 X 服从指数分布，我们就说这个总体服从指数分布，又如某学校学生的数学成绩 Y 服从正态分布，我们就说这个总体服从正态分布，简称正态总体．

在实际中，总体的分布一般是未知的，或只知道它具有某种形式而其中包含着未知参数．在数理统计中，人们都是通过从总体中抽取一部分个体，根据获得的数据对总体分布作出推断的，被抽出的部分个体叫作总体的一个样本．

从总体中按机会均等的原则随机抽取一些个体，然后对这些个体进行观测或测试某一指标 X 的数值，这种按机会均等的原则选取一些个体进行观测或测试的过程称为随机抽样．

【定义 6-1】 若 $X_1, X_2, \cdots, X_n$ 为来自总体 X 的一组个体，且满足

(1) $X_1, X_2, \cdots, X_n$ 与总体 X 具有相同的分布；

(2) $X_1, X_2, \cdots, X_n$ 是相互独立的随机变量，

则称 $X_1, X_2, \cdots, X_n$ 为总体 X 的一组简单随机样本．

以后我们讨论的样本都要求是简单随机样本．

一次抽样的结果 $x_1, x_2, \cdots, x_n$ 称作样本 $X_1, X_2, \cdots, X_n$ 的一组观测值．

设总体 X 具有分布函数 $F(x)$，$X_1, X_2, \cdots, X_n$ 为取自这一总体的容量为 n 的样本，则 $X_1, X_2, \cdots, X_n$ 的联合分布函数为

$$F(x_1, x_2, \cdots, x_n) = \prod_{i=1}^{n} F(x_i).$$

设总体具有密度函数 $f(x)$，则 $X_1, X_2, \cdots, X_n$ 的联合密度函数为

$$f(x_1, x_2, \cdots, x_n) = \prod_{i=1}^{n} f(x_i).$$

【例 6-1】 在总体 $X \sim N(80, 20^2)$ 中随机抽取容量为 100 的样本 $X_1, X_2, \cdots, X_{100}$，问：样本均值与总体均值差的绝对值大于 3 的概率是多少？（其中样本均值 $\overline{X} = \dfrac{1}{n}\sum_{i=1}^{n} X_i$）．

解 由前面的知识可知 $\overline{X} \sim N(80, 20^2/100)$，从而有 $\dfrac{\overline{X}-80}{2} \sim N(0,1)$. 故有

$$P\{|\overline{X}-80|>3\} = 1-P\{|\overline{X}-80|\leqslant 3\} = 1-P\left\{\left|\frac{\overline{X}-80}{2}\right|\leqslant 1.5\right\}$$
$$= 1-[\Phi(1.5)-\Phi(-1.5)] = 2\times(1-0.9332) = 0.1336.$$

第二节 抽样分布

一、统计量

【定义 6-2】 设 $X_1, X_2, \cdots, X_n$ 是来自总体 X 的一个样本，$g(X_1, X_2, \cdots,$

X_n)是 $X_1, X_2, \cdots, X_n$ 的函数，如果 g 中不含未知参数，则称 $g(X_1, X_2, \cdots, X_n)$ 是一个统计量. 经过抽样后得到一组样本观测值 $x_1, x_2, \cdots, x_n$，则称 $g(x_1, x_2, \cdots, x_n)$ 为统计量 $g(X_1, X_2, \cdots, X_n)$ 观测值.

下面列出几个常用的统计量，设 $X_1, X_2, \cdots, X_n$ 是来自总体 X 的一个样本，$x_1, x_2, \cdots, x_n$ 是这一样本观测值，定义如下.

样本均值
$$\overline{X} = \frac{1}{n}\sum_{i=1}^{n} X_i ;$$

样本方差
$$S^2 = \frac{1}{n-1}\sum_{i=1}^{n}(X_i - \overline{X})^2 = \frac{1}{n-1}\left(\sum_{i=1}^{n}X_i^2 - n\overline{X}^2\right);$$

样本标准差
$$S = \sqrt{S^2} = \sqrt{\frac{1}{n-1}\sum_{i=1}^{n}(X_i - \overline{X})^2} = \sqrt{\frac{1}{n-1}\left(\sum_{i=1}^{n}X_i^2 - n\overline{X}^2\right)};$$

样本 k 阶(原点)矩
$$A_k = \frac{1}{n}\sum_{i=1}^{n}X_i^k, \quad k=1, 2, \cdots;$$

样本 k 阶中心矩
$$B_k = \frac{1}{n}\sum_{i=1}^{n}(X_i - \overline{X})^k, \quad k=2, 3, \cdots.$$

相应统计量的观测值分别为
$$\overline{x} = \frac{1}{n}\sum_{i=1}^{n}x_i; \quad s^2 = \frac{1}{n-1}\sum_{i=1}^{n}(x_i - \overline{x})^2; \quad s = \sqrt{s^2}$$

$$a_k = \frac{1}{n}\sum_{i=1}^{n}x_i^k, \quad k=1,2,\cdots; \quad b_k = \frac{1}{n}\sum_{i=1}^{n}(x_i - \overline{x})^k, \quad k=2,3,\cdots.$$

这些观测值仍分别称为样本均值、样本方差、样本标准差、样本 k 阶（原点）矩、样本 k 阶中心矩.

二、 三个重要分布

1. χ^2 分布

【定义 6-3】 设 $X_1, X_2, \cdots, X_n$ 是来自标准正态总体 $N(0,1)$ 的简单随机样本，则称统计量

$$\chi^2 = X_1^2 + X_2^2 + \cdots + X_n^2 \tag{6-1}$$

服从自由度为 n 的 χ^2 分布，记为 $\chi^2 \sim \chi^2(n)$. 此处，自由度是指式 (6-1) 右端包含的独立变量的个数.

$\chi^2(n)$ 分布的概率密度函数为

$$f(x) = \begin{cases} \dfrac{1}{2^{\frac{n}{2}}\Gamma\left(\dfrac{n}{2}\right)} x^{\frac{n}{2}-1}e^{-\frac{x}{2}}, & x>0, \\ 0, & x \leqslant 0. \end{cases} \tag{6-2}$$

其中，$\Gamma(\dfrac{n}{2}) = \displaystyle\int_0^\infty x^{\frac{n}{2}-1} \mathrm{e}^{-x}\,\mathrm{d}x$.

密度函数 $f(x)$ 的图形如图 6-1 所示.

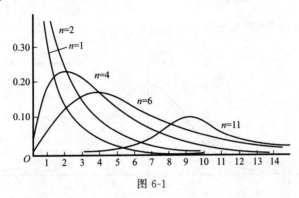

图 6-1

χ^2 分布的性质如下.

(1) χ^2 分布的可加性.

设 $\chi_1{}^2 \sim \chi^2(n_1)$，$\chi_2{}^2 \sim \chi^2(n_2)$，并且 $\chi_1{}^2$，$\chi_2{}^2$ 相互独立，则有

$$\chi_1{}^2 + \chi_2{}^2 \sim \chi^2(n_1 + n_2).$$

(2) χ^2 分布的数学期望和方差.

设 $\chi^2 \sim \chi^2(n)$，则有

$$E(\chi^2) = n, \quad D(\chi^2) = 2n.$$

【定义 6-4】 对于给定的正数 α，$0 < \alpha < 1$ 称满足条件

$$P\{\chi^2 > \chi_\alpha{}^2(n)\} = \int_{\chi_\alpha{}^2(n)}^{+\infty} f(x)\,\mathrm{d}x = \alpha \tag{6-3}$$

的点 $\chi_\alpha{}^2(n)$ 为 χ^2 分布的上 α 分位点.

如图 6-2 所示，对于不同的 α，n，上 α 分位点的值已制成表格，可以查用（参见附表 3），例如对 $\alpha = 0.05$，$n = 30$，查得 $\chi^2_{0.05}(30) = 43.773$.

2. t 分布

【定义 6-5】 设随机变量 X 与 Y 独立，且 $X \sim N(0,1)$，$Y \sim \chi^2(n)$，则称随机变量

$$t = \frac{X}{\sqrt{Y/n}} \tag{6-4}$$

服从自由度为 n 的 t 分布，记为 $t \sim t(n)$.

t 分布的密度函数为

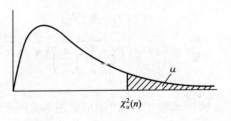

图 6-2

$$f(x) = \frac{\Gamma\left(\dfrac{n+1}{2}\right)}{\sqrt{n\pi}\,\Gamma\left(\dfrac{n}{2}\right)}\left(1+\frac{x^2}{n}\right)^{-\frac{n+1}{2}} \quad (-\infty < x < +\infty). \tag{6-5}$$

密度函数 $f(x)$ 的图形如图 6-3 所示.

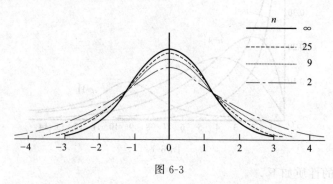

图 6-3

【定义 6-6】 对于给定的正数 α, $0 < \alpha < 1$, 称满足条件的点 $t_\alpha(n)$ 为 t 分布的上 α 分位点.

$$P\{t > t_\alpha(n)\} = \int_{t_\alpha(n)}^{+\infty} f(x)\mathrm{d}x = \alpha \tag{6-6}$$

如图 6-4 所示, 对于不同的 α, n, 上 α 分位点的值已制成表格, 可以查用 (参见附表 4), 例如对 $\alpha = 0.05$, $n = 30$, 查得 $t_{0.05}(30) = 1.6973$.

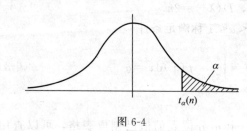

图 6-4

3. F 分布

【定义 6-7】 设随机变量 $U \sim \chi^2(m)$, $V \sim \chi^2(n)$, 且 U, V 相互独立, 则称随机变量

$$F = \frac{U/m}{V/n} \tag{6-7}$$

服从自由度为 (m, n) 的 F 分布, 记为 $F \sim F(m, n)$.

F 分布的概率密度函数为

$$f(x) = \begin{cases} \dfrac{\Gamma\left(\dfrac{m+n}{2}\right)}{\Gamma\left(\dfrac{m}{2}\right)\Gamma\left(\dfrac{n}{2}\right)}\left(\dfrac{m}{n}\right)\left(\dfrac{m}{n}x\right)^{\frac{m}{2}-1}\left(1+\dfrac{m}{n}x\right)^{-\frac{m+n}{2}}, & x > 0, \\ 0, & x \leqslant 0. \end{cases} \tag{6-8}$$

密度函数 $f(x)$ 的图形如图 6-5 所示.

【定义 6-8】 对于给定的正数 α, $0 < \alpha < 1$, 称满足条件

$$P\{F > F_\alpha(m, n)\} = \alpha \tag{6-9}$$

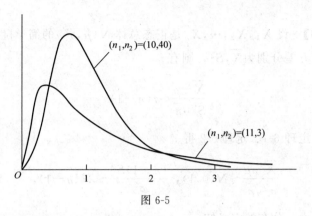

图 6-5

的点 $F_\alpha(m,n)$ 为 F 分布的上 α 分位点.

如图 6-6 所示，对于不同的 α，m，n，上 α 分位点的值已制成表格，可以查用（参见附表5）. 例如对 $\alpha=0.05$，$m=25$，$n=30$，查得 $F_{0.05}(25,30)$ $=1.92$.

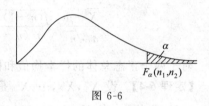

图 6-6

F 分布的分位数有如下性质

$$F_{1-\alpha}(m,n)=\frac{1}{F_\alpha(n,m)}.$$

三、 正态总体的样本均值与样本方差的分布

【定理 6-1】 设 $X_1,X_2,\cdots,X_n$ 是来自正态总体 $N(\mu,\sigma^2)$ 的简单随机样本，$\overline{X}$ 是样本均值，则有

$$\overline{X}\sim N(\mu,\sigma^2/n)$$

证明 因为 $X_1,X_2,\cdots,X_n\sim N(\mu,\sigma^2)$ 且相互独立，根据前面所学知道 $\overline{X}=\frac{1}{n}\sum_{i=1}^{n}X_i$ 仍然服从正态分布，且有

$$E(\overline{X})=\mu,D(\overline{X})=\frac{\sigma^2}{n},$$

所以有 $\overline{X}\sim N(\mu,\sigma^2/n)$.

【定理 6-2】 设 $X_1,X_2,\cdots,X_n$ 是正态总体 $N(\mu,\sigma^2)$ 的简单随机样本，其样本均值与样本方差分别为 $\overline{X}$，S^2，则有

（1）$\overline{X}$ 与 S^2 相互独立；

（2）$\dfrac{(n-1)S^2}{\sigma^2}\sim\chi^2(n-1)$.

证明略.

【定理 6-3】 设 $X_1, X_2, \cdots, X_n$ 是正态总体 $N(\mu, \sigma^2)$ 的简单随机样本，其样本均值与样本方差分别为 $\overline{X}, S^2$，则有

$$\frac{\overline{X} - \mu}{S/\sqrt{n}} \sim t(n-1).$$

证明 由定理 6-1、定理 6-2 得

$$\frac{\overline{X} - \mu}{\sigma/\sqrt{n}} \sim N(0,1), \quad \frac{(n-1)S^2}{\sigma^2} \sim \chi^2(n-1),$$

且两者独立，由 t 分布的定义知

$$\frac{\overline{X} - \mu}{\sigma/\sqrt{n}} \bigg/ \sqrt{\frac{(n-1)S^2}{\sigma^2(n-1)}} = \frac{\overline{X} - \mu}{S/\sqrt{n}} \sim t(n-1).$$

对于两个正态总体的样本均值和样本方差有以下定理.

【定理 6-4】 设 $X_1, X_2, \cdots, X_m$ 是来自总体 $X \sim N(\mu_1, \sigma_1^2)$ 的一个样本，$Y_1, Y_2, \cdots, Y_n$ 是来自总体 $Y \sim N(\mu_2, \sigma_2^2)$ 的一个样本，且 X 与 Y 相互独立，设 $\overline{X} = \frac{1}{m} \sum_{i=1}^{m} X_i$，$\overline{Y} = \frac{1}{n} \sum_{i=1}^{n} Y_i$ 分别是这两个样本的样本均值，$S_1^2 = \frac{1}{m-1} \sum_{i=1}^{m} (X_i - \overline{X})^2$，$S_2^2 = \frac{1}{n-1} \sum_{i=1}^{n} (Y_i - \overline{Y})^2$ 分别是这两个样本的样本方差. 则

(1) $F = \dfrac{\sigma_2^2 S_1^2}{\sigma_1^2 S_2^2} \sim F(m-1, n-1)$;

(2) 当 $\sigma_1^2 = \sigma_2^2 = \sigma^2$ 时，$\dfrac{(\overline{X} - \overline{Y}) - (\mu_1 - \mu_2)}{S_\omega \sqrt{\dfrac{1}{m} + \dfrac{1}{n}}} \sim t(m+n-2)$,

其中 $\quad S_\omega^2 = \dfrac{(m-1)S_1^2 + (n-1)S_2^2}{m+n-2}, \quad S_\omega = \sqrt{S_\omega^2}.$

证明略.

【例 6-2】 在总体 $X \sim N(\mu, \sigma^2)$ 中抽取容量为 16 的样本，但 μ, σ^2 未知，求概率 $P\left\{ \dfrac{S^2}{\sigma^2} \leqslant 2.041 \right\}$.

解 由定理 6-2 知

$$\frac{(16-1)S^2}{\sigma^2} \sim \chi^2(15),$$

所以

$$P\left\{\frac{S^2}{\sigma^2}\leqslant 2.041\right\}=P\left\{\frac{15S^2}{\sigma^2}\leqslant 30.6\right\}=1-P\{\chi^2(15)\geqslant 30.6\}$$
$$=1-0.01=0.99,$$

这是因为反查附表 2 可得 $P\{\chi^2(15)>30.578\}=0.01$.

第三节　样本均值与样本方差的应用实例

【例 6-3】　对 10 盆同一品种的花施用甲、乙两种花肥，把 10 盆花分成两组，每组 5 盆，记录其花期（单位：d）.

甲组	25	23	28	22	27
乙组	27	24	24	27	23

(1) 10 盆花的花期最多相差几天？

(2) 施用何种花肥，花的平均花期较长？

(3) 施用何种花肥，效果更好？

解　(1) $28-22=6$（d）

所以，10 盆花的花期最多相差 6d.

(2) 由样本均值公式得：

$$\bar{x}_甲=\frac{1}{5}(25+23+28+22+27)=25,$$

$$\bar{x}_乙=\frac{1}{5}(27+24+24+27+23)=25.$$

$\bar{x}_甲=\bar{x}_乙$，所以，无论用哪种花肥，花的平均花期相等.

(3) 由方差公式得：

$$s^2_甲=\frac{1}{4}[(25-25)^2+(23-25)^2+(28-25)^2+(22-25)^2+(27-25)^2]=6.5,$$

$$s^2_乙=\frac{1}{4}[(27-25)^2+(24-25)^2+(24-25)^2+(27-25)^2+(23-25)^2]=3.5.$$

$s^2_甲>s^2_乙$，故施用乙种花肥效果比较可靠.

【例 6-4】　姚明是我国著名的篮球运动员，他在 2005～2006 年赛季 NBA 常规赛中表现非常优异，表 6-1 中所列数据是他在这个赛季中，分期与"超音速队"和"快船队"各四场比赛中的技术统计.

表 6-1

场次	对阵"超音速队"			对阵"快船队"		
	得分	篮板	失误	得分	篮板	失误
第一场	22	10	2	25	17	2
第二场	29	10	2	29	15	0
第三场	24	14	2	17	12	4
第四场	26	10	5	22	7	2

（1）分别计算姚明在对阵"超音速队"和"快船队"的各四场比赛中，平均每场得多少分？

（2）从得分的角度分析，姚明在与"超音速队"和"快船队"的比赛中，对阵哪一个队的发挥更稳定？

（3）如果规定"综合得分"为，平均每场得分＋平均每场篮板×1.5＋平均每场失球×（－1.5），且综合得分越高表现越好，那么利用这种评价方法，来比较姚明在分别与"超音速队"和"快船队"的各四场比赛中对阵哪一个队表现更好．

解 （1）姚明在对阵"超音速队"的四场比赛中，平均每场得分为

$$\overline{x_1} = \frac{1}{4} \times (22+29+24+26) = 25.25$$

姚明在对阵"快船队"的四场比赛中，平均每场得分为

$$\overline{x_2} = \frac{1}{4} \times (25+29+17+22) = 23.25$$

（2）姚明在对阵"超音速队"的四场比赛中得分的方差为

$$s_1^2 = \frac{1}{n-1} \sum_{i=1}^{n} (x_i - \overline{x_1})^2 = 6.6875 ,$$

姚明在对阵"快船队"的四场比赛中得分的方差为

$$s_2^2 = \frac{1}{n-1} \sum_{i=1}^{n} (x_i - \overline{x_2})^2 = 19.1875 .$$

因为 $s_1^2 < s_2^2$，所以姚明在对阵"超音速队"的四场比赛中发挥更稳定．

（3）姚明在对阵"超音速队"的四场比赛中综合得分为

$$y_1 = 25.25 + 11 \times 1.5 + \frac{11}{4} \times (-1.5) = 37.625 ,$$

姚明在对阵"快船队"的四场比赛中综合得分为

$$y_2 = 23.25 + \frac{51}{4} \times 1.5 + 2 \times (-1.5) = 39.375 .$$

因为 $y_1 < y_2$，所以姚明在对阵"快船队"的比赛中发挥更好．

第四节　样本的数字特征及常见分布随机数生成的 MATLAB 实现

一、　样本的数字特征

MATLAB 提供了常见的求样本数字特征的函数，如表 6-2 所示．

表 6-2

函数名	调用格式	注　释
算数平均值	mean(X)	X 为向量,返回 X 中各元素的算术平均值
算数平均值	mean(A)	A 为矩阵,返回 A 中各列元素的算术平均值构成的向量
无偏估计方差	D=var(X)	若 X 为向量,则返回向量的无偏估计的方差,即 $D=\dfrac{1}{n-1}\sum_{i=1}^{n}(x_i-\overline{x})^2$. 若 A 为矩阵,则 D 为 A 的列向量的样本方差构成的行向量
有效估计方差	D=var(X,1)	返回向量(矩阵)X 的有效估计的方差,即 $$D=\frac{1}{n}\sum_{i=1}^{n}(x_i-\overline{x})^2$$
无偏估计标准差	std(X)	返回向量(矩阵)X 的无偏估计的标准差
有效估计标准差	std(X,1)	返回向量(矩阵)X 的有效估计的标准差
协方差	cov(X)	求向量 X 的协方差
协方差	cov(X,Y)	求列向量 X,Y 的协方差矩阵,这里 X,Y 为等长列向量
相关系数	corrcoef(X,Y)	返回列向量 X,Y 的相关系数矩阵

【例 6-5】　求矩阵 $A=\begin{pmatrix} 1 & 3 & 4 & 5 \\ 2 & 3 & 4 & 6 \\ 1 & 3 & 1 & 5 \end{pmatrix}$ 中各列元素的平均值．

解　输入程序：

≫A=[1　3　4　5;2　3　4　6;1　3　1　5]
A=

1	3	4	5
2	3	4	6
1	3	1	5

≫mean(A)

运行程序后得到：

ans＝

　　1.3333　　　　3.0000　　　3.0000　　　5.3333

【例 6-6】 随机抽取 6 个滚珠测得直径如下．（直径：mm）

14.70，15.21，14.90，14.91，15.32，15.32．试求滚珠直径的平均值．

解 输入程序：

≫X＝［14.70　15.21　14.90　14.91　15.32　15.32］；

≫mean(X)

运行程序后得到：

ans＝

　　15.0600

【例 6-7】 求下列样本的有效估计的方差和样本标准差，无偏估计的方差和标准差．

　　　　　　　　　14.70,15.21,14.90,15.32,15.32.

解 输入程序：

≫X＝［14.7　15.21　14.9　14.91　15.32　15.32］；

≫DX＝var(X,1)　　　　　　　　％有效估计的方差

运行程序后得到：

DX＝

　　0.0559

输入程序：

≫sigma＝std(X,1)　　　　　　　％有效估计的标准差

运行程序后得到：

sigma＝

　　0.2364

输入程序：

≫DX1＝var(X)　　　　　　　　％无偏估计的方差

运行程序后得到：

DX1＝

　　0.0671

输入程序：

≫sigma1＝std(X)　　　　　　　％无偏估计的标准差

运行程序后得到：

sigma1＝

　　0.2590

【例 6-8】 已知 $x = [0.0512\ \ 1.4647\ \ 0.4995\ \ 0.7216\ \ 0.1151\ \ 0.2717$ $0.7842\ \ 3.9898\ \ 0.1967\ \ 0.8103]$，$y = [-0.8651\ \ \ -3.3312\ \ 0.2507$ $0.5754\ \ -2.2929\ \ 2.3818\ \ 2.3783\ \ -0.0753\ \ 0.6546\ \ 0.3493]$．计算它们的协方差矩阵和相关系数矩阵．

解 输入程序：

≫x＝[0.0512　1.4647　0.4995　0.7216　0.1151　0.2717　0.7842 3.9898　0.1967　0.8103]；

≫y＝[−0.8651　−3.3312　0.2507　0.5754　−2.2929　2.3818 2.3783　−0.0753　0.6546　0.3493]；

≫Cov＝Cov(x,y)

运行程序后得到：

Cov＝

   1.3672 −0.2274

   −0.2274 3.2647

输入程序：

≫R＝corrcoef(x,y)

R＝

  1.0000 −0.1076

  −0.1076 1.0000

二、 常见分布随机数矩阵的生成函数

MATLAB 本身提供很多的函数来生成各种各样的随机数据，这里我们介绍常见分布随机数矩阵的生成函数．如表 6-3 所示．

表 6-3

函数名	调用形式	注　释
均匀分布随机数	unifrnd(A,B,m,n)	产生[A,B]上均匀分布(连续)随机数．m,n 为随机数矩阵的行,列数,下述格式中 m,n 含义相同
指数分布随机数	exprnd(Lambda,m,n)	产生参数为 Lambda 的指数分布随机数
泊松分布随机数	poissrnd(Lambda,m,n)	poissrnd(Lambda,m,n),产生参数为 Lambda 的泊松分布随机数
正态分布随机数	normrnd(MU,SIGMA,m,n)	产生参数为 MU,SIGMA 的正态分布随机数
X² 分布随机数	chi2rnd(N,m,n)	产生自由度为 N 的卡方分布随机数
t 分布随机数	trnd(N,m,n)	trnd(N,m,n),产生自由度为 N 的 t 分布随机数

函数名	调用形式	注 释
F 分布随机数	frnd(N1,N2,m,n)	产生第一自由度为 N1,第二自由度为 N2 的 F 分布随机数
二项分布随机数	binornd(N,P,m,n)	产生参数为 N,P 的二项分布随机数
几何分布随机数	geornd(P,m,n)	产生参数为 P 的几何分布随机数
超几何分布随机数	hygernd(N,M,K,m,n)	产生参数为 N,M,K 的超几何分布随机数

【例 6-9】 产生自由度为 5 的卡方分布的 10 行 6 列的随机数矩阵.

解 输入程序：

≫chi2rnd(5,10,6)

运行程序后得到：

ans=

1.9871	4.3335	6.2332	6.4392	5.5854	1.6928
6.4056	3.4633	3.6235	7.1370	4.5976	0.5458
6.0065	8.4224	3.3144	7.7353	2.7189	7.9339
11.4692	0.8265	3.5193	2.0197	2.8859	2.9788
6.3175	5.7200	1.2798	4.9880	5.7750	5.3703
2.7014	7.5410	3.6803	5.0720	2.0953	5.0595
5.5522	6.8611	4.6915	1.9921	7.0639	4.3968
1.9897	6.2668	5.3277	2.4953	6.2334	1.9988
4.2761	4.4531	10.1234	8.3642	2.3365	2.1003
4.1929	6.6479	3.3800	3.9576	3.5975	3.3219

【例 6-10】 产生自由度为 5 的 t 分布的 10 行 6 列的随机数矩阵.

解 输入程序：

≫trnd(5,10,6)

运行程序后得到：

ans=

−0.9331	0.1633	0.5507	−0.2903	−0.1623	0.7470
−2.2044	0.6248	0.1991	−1.1288	−0.2153	−1.0339
1.6249	−0.9977	−0.6132	0.4482	0.8513	0.0247
0.0770	−0.2753	1.2234	2.4571	−0.4638	−0.6830
−1.9429	−0.4890	0.1833	−0.5703	−0.1672	0.3981
−0.0724	−1.9346	1.7914	−2.2541	−0.4127	0.7682
−1.1022	−1.0326	1.9130	−0.3160	−0.0637	−0.2182

-1.6897	1.1490	-0.7909	0.6134	4.4000	-2.9571
-0.2752	0.0212	-0.9702	-1.0275	-0.8255	0.1181
1.1669	-0.6248	-0.1213	-0.8911	-1.8782	1.8682

【例 6-11】 产生一个参数为 1 的指数分布随机数和参数为 2，3 行 4 列的指数分布随机数矩阵．

解　输入程序：

≫exprnd(1)　　　　　　　%产生一个参数为 1 的指数分布随机数

运行程序后得到：

ans＝

　　0.680

输入程序：

≫exprnd(2,3,4)　　　　　%参数为 2,3 行 4 列的指数分布随机数矩阵

运行程序后得到：

ans＝

0.1023	1.4432	1.5685	1.6207
2.9295	0.2302	7.9796	0.9709
0.9990	0.5434	0.3935	0.4665

习题

A 组　基本题

1. 填空题

(1) 若样本 $X_1,X_2,\cdots,X_n$ 是总体 X 的简单随机样本，则 $X_1,X_2,\cdots,X_n$ 应满足：_____，且每一个 $X_i(i=1,2,\cdots,n)$ 都与总体 X 有_____的分布．

(2) 设 $X_1,X_2,\cdots,X_n$ 是来自总体 X 的样本，则称 $\overline{X}=\dfrac{1}{n}\sum\limits_{i=1}^{n}X_i$ 为

_____；称 $S^2=\dfrac{1}{n-1}\sum\limits_{i=1}^{n}(X_i-\overline{X})^2$ 为_____．

(3) 称 $A_k=\dfrac{1}{n}\sum\limits_{i=1}^{n}X_i^k$ 为样本 k 阶_____，称 $B_k=\dfrac{1}{n}\sum\limits_{i=1}^{n}(X_i-\overline{X})^k$ 为样本 k 阶_____．

(4) 设 $X\sim N(\mu,\sigma^2)$，$\overline{X}$ 是容量为 n 的样本均值，则

① $\sum\limits_{i=1}^{n}\left(\dfrac{X_i-\mu}{\sigma}\right)^2\sim$_____；② $\sum\limits_{i=1}^{n}\left(\dfrac{X_i-\overline{X}}{\sigma}\right)^2\sim$_____；

(5) 设样本 $X_1,X_2,\cdots,X_6$ 来自总体 $N(0,1)$，$Y=(X_1+X_2+X_3)^2+(X_4+X_5+X_6)^2$，为使 CY 服从 χ^2 分布，C 应取值_____．

2. 选择题

(1) X_1, X_2, X_3 是取自总体 X 的样本，λ 是未知参数，则（　　）是统计量.

(A) $X_1 + \lambda X_2 + X_3$ 　　　　　(B) $X_1 X_2$

(C) $\lambda X_1 X_2 X_3$ 　　　　　(D) $\dfrac{1}{3} \sum\limits_{I=1}^{3} (X_i - \lambda)^2$

(2) 设总体 X 的概率密度为 $f(x) = \begin{cases} 2x, & 0 < x < 1 \\ 0, & \text{其他} \end{cases}$，$X_1, X_2, \cdots, X_n$ 为来自总体 X 的一个样本，$\overline{X}$ 为样本均值，则 $D(\overline{X}) = ($　　$)$.

(A) $\dfrac{1}{18n}$ 　　　(B) $\dfrac{1}{9n}$ 　　　(C) $\dfrac{1}{18}$ 　　　(D) $\dfrac{1}{9}$

(3) 若 $X_1, X_2, \cdots, X_n$ 是来自总体 $\chi^2 \sim \chi^2(n)$ 的样本，则（　　）.

(A) $E(\overline{X}) = 2n$ 　　(B) $E(X_i) = 1$ 　　(C) $D(\overline{X}) = n$ 　　(D) $D(\overline{X}) = 2$

(4) 样本 $X_1, X_2 \cdots, X_n$ 来自总体 $X \sim N(\mu, \sigma^2)$，记 $\overline{X} = \dfrac{1}{n} \sum\limits_{i=1}^{n} X_i$，$S^2 = \dfrac{1}{n-1} \sum\limits_{i=1}^{n} (X_i - \overline{X})^2$，则（　　）.

(A) $\overline{X} \sim N(\mu, \sigma^2)$ 　　　　　(B) $\dfrac{\overline{X} - \mu}{\sigma} \sim N(0,1)$

(C) $\dfrac{(n-1)S^2}{\sigma^2} \sim \chi^2(n-1)$ 　　　　　(D) $\dfrac{\overline{X} - \mu}{S/\sqrt{n}} \sim t(n)$

(5) 设随机变量 $X \sim t(n)(n > 1)$，$Y = \dfrac{1}{X^2}$，则（　　）.

(A) $Y \sim \chi^2(n)$ 　(B) $Y \sim \chi^2(n+1)$ 　(C) $Y \sim F(n,1)$ 　(D) $Y \sim F(1,n)$

3. 在总体 $N(12, \ 4)$ 中随机抽取容量为 5 的样本 X_1, X_2, X_3, X_4, X_5.

(1) 求样本均值与总体均值之差的绝对值大于 1 的概率；

(2) 求概率 $\quad P\{\max(X_1, X_2, X_3, X_4, X_5) > 15\}$；

$\quad\quad\quad\quad\quad P\{\min(X_1, X_2, X_3, X_4, X_5) < 10\}$.

4. 设 X_1, X_2 均来自总体 $N(0,1)$ 且相互独立.

(1) 求 $\overline{X} = \dfrac{1}{2}(X_1 + X_2)$ 小于 $\sqrt{2}$ 的概率；

(2) 求 $P\left\{ \dfrac{1}{2}(X_1^2 + X_2^2) \leqslant 3.689 \right\}$.

5. 在总体 $N(52, 6.3^2)$ 中随机抽一容量为 36 的样本，求样本均值落在 50.8

到 53.8 之间的概率.

6. 从正态总体 $N(63,49)$ 中取出容量 $n=18$ 的样本，求样本均值 $\overline{X}$ 不超过 60 的概率，当 $n=10$ 时，$\overline{X}$ 不超过 60 的概率是多少？

7. 设 $X_1,X_2,\cdots,X_{10}$ 为 $N(0,0.3^2)$ 的样本，求 $P\left\{\sum_{i=1}^{10}X_i^2>1.44\right\}$.

8. 设 $X_1,X_2,\cdots,X_n$ 是来自 $\chi^2(n)$ 分布的总体的样本. 求样本均值 $\overline{X}$ 的数学期望和方差.

9. 设 $X_1,X_2,\cdots,X_n$ 为来自泊松分布 $\pi(\lambda)$ 的一个样本，$\overline{X}$，S^2 分别为样本均值和样本方差. 求 $E(\overline{X})$，$D(\overline{X})$，$E(S^2)$.

10. 设在总体 $N(\mu,\sigma^2)$ 中抽取一容量为 16 的样本，这里 μ,σ^2 为未知.

(1) 求 $P(S^2/\sigma^2\leqslant 2.041)$，其中 S^2 为样本方差. （2）求 $D(S^2)$.

11. 某化学药剂的平均溶解时间是 65s，标准偏差为 25s，假设药剂的溶解时间 $X\sim N(65,25^2)$. 问，样本容量应取多大才使样本均值以 95% 的概率处于区间 $(65-15,65+15)$ 之内？

B 组　提高题

1. 设随机变量 X 和 Y 相互独立同服从 $N(0,3^2)$ 分布，$X_1,X_2,\cdots,X_9$ 及

$Y_1,Y_2,\cdots,Y_9$ 是分别来自总体 X 和 Y 的样本，求统计量 $K=\dfrac{\sum\limits_{i=1}^{9}X_i}{\sqrt{\sum\limits_{i=1}^{9}Y_i^2}}$ 的分布.

2. 设总体 $X\sim f(x)=\begin{cases}|x|,&|x|<2\\0,&\text{其他}\end{cases}$，$X_1,X_2,\cdots,X_{50}$ 为取自 X 的一个样本.

试求：（1）$\overline{X}$ 的数学期望与方差；（2）S^2 的数学期望.

3. 设 $X_1,X_2,\cdots,X_n$ 是正态分布 $N(\mu,\sigma^2)$ 的样本，试求，

$$U=\frac{1}{n}\sum_{i=1}^{50}|X_i-\mu|$$

的数学期望和方差.

4. 设总体 $X\sim N(\mu,\sigma^2)$，$X_1,X_2,\cdots,X_n$ 为简单随机样本，$\overline{X}$ 为样本均值，S^2 为样本方差.

(1) 求 $P\left\{(\overline{X}-\mu)^2\leqslant\dfrac{\sigma^2}{n}\right\}$，

(2) 如果 n 很大，试求 $P\left\{(\overline{X}-\mu)^2\leqslant\dfrac{2S^2}{n}\right\}$.

5. 设 $X_1,X_2,\cdots,X_{10}$ 相互独立同 $N(0,2^2)$ 分布，求常数 a,b,c,d，使 $Y=$

$aX_1^2+b(X_2+X_3)^2+c(X_4+X_5+X_6)^2+d(X_7+X_8+X_9+X_{10})^2$ 服从 χ^2 分布，并求自由度 m.

6. 设 $X_1,X_2,\cdots,X_9$ 是来自正态总体 X 的简单随机样本，

$$Y_1=\frac{1}{6}(X_1+\cdots+X_6) \qquad Y_2=\frac{1}{3}(X_7+X_8+X_9)$$

$$S^2=\frac{1}{2}\sum_{i=7}^{9}(X_i-Y_2)^2 \qquad Z=\frac{\sqrt{2}(Y_1-Y_2)}{S}$$

证明：统计量 Z 服从自由度为 2 的 t 分布.

7. 请用 MATLAB 软件完成 A 组的第 5 题、第 6 题，并用一个文件名存盘.

➡ 第七章

参数估计

统计推断的基本问题可以分为参数估计和假设检验这两大类. 在工程技术、社会经济生活的各种试验数据处理等方面都有着广泛的应用. 本章主要讨论参数的点估计和区间估计.

第一节   点估计

点估计问题的一般提法：设 θ 为总体 X 分布函数中的未知参数或总体某些未知的数字特征，$X_1, X_2, \cdots, X_n$ 是来自 X 的一个样本，$x_1, x_2, \cdots, x_n$ 是相应的一个样本值，点估计问题就是要构造一个适当的统计量 $\hat{\theta}(X_1, X_2, \cdots, X_n)$，用其观察值 $\hat{\theta}(x_1, x_2, \cdots, x_n)$ 作为未知参数 θ 的近似值，我们称 $\hat{\theta}(X_1, X_2, \cdots, X_n)$ 为参数 θ 的估计量，$\hat{\theta}(x_1, x_2, \cdots, x_n)$ 为参数 θ 的估计值，在不至于混淆的情况下，统称估计量和估计值为估计. 由于估计量是样本的函数，因此对于不同的样本值，θ 的估计值一般是不同的.

根据前面所学及经验我们知道，一般地，我们用样本均值作为总体均值的点估计，用样本方差作为总体方差的点估计，即如果设总体 X 的数学期望和方差分别为 $E(X) = \mu, D(X) = \sigma^2$ 均未知，一般它们的点估计采用

$$\hat{\mu} = \overline{X} = \frac{1}{n} \sum_{i=1}^{n} X_i, \quad \hat{\sigma}^2 = S^2 = \frac{1}{n-1} \sum_{i=1}^{n} (X_i - \overline{X})^2.$$

它们的合理性后面会讲到.

估计量的构造方法很多，我们这里主要介绍矩估计法和最大似然估计法.

一、 矩估计法

矩估计法是一种古老的估计方法，大家知道，矩是描述随机变量的最简单的数字特征，样本来自于总体，从前面可以看到样本矩在一定程度上也反映了总体

矩的特征，且在样本容量 n 增大的条件下，样本的 k 阶原点矩 $A_k = \frac{1}{n}\sum_{i=1}^{n} X_i{}^k$ 依概率收敛到总体 X 的 k 阶原点矩 $\mu_k = E(X^k)$，即

$$A_k \xrightarrow{p} \mu_k\,(n\to\infty),k=1,2,\cdots,$$

因而自然想到用样本矩作为相应总体矩的估计量，而以样本矩的连续函数作为相应总体矩的连续函数的估计量，这种估计方法就称为矩估计法.

矩估计的具体做法如下.

假设 $\theta_1,\theta_2,\cdots,\theta_k$ 为总体 X 的 k 个待估参数，$X_1,X_2,\cdots,X_n$ 是来自总体 X 的一个样本. 我们设

$$\begin{cases}\mu_1=\mu_1(\theta_1,\theta_2,\cdots,\theta_k),\\ \mu_2=\mu_2(\theta_1,\theta_2,\cdots,\theta_k),\\ \cdots\\ \mu_k=\mu_k(\theta_1,\theta_2,\cdots,\theta_k).\end{cases}$$

从中解出 $\theta_1,\theta_2,\cdots,\theta_k$，得到

$$\begin{cases}\theta_1=\theta_1(\mu_1,\mu_2,\cdots,\mu_k),\\ \theta_2=\theta_2(\mu_1,\mu_2,\cdots,\mu_k),\\ \cdots\\ \theta_k=\theta_k(\mu_1,\mu_2,\cdots,\mu_k).\end{cases}$$

以 A_i 分别代替上式中的 $\mu_i,i=1,2,\cdots,k$，就以

$$\hat{\theta}_i=\hat{\theta}_i(A_1,A_2,\cdots,A_k),\ i=1,2,\cdots,k$$

分别作为 $\theta_i,i=1,2,\cdots,k$ 的估计量. 这种估计量称为矩估计量，矩估计量的观察值称为矩估计值.

【例 7-1】 设总体 X 的概率密度函数为 $f(x;\theta)=\begin{cases}e^{-(x-\theta)}, & x\geqslant\theta,\\ 0, & x<\theta.\end{cases}$ 其中 θ 为未知参数，$X_1,X_2,\cdots,X_n$ 是从总体 X 中抽取的一个样本，试求未知参数 θ 的矩估计量.

解 $\mu_1=E(X)=\int_{-\infty}^{+\infty}xf(x;\theta)\mathrm{d}x=\int_{\theta}^{+\infty}xe^{-(x-\theta)}\mathrm{d}x=\theta+1$，

解得 $\theta=\mu_1-1$，以 $A_1=\overline{X}$ 代替上式中的 μ_1，得参数 θ 的矩估计量为

$$\hat{\theta}=\overline{X}-1,\text{其中}\overline{X}=\frac{1}{n}\sum_{i=1}^{n}X_i.$$

【例 7-2】 已知大学生英语四级考试成绩 $X\sim N(\mu,\sigma^2)$，均值 μ、方差 σ^2 均未知，$X_1,X_2,\cdots,X_n$ 为取自总体 X 的一个样本，求 μ 与 σ^2 的矩估计量.

解　注意到有两个未知参数，由矩估计方法知需两个方程，由前面知识得方程组

$$\begin{cases} \mu_1 = E(X) = \mu, \\ \mu_2 = E(X^2) = D(X) + [E(X)]^2 = \sigma^2 + \mu^2. \end{cases}$$

解得

$$\begin{cases} \mu = \mu_1, \\ \sigma^2 = \mu_2 - \mu_1^2. \end{cases}$$

分别以 A_1, A_2 代替 μ_1, μ_2，得 μ 与 σ^2 的矩估计量分别为

$$\hat{\mu} = A_1 = \overline{X}, \quad \hat{\sigma}^2 = A_2 - A_1^2 = \frac{1}{n}\sum_{i=1}^{n} X_i^2 - \overline{X}^2 = \frac{1}{n}\sum_{i=1}^{n}(X_i - \overline{X})^2.$$

其中，$\overline{X} = \dfrac{1}{n}\sum\limits_{i=1}^{n} X_i$.

二、 最大似然估计法

最大似然估计法的思想可以简单地理解为：在已经得到试验结果的情况下，我们应该寻找使这个结果出现可能性最大的那个 $\hat{\theta}$ 作为 θ 的估计.

首先讨论离散型总体.

设总体 X 为离散型随机变量，其分布律的形式为

$$P\{X = x\} = f(x; \theta_1, \theta_2, \cdots, \theta_k).$$

为了便于讨论，这里我们设 $\theta = (\theta_1, \theta_2, \cdots, \theta_k)$.

从总体 X 抽取一个简单随机样本 $X_1, X_2, \cdots, X_n$，$x_1, x_2, \cdots, x_n$ 是它的一个样本值，则出现这组样本值 $x_1, x_2, \cdots, x_n$ 的概率为

$$P\{X_1 = x_1, X_2 = x_2, \cdots, X_n = x_n\}$$

$$= P\{X_1 = x_1\}P\{X_2 = x_2\}\cdots P\{X_n = x_n\} = \prod_{i=1}^{n} f(x_i; \theta_1, \theta_2, \cdots, \theta_k).$$

记

$$L(\theta_1, \theta_2, \cdots, \theta_k) = \prod_{i=1}^{n} f(x_i; \theta_1, \theta_2, \cdots, \theta_k), \tag{7-1}$$

它是 $\theta_1, \theta_2, \cdots, \theta_k$ 的 k 元函数，称式 (7-1) 为似然函数. 似然函数 $L(\theta_1, \theta_2, \cdots, \theta_k)$ 的值的大小意味着该样本值出现的可能性的大小，既然已经得到了样本值 $x_1, x_2, \cdots, x_n$，那么它出现的可能性应该是大的，即似然函数的值应该是大的.

因而我们选择使 $L(\theta_1, \theta_2, \cdots, \theta_k)$ 达到最大值的那个 $\hat{\theta} = \hat{\theta}(x_1, x_2, \cdots, x_n)$ 作为 $\theta = (\theta_1, \theta_2, \cdots, \theta_k)$ 的估计是合理的. 这种估计总体未知参数 θ 的思想方法是由英

国的统计学家费希尔（R. A. Fisher）提出的，这种估计值 $\hat{\theta}(x_1, x_2, \cdots, x_n)$ 称为最大似然估计值，相应的估计量 $\hat{\theta}(X_1, X_2, \cdots, X_n)$ 称为最大似然估计量.

下面我们再讨论连续型总体.

设 X 为连续型随机变量，其密度函数为 $f(x; \theta_1, \theta_2, \cdots, \theta_k)$，这里仍然设 $\theta = (\theta_1, \theta_2, \cdots, \theta_k)$.

从总体 X 抽出一个简单随机样本 $X_1, X_2, \cdots, X_n$，$x_1, x_2, \cdots, x_n$ 是它的一个样本值，因为 $X_1, X_2, \cdots, X_n$ 相互独立且同分布，于是样本的联合密度函数为

$$L(x_1, x_2, \cdots, x_n; \theta_1, \theta_2, \cdots, \theta_k) = \prod_{i=1}^{n} f(x_i; \theta_1, \theta_2, \cdots, \theta_k),$$

在 $\theta_1, \theta_2, \cdots, \theta_k$ 固定时，它是 $X_1, X_2, \cdots, X_n$ 在 $x_1, x_2, \cdots, x_n$ 处的密度，它的大小与 $X_1, X_2, \cdots, X_n$ 落在 $x_1, x_2, \cdots, x_n$ 附近的概率的大小成正比，而当样本值 $x_1, x_2, \cdots, x_n$ 固定时，它是 $\theta_1, \theta_2, \cdots, \theta_k$ 的 k 元函数，我们仍把它记为

$$L(\theta_1, \theta_2, \cdots, \theta_k) = \prod_{i=1}^{n} f(x_i; \theta_1, \theta_2, \cdots, \theta_k), \tag{7-2}$$

并称 $L(\theta_1, \theta_2, \cdots, \theta_k) = \prod_{i=1}^{n} f(x_i; \theta_1, \theta_2, \cdots, \theta_k)$ 为似然函数，并选择使 $L(\theta_1, \theta_2, \cdots, \theta_k)$ 达到最大的那个 $\hat{\theta} = \hat{\theta}(x_1, x_2, \cdots, x_n)$ 作为 $\theta = (\theta_1, \theta_2, \cdots, \theta_k)$ 的估计.

在很多情况下，$f(x; \theta_1, \theta_2, \cdots, \theta_k)$ 关于 $\theta_i (i = 1, 2, \cdots, k)$ 可微，因此根据似然函数的特点，为了计算方便，常把它变为如下形式

$$\ln L(\theta_1, \theta_2, \cdots, \theta_k) = \sum_{i=1}^{n} \ln f(x_i; \theta_1, \theta_2, \cdots, \theta_k), \tag{7-3}$$

式（7-3）称为对数似然函数，由高等数学知，$L(\theta_1, \theta_2, \cdots, \theta_k)$ 与 $\ln L(\theta_1, \theta_2, \cdots, \theta_k)$ 的最大值点相同，令

$$\frac{\partial \ln L(\theta_1, \theta_2, \cdots, \theta_k)}{\partial \theta_i} = 0 \quad i = 1, 2, \cdots, k, \tag{7-4}$$

解得

$$\hat{\theta}_i = \hat{\theta}_i(x_1, x_2, \cdots, x_n), \quad i = 1, 2, \cdots, k,$$

从而可得参数 $\theta = (\theta_1, \theta_2, \cdots, \theta_k)$ 的最大似然估计量为 $\hat{\theta}_i = \hat{\theta}_i(X_1, X_2, \cdots, X_n)$.

若 $f(x; \theta_1, \theta_2, \cdots, \theta_k)$ 关于 $\theta_i (i = 1, 2, \cdots, k)$ 不可微时，需另寻方法.

【**例 7-3**】 设总体 X 的概率分布为

X	0	1	2	3
p_k	θ^2	$2\theta(1-\theta)$	θ^2	$1-2\theta$

$0<\theta<0.5$ 是未知参数，利用从总体 X 得到简单随机样本：

$$3 \quad 1 \quad 3 \quad 0 \quad 3 \quad 1 \quad 2 \quad 3,$$

求 θ 的矩估计值和最大似然估计值.

解 先求矩估计值.

$$E(X)=0\times\theta^2+1\times2\theta(1-\theta)+2\times\theta^2+3\times(1-2\theta)=3-4\theta,$$

样本均值 $$\overline{x}=\frac{1}{8}\times(3+1+3+0+3+1+2+3)=2,$$

令

$$E(X)=\overline{x}，即 3-4\theta=2,$$

得 θ 的矩估计值 $\hat{\theta}=\frac{1}{4}$.

再求最大似然估计.

构造似然函数

$$L(\theta)=P\{X_1=3,X_2=1,X_3=3,X_4=0,X_5=3,X_6=1,X_7=2,X_8=3\}$$
$$=4\theta^6(1-\theta)^2(1-2\theta)^4,$$

两边取自然对数

$$\ln[L(\theta)]=\ln4+6\ln\theta+2\ln(1-\theta)+4\ln(1-2\theta),$$

求导 $$\frac{d\ln[L(\theta)]}{d\theta}=\frac{6}{\theta}-\frac{2}{1-\theta}-\frac{8}{1-2\theta}=0,$$

得 θ 的最大似然估计值 $\hat{\theta}=\frac{7-\sqrt{13}}{12}$.

【**例 7-4**】 设总体 $X\sim B(1,p)$，p 为未知参数，$X_1,X_2,\cdots,X_n$ 是从该总体 X 中抽取的一个简单随机样本，试求参数 p 的最大似然估计.

解 设 $x_1,x_2,\cdots,x_n$ 是相应于样本 $X_1,X_2,\cdots,X_n$ 的一个样本值，X 的分布律为

$$P\{X=x\}=p^x(1-p)^{1-x}，x=0,1,$$

故似然函数为

$$L(p)=P\{X_1=x_1,X_2=x_2,\cdots,X_n=x_n\}$$
$$=\prod_{i=1}^{n}p^{x_i}(1-p)^{1-x_i}=p^{\sum_{i=1}^{n}x_i}(1-p)^{n-\sum_{i=1}^{n}x_i},$$

取对数

$$\ln[L(p)] = \ln p \sum_{i=1}^{n} x_i + (n - \sum_{i=1}^{n} x_i)\ln(1-p),$$

求导

$$\frac{d[\ln L(p)]}{dp} = \frac{\sum_{i=1}^{n} x_i}{p} - \frac{n - \sum_{i=1}^{n} x_i}{1-p} = 0,$$

得 p 的最大似然估计值

$$\hat{p} = \frac{1}{n}\sum_{i=1}^{n} x_i = \overline{x},$$

相应地，最大似然估计量为

$$\hat{p} = \frac{1}{n}\sum_{i=1}^{n} X_i = \overline{X}.$$

【例 7-5】 设总体 $X \sim N(\mu, \sigma^2)$，μ, σ^2 为未知参数，$X_1, X_2, \cdots, X_n$ 为 X 的一个样本，$x_1, x_2, \cdots, x_n$ 是 $X_1, X_2, \cdots, X_n$ 的一个样本值. 求 μ, σ^2 的最大似然估计值及相应的估计量.

解 X 的密度函数为

$$f(x; \mu, \sigma^2) = \frac{1}{\sqrt{2\pi}\sigma} e^{-\frac{(x-\mu)^2}{2\sigma^2}} \quad x \in \mathbf{R},$$

似然函数为

$$L(\mu, \sigma^2) = \prod_{i=1}^{n} \frac{1}{\sqrt{2\pi}\sigma} e^{-\frac{(x_i-\mu)^2}{2\sigma^2}} = (2\pi\sigma^2)^{-\frac{n}{2}} e^{-\frac{1}{2\sigma^2}\sum_{i=1}^{n}(x_i-\mu)^2},$$

取对数

$$\ln L(\mu, \sigma^2) = -\frac{n}{2}(\ln 2\pi + \ln \sigma^2) - \frac{1}{2\sigma^2}\sum_{i=1}^{n}(x_i-\mu)^2,$$

分别对 μ, σ^2 求导数

$$\begin{cases} \dfrac{\partial}{\partial\mu}(\ln L) = \dfrac{1}{\sigma^2}\sum_{i=1}^{n}(x_i-\mu) = 0, \\ \dfrac{\partial}{\partial\sigma^2}(\ln L) = -\dfrac{n}{2\sigma^2} + \dfrac{1}{2\sigma^4}\sum_{i=1}^{n}(x_i-\mu)^2 = 0. \end{cases}$$

解得

$$\mu = \frac{1}{n}\sum_{i=1}^{n} x_i = \overline{x}, \quad \sigma^2 = \frac{1}{n}\sum_{i=1}^{n}(x_i-\overline{x})^2,$$

所以 μ,σ^2 的最大似然估计值分别为

$$\hat{\mu}=\frac{1}{n}\sum_{i=1}^{n}x_i=\overline{x}, \quad \hat{\sigma}^2=\frac{1}{n}\sum_{i=1}^{n}(x_i-\overline{x})^2,$$

μ,σ^2 的最大似然估计量分别为

$$\hat{\mu}=\frac{1}{n}\sum_{i=1}^{n}X_i=\overline{X}, \quad \hat{\sigma}^2=\frac{1}{n}\sum_{i=1}^{n}(X_i-\overline{X})^2.$$

【例 7-6】 设总体 $X\sim U[a,b]$　a,b 未知，$x_1,x_2,\cdots,x_n$ 是一个样本值，求 a,b 的最大似然估计.

解　记 $x_{(1)}=\min\{x_1,x_2,\cdots,x_n\}=\min\limits_{1\leqslant i\leqslant n}\{x_i\}, x_{(n)}=\max\{x_1,x_2,\cdots,x_n\}=\max\limits_{1\leqslant i\leqslant n}\{x_i\}$，由题设可知总体 X 的密度函数为

$$f(x)=\begin{cases}\dfrac{1}{b-a} & ,a\leqslant x\leqslant b,\\ 0, & \text{其他}.\end{cases}$$

似然函数为

$$L(a,b)=\begin{cases}\dfrac{1}{(b-a)^n}, & a\leqslant x_1,x_2,\cdots,x_n\leqslant b,\\ 0, & \text{其他}.\end{cases}$$

通过分析可知，用解似然方程极大值的方法求最大似然估计很难求解（因为无极值点），所以可用直接观察法，有

$$a\leqslant x_1,x_2,\cdots,x_n\leqslant b \text{ 等价于 } a\leqslant x_{(1)},x_{(n)}\leqslant b,$$

则对于满足条件　$a\leqslant x_{(1)},x_{(n)}\leqslant b$ 的任意 a,b 有

$$L(a,b)=\frac{1}{(b-a)^n}\leqslant\frac{1}{(x_{(n)}-x_{(1)})^n},$$

即 $L(a,b)$ 在 $a=x_{(1)},b=x_{(n)}$ 时取得最大值 $L_{\max}(a,b)=\dfrac{1}{(x_{(n)}-x_{(1)})^n}$.

故 a,b 的最大似然估计值分别为

$$\hat{a}=x_{(1)}=\min_{1\leqslant i\leqslant n}\{x_i\}, \quad \hat{b}=x_{(n)}=\min_{1\leqslant i\leqslant n}\{x_i\},$$

a,b 的最大似然估计量分别为

$$\hat{a}=X_{(1)}=\min_{1\leqslant i\leqslant n}\{X_i\}, \quad \hat{b}=X_{(n)}=\max_{1\leqslant i\leqslant n}\{X_i\}.$$

最大似然估计量有如下的性质.

设 θ 的函数 $u=u(\theta),\theta\in\Theta$，具有单值反函数 $\theta=\theta(u)$，又设 $\hat{\theta}$ 是总体 X 分布中参数 θ 的最大似然估计，则 $\hat{\mu}=u(\hat{\theta})$ 是 $u(\theta)$ 的最大似然估计.

例如，在例 7-5 中得到 σ^2 的最大似然估计为 $\hat{\sigma}^2 = \dfrac{1}{n}\sum\limits_{i=1}^{n}(X_i - \overline{X})^2$，而 $u = u(\sigma^2) = \sqrt{\sigma^2}$ 具有单值反函数 $\sigma^2 = u^2 (u > 0)$，根据上述性质有标准差 σ 的最大似然估计为

$$\hat{\sigma} = \sqrt{\hat{\sigma}^2} = \sqrt{\frac{1}{n}\sum_{i=1}^{n}(X_i - \overline{X})^2}.$$

第二节 估计量的评选标准

从上一节的内容可以看到，对于同一未知参数，用不同的估计方法求出的估计量可能不相同，因此同一未知参数可能具有多种估计量，那么采用哪一个估计量好呢？这就涉及估计量的评价问题，而判断估计量好坏的标准一般从有无系统偏差、波动性的大小、伴随样本容量的增大是否越来越精确这些方面考察，因此有下面几个常用的标准，即估计量的无偏性、有效性和相合性.

一、 无偏性

设 $\hat{\theta}$ 是未知参数 θ 的估计量，则 $\hat{\theta}$ 是一个随机变量，对于不同的样本值就会得到不同的估计值，我们总希望估计值在 θ 的真值左右徘徊，而若其数学期望恰等于 θ 的真值，这就有了无偏性这个标准.

【定义 7-1】 设 $X_1, X_2, \cdots, X_n$ 是来自 X 的一个样本，θ 为总体 X 分布中的未知参数，$\theta \in \Theta$，这里 Θ 是 θ 的取值范围，若估计量 $\hat{\theta} = \hat{\theta}(X_1, X_2, \cdots, X_n)$ 是未知参数 θ 的估计量，$E(\hat{\theta})$ 存在，且对任意 $\theta \in \Theta$ 有

$$E(\hat{\theta}) = \theta, \tag{7-5}$$

则称 $\hat{\theta}$ 是 θ 的无偏估计量，或称估计量 $\hat{\theta}$ 具有无偏性.

在科学技术中，$E(\hat{\theta}) - \theta$ 称为以 $\hat{\theta}$ 作为 θ 的估计的系统误差，无偏估计的实际意义就是无系统误差.

【例 7-7】 设总体 X 的数学期望和方差 $E(X) = \mu, D(X) = \sigma^2$ 都存在，且 $\sigma^2 > 0$，若 μ, σ^2 均未知，证明 σ^2 的估计量 $\hat{\sigma}^2 = \dfrac{1}{n}\sum\limits_{i=1}^{n}(X_i - \overline{X})^2$ 是有偏的.

证明 因为

$$\hat{\sigma}^2 = \frac{1}{n}\sum_{i=1}^{n}(X_i - \overline{X})^2 = \frac{1}{n}\sum_{i=1}^{n}X_i^2 - \overline{X}^2,$$

所以

$$E(\hat{\sigma}^2) = \frac{1}{n}\sum_{i=1}^{n}E(X_i{}^2) - E(\overline{X}^2) = \frac{1}{n}\sum_{i=1}^{n}E(X^2) - [D\overline{X} + (E\overline{X})^2]$$

$$= (\sigma^2 + \mu^2) - (\frac{\sigma^2}{n} + \mu^2) = \frac{n-1}{n}\sigma^2 \neq \sigma^2,$$

所以估计量 $\hat{\sigma}^2 = \frac{1}{n}\sum_{i=1}^{n}(X_i - \overline{X})^2$ 是有偏的.

若在 $\hat{\sigma}^2$ 的两边同乘以 $\frac{n}{n-1}$，则所得到的估计量就是无偏了，即

$$E\left(\frac{n}{n-1}\hat{\sigma}^2\right) = \frac{n}{n-1}E(\hat{\sigma}^2) = \sigma^2,$$

而 $\frac{n}{n-1}\hat{\sigma}^2$ 恰恰就是样本方差 $S^2 = \frac{1}{n-1}\sum_{i=1}^{n}(X_i - \overline{X})^2$.

可见，S^2 作为 σ^2 的估计是无偏的，因此，常用 S^2 作为总体方差 σ^2 的估计量，从无偏性的角度考虑，S^2 比 $\hat{\sigma}^2 = \frac{1}{n}\sum_{i=1}^{n}(X_i - \overline{X})^2$ 作为 σ^2 的估计要好.

【例7-8】 设总体 X 服从指数分布，其概率密度为

$$f(x;\theta) = \begin{cases} \dfrac{1}{\theta}e^{-\frac{x}{\theta}}, & x > 0, \\ 0, & \text{其他}. \end{cases}$$

其中参数 $\theta > 0$ 为未知，又设 $X_1, X_2, \cdots, X_n$ 是来自 X 的一个样本，试证：$\overline{X}$ 和 $nZ = n(\min\{X_1, X_2, \cdots, X_n\})$ 都是 θ 的无偏估计量.

证明 因为 $E(\overline{X}) = E(X) = \theta$，所以 $\overline{X}$ 是 θ 的无偏估计量.

根据第三章的求最小随机变量分布函数的公式可以算得

$$Z = \min\{X_1, X_2, \cdots, X_n\}$$

服从参数为 $\dfrac{\theta}{n}$ 的指数分布，其密度函数为

$$f_{\min}(x;\theta) = \begin{cases} \dfrac{n}{\theta}e^{-\frac{nx}{\theta}}, & x > 0, \\ 0, & \text{其他}. \end{cases}$$

所以 $E(Z) = \dfrac{\theta}{n}, E(nZ) = \theta$，即 nZ 是 θ 的无偏估计.

事实上，样本 $X_1, X_2, \cdots, X_n$ 中的每一个随机变量均可作为 θ 的无偏估计.

那么，在 θ 的无偏估计量中哪个更好、更合理呢？这就需要看哪个估计量的观察值更接近真实值，即估计量的观察值更密集地分布在真实值的附近，而方差

正好反映了随机变量取值的分散程度，所以无偏估计以方差小者为更好、更合理. 为此引入了估计量的有效性标准.

二、 有效性

【定义 7-2】 设 $\hat{\theta}_1 = \hat{\theta}_1(X_1, X_2, \cdots, X_n)$ 与 $\hat{\theta}_2 = \hat{\theta}_2(X_1, X_2, \cdots, X_n)$ 都是 θ 的无偏估计量，若对任意 $\theta \in \Theta$，有

$$D(\hat{\theta}_1) \leqslant D(\hat{\theta}_2), \tag{7-6}$$

且至少对于某一个 $\theta \in \Theta$，式 (7-6) 中的不等号成立，则称 $\hat{\theta}_1$ 较 $\hat{\theta}_2$ 有效，若对任意 θ 的无偏估计 $\hat{\theta}$ 都有 $D(\hat{\theta}_0) \leqslant D(\hat{\theta})$，则称 $\hat{\theta}_0$ 为 θ 的最小方差无偏估计.

【例 7-9】（续例 7-8）试证当 $n > 1$ 时，θ 的无偏估计量 $\overline{X}$ 较 θ 的无偏估计量 nZ 有效.

证明 在例 7-8 中，由于 $D(X) = \theta^2$，所以 $D(\overline{X}) = \dfrac{\theta^2}{n}$，又因为 $D(Z) = \dfrac{\theta^2}{n^2}$，所以 $D(nZ) = \theta^2$.

故当 $n > 1$ 时，显然有 $D(\overline{X}) < D(nZ)$，故 $\overline{X}$ 较 nZ 有效.

三、 相合性

关于无偏性和有效性是在样本容量固定的条件下提出的，我们自然还希望随着样本容量的增大，估计值能稳定在待估参数的真值，为此引入相合性概念.

【定义 7-3】 设 $\hat{\theta}$ 是参数 θ 的估计量，若对任意 $\varepsilon > 0$，有

$$\lim_{n \to \infty} p\{|\hat{\theta} - \theta| < \varepsilon\} = 1, \tag{7-7}$$

则称 $\hat{\theta}$ 是 θ 的相合估计量.

例如，在任何分布中，$\overline{X}$ 是 $E(X)$ 的相合估计，而 S^2 是 $D(X)$ 相合估计.

相合性是对一个估计量的基本要求，若估计量不具有相合性，那么不论将样本容量 n 取得多大，都不能将 θ 估计得足够准确，这样的估计量是不可取的.

在实际工作中，关于估计量的选择要根据具体问题而定.

第三节　区间估计

点估计是由样本出发，通过构造一个适当的统计量 $\hat{\theta}$ 作为待估参数 θ 的估计量，并由样本观测值计算出估计量 $\hat{\theta}$ 的值，作为参数 θ 的估计值. 它的特点是简

单、易于计算. 但是, 由于估计量 $\hat{\theta}$ 的随机性, 参数 θ 的估计值与真值之间总是有一定误差的, 并且也没有提供测量精度误差的任何信息. 于是, 人们希望给出参数 θ 的一个范围, 并希望知道这个范围包含参数 θ 真值的可信程度, 这样的范围通常以区间形式给出, 同时也给出此区间包含参数 θ 真值的可信程度, 这就是区间估计.

【定义 7-4】 设总体 X 的分布函数 $F(x;\theta)$ 含有一个未知参数 θ, $\theta\in\Theta$, 对于给定的 $\alpha(0<\alpha<1)$, 若由来自 X 的样本 $X_1, X_2, \cdots, X_n$ 确定的两个统计量

$$\underline{\theta}(X_1, X_2, \cdots, X_n) \text{ 和 } \overline{\theta}(X_1, X_2, \cdots, X_n) \quad (\underline{\theta}<\overline{\theta}),$$

对任意的 $\theta\in\Theta$, 满足

$$P\{\underline{\theta}(X_1, X_2, \cdots, X_n)<\theta<\overline{\theta}(X_1, X_2, \cdots, X_n)\}\geqslant 1-\alpha, \tag{7-8}$$

则称随机区间 $(\underline{\theta}, \overline{\theta})$ 为 θ 的置信度为 $1-\alpha$ 的置信区间; $1-\alpha$ 称为置信度或置信水平; $\underline{\theta}$ 称为双侧置信区间的置信下限; $\overline{\theta}$ 称为置信上限.

定义 7-4 的意义在于: 若反复抽样多次, 每个样本值确定一个区间 $(\underline{\theta}, \overline{\theta})$, 每个这样的区间要么包含 θ 的真值, 要么不包含 θ 的真值. 根据贝努利大数定律知, 在这样多的区间中, 包含 θ 真值的约占 $100(1-\alpha)\%$. 不包含 θ 真值的约占 $100\alpha\%$. 例如, $\alpha=0.005$, 反复抽样 1000 次, 则得到的 1000 个区间中不包含 θ 真值的区间约为 5 个.

【例 7-10】 设总体 $X\sim N(\mu, \sigma^2)$, σ^2 为已知, μ 为未知, 设 $X_1, X_2, \cdots, X_n$ 是来自总体 X 的一个样本, 求 μ 的置信度为 $1-\alpha$ 的置信区间.

解 我们知道, $\overline{X}$ 是 μ 的无偏估计, 且有 $Z=\dfrac{\overline{X}-\mu}{\sigma/\sqrt{n}}\sim N(0,1)$, 根据标准正态分布的上 α 分位点的定义有 (图 7-1)

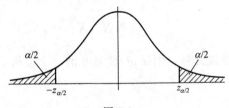

图 7-1

$$P\{|Z|<z_{\frac{\alpha}{2}}\}=1-\alpha,$$

也就是

$$P\left\{\left|\frac{\overline{X}-\mu}{\sigma/\sqrt{n}}\right|<z_{\frac{\alpha}{2}}\right\}=1-\alpha,$$

即

$$P\left\{\overline{X}-\frac{\sigma}{\sqrt{n}}z_{\frac{\alpha}{2}}<\mu<\overline{X}+\frac{\sigma}{\sqrt{n}}z_{\frac{\alpha}{2}}\right\}=1-\alpha.$$

所以 μ 的置信度为 $1-\alpha$ 的置信区间为

$$\left(\overline{X} - \frac{\sigma}{\sqrt{n}} z_{\frac{\alpha}{2}}, \overline{X} + \frac{\sigma}{\sqrt{n}} z_{\frac{\alpha}{2}}\right), \quad 简写成 \quad \left(\overline{X} \pm \frac{\sigma}{\sqrt{n}} z_{\frac{\alpha}{2}}\right).$$

如果取 $\alpha = 0.05$ 时，查表得 $z_{\frac{\alpha}{2}} = z_{0.025} = 1.96$，又设 $\sigma = 1, n = 16, \overline{x} = 5.4$，则得到一个置信度为 0.95 的置信区间为

$$\left(5.4 \pm \frac{1}{\sqrt{16}} \times 1.96\right), \quad 即 (4.91, 5.89).$$

注意：此时，该区间已不再是随机区间了，但我们可仍称它为置信度为 0.95 的置信区间，其含义是指"该区间包含 μ"这一陈述的可信程度为 0.95. 若写成 $P\{4.91 \leqslant \mu \leqslant 5.89\} = 0.95$ 是错误的，因为此时该区间要么包含 μ，要么不包含 μ.

若记 L 为置信区间的长度，则 $L = \frac{2\sigma}{\sqrt{n}} z_{\frac{\alpha}{2}}$，解得 $n = \left(\frac{2\sigma}{L} z_{\frac{\alpha}{2}}\right)^2$，由此可以确定样本容量 n，使置信区间具有预先给出的长度.

通过上述例子，可以得到寻求未知参数 θ 置信区间的一般步骤如下.

（1）寻求一个样本 $X_1, X_2, \cdots, X_n$ 的函数 $W = W(X_1, X_2, \cdots, X_n; \theta)$，它包含待估参数 θ，而不包含其他未知参数，并且相应的分布已知，且不依赖于任何 θ 以外的其他未知参数，这一步通常是根据 θ 的点估计及抽样分布得到的.

（2）对于给定的置信度 $1 - \alpha$，定出两个常数 a, b，使得

$$P\{a < W < b\} = 1 - \alpha.$$

这一步通常由抽样分布的上 α 分位数定义得到.

（3）从 $a < W < b$ 中得到等价不等式 $\underline{\theta} < \theta < \overline{\theta}$，其中

$$\underline{\theta} = \underline{\theta}(X_1, X_2, \cdots, X_n), \quad \overline{\theta} = \overline{\theta}(X_1, X_2, \cdots, X_n)$$

都是统计量，则 $(\underline{\theta}, \overline{\theta})$ 就是 θ 的一个置信度为 $1 - \alpha$ 的置信区间.

第四节　正态总体均值与方差的区间估计

一、 单个正态总体均值与方差的区间估计

设总体 $X \sim N(\mu, \sigma^2)$，$X_1, X_2, \cdots, X_n$ 为来自总体 X 的一个样本，给定置信度为 $1 - \alpha$.

1. 均值 μ 的置信区间

（1）当 σ^2 已知时，由上节的例 7-10 可知 μ 的置信度为 $1 - \alpha$ 的置信区间为

$$\left(\overline{X} - \frac{\sigma}{\sqrt{n}} z_{\frac{\alpha}{2}}, \overline{X} + \frac{\sigma}{\sqrt{n}} z_{\frac{\alpha}{2}}\right) \text{ 或 } \left(\overline{X} \pm \frac{\sigma}{\sqrt{n}} z_{\frac{\alpha}{2}}\right).$$

（2）当 σ^2 未知时，由前面课程知道，S^2 是 σ^2 的无偏估计，据抽样分布知

$$t = \frac{\overline{X} - \mu}{S/\sqrt{n}} \sim t(n-1), \qquad (7\text{-}9)$$

由自由度为 $n-1$ 的 t 分布的上 α 分位数的定义有（图 7-2）

$$P\{|t| < t_{\frac{\alpha}{2}}(n-1)\} = 1 - \alpha, \qquad (7\text{-}10)$$

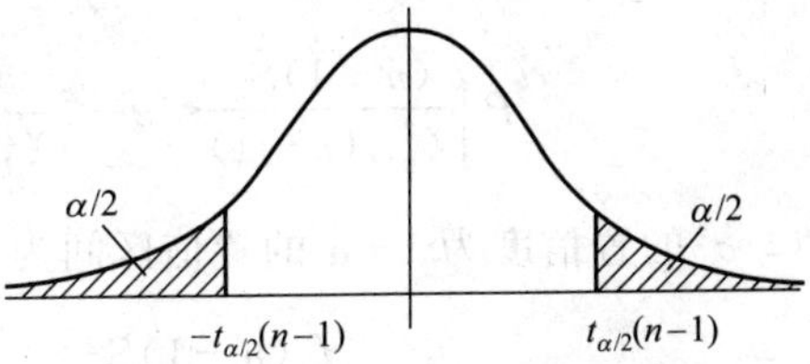

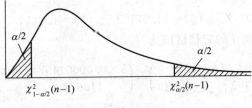

图 7-2

也就是

$$P\left\{\left|\frac{\overline{X} - \mu}{S/\sqrt{n}}\right| < t_{\frac{\alpha}{2}}(n-1)\right\} = 1 - \alpha,$$

即

$$P\left\{\overline{X} - \frac{S}{\sqrt{n}} t_{\frac{\alpha}{2}}(n-1) < \mu < \overline{X} + \frac{S}{\sqrt{n}} t_{\frac{\alpha}{2}}(n-1)\right\} = 1 - \alpha.$$

所以 μ 的置信度为 $1-\alpha$ 的置信区间为

$$\left(\overline{X} - \frac{S}{\sqrt{n}} t_{\frac{\alpha}{2}}(n-1), \overline{X} + \frac{S}{\sqrt{n}} t_{\frac{\alpha}{2}}(n-1)\right) \text{ 或 } \left(\overline{X} \pm \frac{S}{\sqrt{n}} t_{\frac{\alpha}{2}}(n-1)\right). \qquad (7\text{-}11)$$

这里虽然得出了 μ 的置信区间，但由于 σ^2 未知，用 S^2 近似 σ^2，因而估计的效果要差些，即在相同置信水平下，所确定的置信区间长度要大些.

2. 方差 σ^2 的置信区间

根据实际问题的需要，只介绍 μ 未知的情况.

由前面的讨论已知道

$$\chi^2 = \frac{(n-1)S^2}{\sigma^2} = \frac{\sum\limits_{i=1}^{n}(X_i - \overline{X})^2}{\sigma^2} \sim \chi^2(n-1), \qquad (7\text{-}12)$$

由 $\chi^2(n-1)$ 分布上 α 分位数的定义，有（图 7-3）

图 7-3

$$P\{\chi^2_{1-\alpha/2}(n-1)<\chi^2\leqslant\chi^2_{\alpha/2}(n-1)\}=1-\alpha, \qquad (7\text{-}13)$$

这里我们设 $\quad P\{\chi^2\leqslant\chi^2_{1-\alpha/2}(n-1)\}=\dfrac{\alpha}{2}, \quad P\{\chi^2>\chi^2_{\alpha/2}(n-1)\}=\dfrac{\alpha}{2}$

的特殊情况.

于是有 $\quad P\left\{\chi^2_{1-\alpha/2}(n-1)<\dfrac{(n-1)S^2}{\sigma^2}\leqslant\chi^2_{\alpha/2}(n-1)\right\}=1-\alpha,$

即 $\quad P\left\{\dfrac{(n-1)S^2}{\chi^2_{\alpha/2}(n-1)}<\sigma^2<\dfrac{(n-1)S^2}{\chi^2_{1-\alpha/2}(n-1)}\right\}=1-\alpha.$

所以, σ^2 的置信度为 $1-\alpha$ 的置信区间为

$$\left(\dfrac{(n-1)S^2}{\chi^2_{\alpha/2}(n-1)},\dfrac{(n-1)S^2}{\chi^2_{1-\alpha/2}(n-1)}\right). \qquad (7\text{-}14)$$

进一步还可以得到 σ 的置信度为 $1-\alpha$ 的置信区间为

$$\left(\dfrac{\sqrt{n-1}\,S}{\sqrt{\chi^2_{\alpha/2}(n-1)}},\dfrac{\sqrt{n-1}\,S}{\sqrt{\chi^2_{1-\alpha/2}(n-1)}}\right). \qquad (7\text{-}15)$$

注意：当分布不对称时，如 χ^2 分布和 F 分布，习惯上仍然取对称的分位点，来确定置信区间，但所得区间不是最短的.

【例 7-11】 分别使用金球和铂球测定引力常数.

(1) 用金球测定观察值为 6.683　6.681　6.676　6.678　6.679　6.672；

(2) 用铂球测定观察值为 6.661　6.661　6.667　6.667　6.664.

设测定值总体为 $N(\mu,\sigma^2)$，μ，σ^2 均为未知，试就 (1)，(2) 两种情况分别求 μ 的置信度为 0.9 的置信区间，并求 σ^2 的置信度为 0.9 的置信区间.

解　$\alpha=1-0.9=0.1, \alpha/2=0.05,$

(1) $n=6$，算得 $\overline{x}=6.678$，$s=0.0039$，$t_{0.05}(5)=2.0150$，则 μ 的置信度为 0.90 的置信区间为

$$\left(\overline{x}\pm t_{0.05}(5)\dfrac{s}{\sqrt{n}}\right)=\left(6.678\pm2.0150\times\dfrac{0.0039}{\sqrt{6}}\right)=(6.675,6.681).$$

算得 $s^2=0.00001497, \chi^2_{0.05}(5)=11.071, \chi^2_{0.95}(5)=1.145,$

σ^2 的置信度为 0.9 的置信区间为

$$\left(\dfrac{(n-1)S^2}{\chi^2_{\alpha/2}(n-1)},\dfrac{(n-1)S^2}{\chi^2_{1-\alpha/2}(n-1)}\right)=\left(\dfrac{5\times0.00001497}{11.071},\dfrac{5\times0.00001497}{1.145}\right)$$

$$=(6.759\times10^{-6},6.536\times10^{-5}).$$

（2）类似地，可求第二种情况．结果如下：

μ 的置信度为 0.90 的置信区间为 $(6.661, 6.667)$；

σ^2 的置信度为 0.9 的置信区间为 $(3.8 \times 10^{-6}, 5.06 \times 10^{-5})$．

二、 两个正态总体 $N(\mu_1, \sigma_1^2), N(\mu_2, \sigma_2^2)$ 的情形

在实际中常遇到类似下面的问题，已知产品的某一质量指标服从正态分布，但由于原料、设备条件、操作人员不同，或工艺过程的改变等因素，引起总体均值、总体方差有所改变，我们需要知道这些变化有多大，这就需要考虑两个正态总体均值差或方差比的估计问题．

设两总体 $X \sim N(\mu_1, \sigma_1^2)$，$Y \sim N(\mu_2, \sigma_2^2)$，且 X 与 Y 相互独立，$X_1, X_2, \cdots,$ X_m 来自总体 X 的一个样本，$Y_1, Y_2, \cdots, Y_n$ 为来自总体 Y 的一个样本，对给定置信度 $1-\alpha$，设 $\overline{X}, \overline{Y}, S_1^2, S_2^2$ 分别为总体 X 与 Y 的样本均值与样本方差．

1. 两个总体均值差 $\mu_1 - \mu_2$ 的置信区间

（1）当 σ_1^2, σ_2^2 已知时，由抽样分布可知，

$$Z = \frac{(\overline{X} - \overline{Y}) - (\mu_1 - \mu_2)}{\sqrt{\dfrac{\sigma_1^2}{m} + \dfrac{\sigma_2^2}{n}}} \sim N(0,1), \tag{7-16}$$

根据标准正态分布的上 α 分位点的定义有

$$P\{|Z| < z_{\frac{\alpha}{2}}\} = 1 - \alpha,$$

从而算得 $\mu_1 - \mu_2$ 的置信度为 $1-\alpha$ 的置信区间为

$$\left((\overline{X} - \overline{Y}) \pm z_{\frac{\alpha}{2}} \sqrt{\frac{\sigma_1^2}{m} + \frac{\sigma_2^2}{n}} \right). \tag{7-17}$$

（2）当 $\sigma_1^2 = \sigma_2^2 = \sigma^2$，但 σ^2 未知时，由抽样分布可知，

$$t = \frac{(\overline{X} - \overline{Y}) - (\mu_1 - \mu_2)}{S_\omega \sqrt{\dfrac{1}{m} + \dfrac{1}{n}}} \sim t(m+n-2), \tag{7-18}$$

其中

$$S_\omega^2 = \frac{(m-1)S_1^2 + (n-1)S_2^2}{m+n-2}$$

由 t 分布上 α 分位数的定义有

$$P\{|t| \leqslant t_{\frac{\alpha}{2}}(m+n-2)\} = 1 - \alpha,$$

从而可得 $\mu_1 - \mu_2$ 的置信度为 $1-\alpha$ 的置信区间为

$$\left(\overline{X}-\overline{Y}\pm t_{\frac{\alpha}{2}}(m+n-2)S_{\omega}\sqrt{\frac{1}{m}+\frac{1}{n}}\right). \tag{7-19}$$

2. 求两个总体方差比 σ_1^2/σ_2^2 的置信区间

仅讨论 μ_1,μ_2 均未知的情况.

由抽样分布知

$$F=\frac{S_1^2/\sigma_1^2}{S_2^2/\sigma_2^2}\sim F(m-1,n-1), \tag{7-20}$$

根据 F 分布的上 α 分位数定义有

$$P\{F_{1-\alpha/2}(m-1,n-1)<F<F_{\alpha/2}(m-1,n-1)\}=1-\alpha,$$

计算得 σ_1^2/σ_2^2 的置信度为 $1-\alpha$ 的置信区间为

$$\left(\frac{S_1^2/S_2^2}{F_{\alpha/2}(m-1,n-1)},\frac{S_1^2/S_2^2}{F_{1-\alpha/2}(m-1,n-1)}\right). \tag{7-21}$$

【例 7-12】（续例 7-11）设用金球和用铂球测定时测定值总体的方差相等，求两个测定值总体均值差的置信度为 0.9 的置信区间.

解 由题意知，总体均值差的置信度为 0.9 的置信区间为

$$\left(\overline{X}-\overline{Y}-t_{\frac{\alpha}{2}}(m+n-2)S_{\omega}\sqrt{\frac{1}{m}+\frac{1}{n}},\overline{X}-\overline{Y}+t_{\frac{\alpha}{2}}(m+n-2)S_{\omega}\sqrt{\frac{1}{m}+\frac{1}{n}}\right),$$

这里

$$S_{\omega}^2=\frac{(m-1)S_1^2+(n-1)S_2^2}{n_1+n_2-2},$$

根据题设有，

$$1-\alpha=0.9,\alpha=0.1,\frac{\alpha}{2}=0.05,m=6,n=5,m+n-2=9,$$

查表得 $t_{\alpha/2}(9)=t_{0.05}(9)=1.8331$，

$$S_{\omega}^2=1.233\times10^{-5},S_{\omega}=\sqrt{S_{\omega}^2}=3.512\times10^{-3},$$

代入上式得总体均值差的置信度为 0.9 的置信区间为 $(0.01,0.018)$.

三、 单侧置信区间

在上面的讨论中，对于未知参数 θ，我们给出了两个统计量 $\underline{\theta},\overline{\theta}$，得到 θ 的双侧置信区间 $(\underline{\theta},\overline{\theta})$. 但是在某些实际问题中，我们经常关心参数 θ 的上限或下限，例如元件平均寿命的下限，测量误差的上限等，这就引出了单侧置信区间的概念.

【定义 7-5】 设总体 X 的分布函数 $F(x;\theta)$ 含有一个未知参数 θ，$\theta\in\Theta$，对

于给定的 $\alpha(0<\alpha<1)$，若由来自 X 的样本 $X_1,X_2,\cdots,X_n$ 确定的统计量

$$\underline{\theta}=\underline{\theta}(X_1,X_2\cdots,X_n),$$

对任意的 $\theta\in\Theta$，满足

$$P\{\theta>\underline{\theta}\}\geqslant 1-\alpha, \tag{7-22}$$

则称随机区间 $(\underline{\theta},+\infty)$ 为 θ 的置信度为 $1-\alpha$ 的单侧置信区间，$\underline{\theta}$ 称为 θ 的置信度为 $1-\alpha$ 单侧置信下限.

又若统计量 $\overline{\theta}=\overline{\theta}(X_1,X_2\cdots,X_n)$，对任意的 $\theta\in\Theta$，满足

$$P\{\theta<\overline{\theta}\}\geqslant 1-\alpha, \tag{7-23}$$

则称随机区间 $(-\infty,\overline{\theta})$ 为 θ 的置信度为 $1-\alpha$ 的单侧置信区间，$\overline{\theta}$ 称为 θ 的置信度为 $1-\alpha$ 的单侧置信上限.

例如，设总体 $X\sim N(\mu,\sigma^2)$，$X_1,X_2,\cdots,X_n$ 为来自总体 X 的一个样本，给定置信度为 $1-\alpha$，若均值 μ，方差 σ^2 均未知，由

$$t=\frac{\overline{X}-\mu}{S/\sqrt{n}}\sim t(n-1),$$

有(图 7-4)

$$P\left\{\frac{\overline{X}-\mu}{S/\sqrt{n}}<t_\alpha(n-1)\right\}=1-\alpha,$$

即 $P\left\{\mu>\overline{X}-\dfrac{S}{\sqrt{n}}t_\alpha(n-1)\right\}=1-\alpha.$

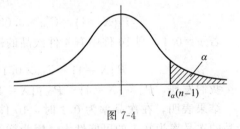

图 7-4

所以得到 μ 的置信度为 $1-\alpha$ 的单侧置信区间为

$$\left(\overline{X}-\frac{S}{\sqrt{n}}t_\alpha(n-1),+\infty\right). \tag{7-24}$$

μ 的置信度为 $1-\alpha$ 的单侧置信下限为

$$\underline{\mu}=\overline{X}-\frac{S}{\sqrt{n}}t_\alpha(n-1). \tag{7-25}$$

正态总体均值 μ 与方差 σ^2 的单侧置信区间的其他情况，请读者按定义自己完成.

【例 7-13】 为研究某种汽车轮胎的磨损特性，随机地选择 16 只轮胎，每只轮胎行驶到磨坏为止. 记录所行驶的路程（单位：km）如下：

41250　40187　436175　41010　39265　41872　42654　41287　38970
40200　42550　41095　40680　43500　39775　40400.

假设这些数据来自正态总体 $N(\mu,\sigma^2)$，其中 μ,σ^2 未知．试求 μ 的置信度为 0.95 的单侧置信下限．

解 由已知条件有 $1-\alpha=0.95$，$n=16$，$t_a(n-1)=t_{0.05}(15)=1.7531$，$\bar{x}=41116.9,s=1346.84$，

故所求单侧置信下限为

$$\underline{\mu}=\bar{x}-\frac{s}{\sqrt{n}}t_a(n-1)=41116.9-1346.84\times1.7531/\sqrt{16}=40526.6.$$

第五节 点估计与区间估计应用实例

【例 7-14】 甲厂收到供货商提供的一批货物，根据以往的经验知该供货商的产品次品率为 10%，而供货商声称次品率仅为 5%．若随机抽出 10 件检验，结果有 4 件次品，购货方应如何作决策（即判断次品率究竟为 10%，还是 5%）？

解 记次品数为 X，则 X 服从二项分布，这里的 $p=0.1$ 或 $p=0.05$ 是先验信息．根据统计推断的依据，我们计算概率：

若 $p=0.05$，则 10 件中有 4 件次品的概率为

$$P\{X=4\}=C_{10}^4\times0.05^4\times0.95^6\approx0.001.$$

若 $p=0.1$，则 10 件中有 4 件次品的概率为

$$P\{X=4\}=C_{10}^4\times0.1^4\times0.9^6\approx0.0112.$$

我们发现，$P_{0.05}\{X=4\}<P_{0.1}\{X=4\}$．

结果表明，在次品率为 0.1 时，10 件中有 4 件次品的概率大，这说明该批产品的次品率为 0.1 的可能性大．因为样本来源于总体，样本能很好地反映总体的特征．

这个案例就是对 p 的决策推断．因为有了先验信息 $p=0.1$ 或 $p=0.05$，就是个二选一的问题，两者之中选哪一个最有可能，当然就是比较样本发生概率的大小，概率越大就越有可能．

本例也可以改进为下面的情形．

甲厂收到供货商提供的一批货物，若随机抽出 10 件检验，结果有 4 件次品，购货方应如何作决策（即判断次品率 p 到底是多少）？

本题依然是对 p 的推断估计，但没有任何先验信息，不同于前面有先验信息 $p=0.1$ 或 $p=0.05$，这个时候只能断定 $p\in(0,1)$，很显然，p 的取值有无限多种可能，如何处理呢？

思路同上，根据概率的思想，概率越大就越有可能发生．这道题的思路就转化为：在 $p\in(0,1)$ 中，我们要找到一个 p，使得样本值发生的概率最大．

由题意可知，10 件中有 4 件次品的概率为

$$P\{X=4\}=C_{10}^4 p^4 (1-p)^6,$$

这个时候，该问题转化为：对于 $p \in (0,1)$，则 p 取什么值时，概率 $P\{X=4\}$ 的值最大，就变成一个纯数学求最大值的问题了．

此问题就是最大似然估计的思想的生动体现．

【例 7-15】　为了得到鲜牛奶的冰点，对鲜牛奶的冰点进行了 21 次独立重复测量，得到数据如下（单位：℃）．

-0.541	-0.545	-0.543	-0.554	-0.547	-0.543	-0.538
-0.548	-0.552	-0.544	-0.551	-0.547	-0.542	-0.545
-0.552	-0.551	-0.548	-0.543	-0.552	-0.535	-0.546

已知测量的标准差是 $\sigma=0.0048$，测量没有系统偏差（也就是说测量值 X 的数学期望等于牛奶的冰点）．（1）估计牛奶的冰点是多少？（2）求牛奶冰点的置信水平为 0.95 的置信区间．

解　牛奶的冰点是常数，测量值的随机性由测量误差造成，通常认为测量值 X 服从正态分布 $N(\mu,\sigma^2)$，$\mu=E(X)$ 是牛奶的冰点，$\sigma=0.0048$ 是测量的标准差，由前面的内容知道牛奶冰点 μ 的估计为

$$\hat{\mu}=\bar{x}=\frac{1}{21}\sum_{i=1}^{21}x_i=-0.546.$$

根据已知条件，可套用公式

$$\left(\bar{x}-\frac{\sigma}{\sqrt{n}}z_{\frac{\alpha}{2}},\ \bar{x}+\frac{\sigma}{\sqrt{n}}z_{\frac{\alpha}{2}}\right)$$

其中，$\bar{x}=-0.546$，$\sigma=0.0048$，$n=21$，$z_{\frac{\alpha}{2}}=z_{0.025}=1.96$，代入上式得牛奶冰点的置信水平为 0.95 的置信区间为 $(-0.5481,-0.5440)$．

我们发现牛奶的冰点低于水的冰点，与生活中观察到的结果是一致的．

【例 7-16】　地球生物的演变经历了漫长的岁月，只有化石为这一演变进行了记录．现代科学家们利用物质的放射性衰变来研究生物的演变规律．几乎所有的矿物质含有 K（钾）元素及其同位素 ^{40}K（钾 40）．^{40}K 并不稳定，它可以缓慢地衰变成 ^{40}Ar（氩 40）和 ^{40}Ca（钙 40）．于是知道 ^{40}K 的衰变速度，就可以通过测量化石中的 ^{40}K 和 ^{40}Ar 的比例（钾氩比）估计化石形成的年代．下面是根据钾氩比计算出的德国黑森林中发掘的 19 个化石样品的形成年龄（单位：百万年）．

249	254	243	268	253	269	287	241	273
306	303	280	260	256	278	344	304	283	310

假设每个样品的估算年代都服从正态分布，为了评价钾氩比方法的估计精

度，需要完成以下工作：

(1) 计算 σ^2 的置信水平为 $(1-\alpha)$ 的置信区间；

(2) 计算 σ^2 的置信水平为 0.95 的置信区间；

(3) 计算标准差 σ 的置信水平为 0.95 的置信区间．

解 (1) 用 X_i 表示第 i 个样品的估算年代，则根据题意，可近似地认为 X_1，$X_2,\cdots,X_n$ 是来自正态总体 $N(\mu,\sigma^2)$ 的样本，由前面的讨论知道 σ^2 的置信水平为 $(1-\alpha)$ 的置信区间为

$$\left(\frac{(n-1)S^2}{\chi^2_{\alpha/2}(n-1)},\frac{(n-1)S^2}{\chi^2_{1-\alpha/2}(n-1)}\right)$$

(2) 由已知条件可得

$$n=19,\ \overline{x}=\frac{1}{n}\sum_{i=1}^{n}x_i=276.9,\ s^2=\frac{1}{n-1}\sum_{i=1}^{n}(x_i-\overline{x})^2=733.4$$

查表得

$$\chi^2_{0.025}(18)=31.53,\ \chi^2_{1-0.025}(18)=8.23$$

将上述数据代入上式得 σ^2 的置信水平为 0.95 的置信区间为

$$\left(\frac{18\times733.4}{31.53},\frac{18\times733.53}{8.23}\right)=(418.7,1604).$$

(3) 将数据代入下式

$$\left(\sqrt{\frac{(n-1)S^2}{\chi^2_{\alpha/2}(n-1)}},\sqrt{\frac{(n-1)S^2}{\chi^2_{1-\alpha/2}(n-1)}}\right)$$

得标准差 σ 的置信水平为 0.95 的置信区间为 $(20.5,40.05)$．

【例 7-17】 2003 年，在一项对高校扩招的态度调查中，10 所院校对高校扩招的态度数据如表 7-1 所示（分数越高态度越积极）．

表 7-1

院校名	态度平均值	标准差	人数/人
A	3.81	0.67	48
B	4.32	0.55	50
C	4.08	0.68	52
D	3.98	0.65	50
E	3.58	0.64	50
F	3.78	0.71	49
G	4.26	0.66	50
H	4.12	0.74	42
I	3.88	0.57	48
J	4.07	0.6	44

求：(1) B 院校、F 院校、E 院校的总体平均态度分的 95% 置信区间；

（2）B 院校和 E 院校的总体平均态度分之差的 95％置信区间；

（3）F 院校和 E 院校的总体平均态度分之差的 95％置信区间.

解 因为总体标准差 σ 未知，可用样本标准差 s 代替.

（1）因为表中样本数都大于 30，所以认为样本均值的抽样分布服从正态分布，即 $\overline{X} \sim N\left(\mu, \dfrac{\sigma^2}{n}\right)$，用 s 代替 σ，根据样本均值和标准差，置信水平 $1-\alpha =$ 0.95，查标准正态分布表 $z_{\alpha/2}=1.96$.

B 院校总体平均态度分的 95％置信区间为

$$\left(\overline{x_1} - \frac{s_1}{\sqrt{n_1}} z_{\frac{\alpha}{2}}, \overline{x_1} + \frac{s_1}{\sqrt{n_1}} z_{\frac{\alpha}{2}}\right) = \left(4.32 - \frac{0.55}{\sqrt{50}} \times 1.96, 4.32 + \frac{0.55}{\sqrt{50}} \times 1.96\right)$$
$$= (4.17, 4.47),$$

F 院校总体平均态度分的 95％置信区间为

$$\left(\overline{x_2} - \frac{s_2}{\sqrt{n_2}} z_{\frac{\alpha}{2}}, \overline{x_2} + \frac{s_2}{\sqrt{n_2}} z_{\frac{\alpha}{2}}\right) = \left(3.78 - \frac{0.71}{\sqrt{49}} \times 1.96, 3.78 + \frac{0.71}{\sqrt{49}} \times 1.96\right)$$
$$= (3.58, 3.98),$$

E 院校总体平均态度分的 95％置信区间为

$$\left(\overline{x_3} - \frac{s_3}{\sqrt{n_3}} z_{\frac{\alpha}{2}}, \overline{x_3} + \frac{s_3}{\sqrt{n_3}} z_{\frac{\alpha}{2}}\right) = \left(3.58 - \frac{0.64}{\sqrt{50}} \times 1.96, 3.58 + \frac{0.64}{\sqrt{50}} \times 1.96\right)$$
$$= (3.40, 3.76).$$

（2）两个样本都是大样本，所以根据抽样分布的知识可知，两样本均值之差

$$\overline{X_1} - \overline{X_3} \sim N\left(\mu_1 - \mu_3, \frac{\sigma_1^2}{n_1} + \frac{\sigma_3^2}{n_3}\right),$$

B 院校和 E 院校的总体平均态度分之差的 95％置信区间为

$$\left(\overline{x_1} - \overline{x_3} - z_{\frac{\alpha}{2}} \sqrt{\frac{\sigma_1^2}{n_1} + \frac{\sigma_3^2}{n_3}}, \overline{x_1} - \overline{x_3} + z_{\frac{\alpha}{2}} \sqrt{\frac{\sigma_1^2}{n_1} + \frac{\sigma_3^2}{n_3}}\right),$$

用样本方差 s 代替总体方差 σ，所以求得两者总体均值差的置信区间为 $(0.51, 0.97)$.

（3）类似地，可求得 F 院校和 E 院校的总体平均态度分之差的 95％置信区间为 $(-0.066, 0.466)$.

第六节　几种常见分布的最大似然估计的 MATLAB 实现

MATLAB 提供了常见概率分布参数的最大似然估计函数，各函数的功能如

表 7-2 所列．

表 7-2

函数名	调用形式	注释
正态分布的最大似然估计	[muhat,sigmahat,muci,sigmaci]＝normfit(X,alpha)	说明 muhat，sigmahat 分别为正态分布的参数 μ 和的估计值，muci，sigmaci 分别为 μ，σ 的置信区间．其置信度为（$1-\alpha$）×100％；alpha 给出显著水平 α，缺省时默认为 0.05，即信度为 95％．X 为样本
二项分布的最大似然估计	[PHAT，PCI]＝binofit(X,N,alpha)	二项分布参数的最大似然估计，置信度为 95％的参数估计和置信区间，返回水平 α 的参数估计和置信区间
泊松分布的最大似然估计	[Lambdahat，Lambdaci]＝poissfit(X,alpha)	泊松分布参数的最大似然估计，置信度为 95％的参数估计和置信区间，返回水平 α 的 λ 参数和置信区间
均匀分布的最大似然估计	[ahat,bhat,ACI,BCI]＝unifit(X,alpha)	均匀分布参数的最大似然估计，置信度为 95％的参数估计和置信区间，返回水平 α 的参数估计和置信区间
指数分布的最大似然估计	[muhat,muci]＝expfit(X,alpha)	指数分布参数的最大似然估计，置信度为 95％的参数估计和置信区间，返回水平 α 的参数估计和置信区间

说明各函数返回已给数据向量 X 的参数最大似然估计值和置信度为（$1-\alpha$）×100％的置信区间．α 的默认值为 0.05，即置信度为 95％．

【例 7-18】 生成均值为 10，均方差为 2 的 200 个服从正态分布的随机数作为样本，求 95％的置信区间和参数估计值．

解 输入程序：

≫r＝normrnd(10,2,1,200);％产生一行正态随机数据，共 200 个．

≫[mu,sigma,muci,sigmaci]＝normfit(r)

运行程序后得到：

mu＝

    9.9209

sigma＝

    1.8187

muci＝

    9.6673

    10.1745

sigmaci＝

    1.6562

    2.0168

所以 μ 的估计值为 9.9209，置信区间为 $(9.6673,10.1745)$．σ 的估计值为 1.8187，置信区间为 $(1.6562,2.0168)$．

【例 7-19】 从某厂生产的一种钢球中随机抽取 7 个，测得它们的直径为（单位：mm）5.52，5.41，5.18，5.32，5.64，5.22，5.76.

若钢球直径服从正态分布 $N(\mu,\sigma^2)$，求这种钢球平均直径 μ 和方差 σ 的最大似然估计值和置信度为 95% 的置信区间．

解 输入程序：

```
≫x＝[5.52  5.41  5.18  5.32  5.64  5.22  5.76];
≫[muhat,sigmahat,muci,sigmaci]＝normfit(x,0.05)
```

运行程序后得到：

```
muhat＝
      5.4357
sigmahat＝
      0.2160
muci＝
      5.2359
      5.6355
sigmaci＝
      0.1392
      0.4757
```

所以 μ 的估计值为 5.4357，置信区间为 $(5.2359,5.6355)$．σ 的估计值为 0.2160，置信区间为 $(0.1392,0.4757)$．

【例 7-20】 为估计制造某种产品所需的单位平均工时（单位：h），现制造 8 件，记录每件所需工时如下：

10.5，11，11.2，12.5，12.8，9.9，10.8，9.4.

设制造单位产品所需工时服从指数分布，求平均工时 λ 的极大似然估计和 95% 的置信区间．

解 输入程序：

```
≫x＝[10.5  11  11.2  12.5  12.8  9.9  10.8  9.4];
≫[muhat,muci]＝expfit(x,0.05)
```

运行程序后得到：

```
muhat＝
      11.0125
muci＝
      6.1084
      25.5079
```

平均工时 λ 的极大似然估计值为 11.0125，95％ 的置信区间为（6.1084，25.5079）.

习题

A 组　基本题

1. 填空题

（1）设 1,0,0,1,1 是来自两点分布总体 $B(1,p)$ 的样本观察值，则参数 $q = 1-p$ 的矩估计值为＿＿＿＿＿＿＿＿．

（2）设总体 X 的概率密度为 $f(x;\theta) = \begin{cases} \theta x^{\theta-1}, & 0 < x < 1, \\ 0, & \text{其他}. \end{cases}$ 则 θ 的矩估计量为＿＿＿＿＿＿＿＿．

（3）设样本 $X_1, X_2, \cdots, X_n$ 来自于正态总体 $X \sim N(\mu, \sigma^2)$，σ^2 已知，则 μ 的置信水平为 $1-\alpha$ 的单侧置信上限 $\overline{\mu} = $＿＿＿＿＿＿＿＿．

（4）设总体 $X \sim N(\mu, \sigma^2)$，$X_1, X_2, \cdots, X_n$ 是来自 X 的一个样本，$\hat{\sigma}^2 = k \sum_{i=1}^{n} (X_i - \overline{X})^2$，是 σ^2 无偏估计量，则 $k = $＿＿＿＿＿＿＿＿．

（5）已知一批零件的长度 X（单位：cm）服从正态分布 $N(\mu, 1)$，从中随机地抽取 16 个零件，得到长度的平均值为 40cm，则 μ 的置信度为 0.95 的置信区间是＿＿＿＿＿＿＿＿．

2. 选择题

（1）$\hat{\theta}$ 是未知参数 θ 的无偏估计，其含意是指（　　　）.

（A）$\hat{\theta}$ 对未知参数 θ 的估计是准确的　（B）$\hat{\theta}$ 对未知参数 θ 的估计没有系统误差

（C）$\hat{\theta}$ 对未知参数 θ 的估计没有偏离　（D）$\hat{\theta}$ 对未知参数 θ 的估计没有计算误差

（2）设总体 X 服从参数为 λ 的泊松分布，$X_1, X_2, \cdots, X_n$ 是 X 的样本，其样本均值为 $\overline{X}$，样本方差为 S^2，已知 $\hat{\lambda} = a\overline{X} + (2-3a)E(S^2)$ 是 λ 的无偏估计，则 a 等于（　　　）.

（A）-1　　（B）0　　（C）$\dfrac{1}{2}$　　（D）1

（3）设总体 $X \sim N(\mu, \sigma^2)$，其中 μ 未知，X_1, X_2, X_3, X_4 为来自总体 X 的一个样本，下面 μ 的四个无偏估计量中最有效的是（　　　）.

（A）$\hat{\mu}_1 = \dfrac{1}{4}(X_1 + X_2 + X_3 + X_4)$　　（B）$\hat{\mu}_2 = \dfrac{1}{5}X_1 + \dfrac{1}{5}X_2 + \dfrac{1}{5}X_3 + \dfrac{2}{5}X_4$

(C) $\hat{\mu}_3 = \dfrac{1}{6}X_1 + \dfrac{2}{6}X_2 + \dfrac{2}{6}X_3 + \dfrac{1}{6}X_4$ \quad (D) $\hat{\mu}_4 = \dfrac{1}{7}X_1 + \dfrac{2}{7}X_2 + \dfrac{3}{7}X_3 + \dfrac{1}{7}X_4$

（4）可用于评价未知参数区间估计好坏的标准是（　　）.

(A) 置信度 $1-\alpha$ 越大且置信区间的长度越小越好

(B) 置信度 $1-\alpha$ 越大或置信区间的长度越大越好

(C) 置信度 $1-\alpha$ 越小且置信区间的长度越小越好

(D) 置信度 $1-\alpha$ 越小且置信区间的长度越大越好

（5）设 $X \sim N(\mu, \sigma^2)$，σ^2 未知，则 μ 的置信度为 95% 的置信区间为（　　）.

(A) $\left(\overline{X} \pm \dfrac{\sigma}{\sqrt{n}} t_{0.025}\right)$ \qquad (B) $\left(\overline{X} \pm \dfrac{S}{\sqrt{n}} t_{0.025}\right)$

(C) $\left(\overline{X} \pm \dfrac{\sigma}{\sqrt{n}} t_{0.05}\right)$ \qquad (D) $\left(\overline{X} \pm \dfrac{S}{\sqrt{n}} t_{0.05}\right)$

3. 随机地取 8 只活塞环，测得它们的直径（单位：mm）为

$$74.001, 74.005, 74.003, 74.001$$

$$74.000, 73.998, 74.006, 74.002.$$

试求总体均值 μ 及方差 σ^2 的矩估计值，并求样本方差 s^2.

4. 设 $X_1, X_2, \cdots, X_n$ 为总体的一个样本，求下述各总体的密度函数或分布律中的未知参数的矩估计量和最大似然估计量.

（1）$f(x) = \begin{cases} \theta c^\theta x^{-(\theta+1)}, & x > c \\ 0, & \text{其他}. \end{cases}$ 其中 $c > 0$ 为已知，$\theta > 1$ 为未知参数.

（2）$f(x) = \begin{cases} \sqrt{\theta} x^{\sqrt{\theta}-1}, & 0 \leqslant x \leqslant 1 \\ 0, & \text{其他}. \end{cases}$ 其中 $\theta > 0$ 为未知参数.

（3）$f(x) = \begin{cases} \dfrac{x}{\theta^2} e^{-x^2/(2\theta^2)}, & x > 0 \\ 0, & \text{其他}. \end{cases}$ 其中 $\theta > 0$ 为未知参数.

（4）$f(x) = \begin{cases} \dfrac{1}{\theta} e^{-(x-\mu)/\theta}, & x > \mu \\ 0, & \text{其他}. \end{cases}$ 其中 $\theta > 0$，θ, μ 为未知参数.

（5）$P\{X = x\} = \dbinom{m}{x} p^x (1-p)^{m-x}$，$x = 0, 1, 2, \cdots, m$，$0 < p < 1$，其中 p 为未知参数.

5. 设总体 X 具有分布律

X	1	2	3
p_k	θ^2	$2\theta(1-\theta)$	$(1-\theta)^2$

其中 $\theta(0<\theta<1)$ 为未知参数，已知取得的样本值 $x_1=1,x_2=2,x_3=1$，试求 θ 的矩估计值和最大似然估计值.

6. 设 $X_1,X_2,\cdots X_n$ 是来自总体 X 的一个样本，设 $E(X)=\mu,D(X)=\sigma^2$.

(1) 确定常数 c，使 $c\sum_{i=1}^{n-1}(X_{i+1}-X_i)^2$ 为 σ^2 的无偏估计.

(2) 确定常数 c 使 $(\overline{X})^2-cS^2$ 是 μ^2 的无偏估计（$\overline{X},S^2$ 是样本均值和样本方差）.

7. 设总体 X 服从区间 $(1,\theta)$ 上的均匀分布（θ 未知），即

$$X\sim f(x;\theta)=\begin{cases}\dfrac{1}{\theta-1}, & 1<x<\theta,\\[2mm] 0, & \text{其他}.\end{cases}$$

试用矩估计法与最大似然估计法求未知参数 θ 的估计量，以及数学期望 μ 及方差 σ^2 的相应估计量.

8. 设 X_1,X_2,X_3,X_4 是来自均值为 θ 的指数分布总体的样本，其中 θ 未知. 设有估计量

$$T_1=\frac{1}{6}(X_1+X_2)+\frac{1}{3}(X_3+X_4),$$
$$T_2=(X_1+2X_2+3X_3+4X_4)/5,$$
$$T_3=(X_1+X_2+X_3+X_4)/4.$$

(1) 指出 T_1,T_2,T_3 中哪几个是 θ 的无偏估计量.

(2) 在上述 θ 的无偏估计中指出哪一个较为有效.

9. 设从均值为 μ，方差为 $\sigma^2>0$ 的总体中，分别抽取容量为 n_1,n_2 的两独立样本，$\overline{X}_1,\overline{X}_2$ 分别是两样本的均值. 试证，对于任意常数 a,b $(a+b=1)$，$Y=a\overline{X}_1+b\overline{X}_2$ 都是 μ 的无偏估计，并确定常数 a,b 使 $D(Y)$ 达到最小.

10. 设某种清漆的 9 个样品，其干燥时间（单位：h）分别为

6.0,5.7,5.8,6.5,7.0,6.3,5.6,6.1,5.0.

设干燥时间总体服从正态分布 $N(\mu,\sigma^2)$. 求 μ 的置信度为 0.95 的置信区间.
(1) 若由以往经验知 $\sigma=0.6$ (h)；(2) 若 σ 未知.

11. 随机地取某种炮弹 9 发做试验，得炮口速度的样本标准差 $s=11$ (m/s). 设炮口速度服从正态分布. 求这种炮弹的炮口速度的标准差 σ 的置信度为 0.95 的置信区间.

12. 某车间生产的螺杆直径服从正态分布 $N(\mu,\sigma^2)$. 今随机从中抽取 5 只测得直径为：22.3,21.5,22.0,21.8,21.4 (mm). 求直径均值 μ 的 0.95 置信区间，

其中总体标准差 $\sigma=0.3$，又如果 σ 未知，则置信区间如何？

13. 某种岩石密度的测量误差 $X \sim N(\mu,\sigma^2)$，取样本值 12 个，得样本方差 $s^2=0.04$，求 σ^2 的 0.90 的置信区间.

B 组　提高题

1. 设总体 X 的分布函数为

$$F(x;\beta)=\begin{cases}1-\dfrac{1}{x^{\beta}}, & x>1, \\ 0, & x\leqslant 1.\end{cases}$$

其中未知参数 $\beta>1$，$X_1,X_2,\cdots,X_n$ 为来自总体 X 的简单随机样本，

求：（1）β 的矩估计量；（2）β 的最大似然估计量.

2. 设某种元件的使用寿命 X 的概率密度为

$$f(x;\theta)=\begin{cases}2e^{-2(x-\theta)}, & x>\theta, \\ 0, & x\leqslant \theta.\end{cases}$$

其中 $\theta>0$ 为未知参数. 又设 $x_1,x_2,\cdots,x_n$ 是 X 的一组样本观测值，求参数 θ 的最大似然估计值.

3. 已知一批零件的使用寿命 X 服从正态分布 $N(\mu,\sigma^2)$，假设零件的使用寿命大于 960h 的为一级品，从这批零件中随机的抽取 15 个，测得它们的寿命（单位：h）为 1050,930,960,980,950,1120,990,1000,970,1300,1050,980,1150, 940,1100.

求这批零件一级品率的最大似然估计.

4. （1）设 $X_1,X_2,\cdots,X_n$ 是来自总体 X 的一个样本，且 $X \sim \pi(\lambda)$，求 $P\{X=0\}$ 的最大似然估计.

（2）某铁路局证实一个扳道员在五年内所引起的严重事故的次数服从泊松分布. 求一个扳道员在五年内未引起严重事故的概率 p 的最大似然估计. 使用下面 122 个观察值. 下表中，r 表示一个扳道员某五年中引起严重事故的次数，s 表示观察到的扳道员人数.

r	0	1	2	3	4	5
s	44	42	21	9	4	2

5. 试证明均匀分布 $f(x)=\begin{cases}\dfrac{1}{\theta},0<x\leqslant \theta, \\ 0, \quad 其他.\end{cases}$ 中未知参数 θ 的最大似然估计量不是无偏的.

6. 设有 k 台仪器，已知用第 i 台仪器测量时，测定值总体的标准差为 σ_i $(i=1,2,\cdots,k)$. 用这些仪器独立地对某一物理量 θ 各观察一次，分别得到 X_1，$X_2,\cdots,X_k$. 设仪器都没有系统误差，即 $E(X_i)=\theta(i=1,2,\cdots,k)$. 问：$a_1,a_2$，

$\cdots, a_k$ 应取何值，方能使用 $\hat{\theta} = \sum\limits_{i=1}^{k} a_i X_i$ 估计 θ 时，$\hat{\theta}$ 是无偏的，并且 $D(\hat{\theta})$ 最小？

7. 设总体 X 的概率密度为

$$f(x) = \begin{cases} \dfrac{6x}{\theta^3}(\theta - x), & 0 < x < \theta, \\ 0, & \text{其他}. \end{cases}$$

$X_1, X_2, \cdots, X_n$ 是取自总体 X 的简单随机样本.

(1) 求 θ 的矩估计量 $\hat{\theta}$；(2) 求 $\hat{\theta}$ 的方差 $D(\hat{\theta})$.

8. 设总体 X 的概率密度为

$$f(x) = \begin{cases} (\theta+1)x^{\theta}, & 0 < x < 1, \\ 0, & \text{其他}. \end{cases}$$

其中 $\theta > -1$ 是未知参数，$X_1, X_2, \cdots, X_n$ 是来自总体 X 的一个容量为 n 的简单随机样本. 试分别用矩估计法和最大似然估计法求 θ 的估计量.

9. 随机地从 A 批导线中抽取 4 根，又从 B 批导线中抽取 5 根，测得电阻（单位：Ω）为

A 批导线：0.143, 0.142, 0.143, 0.137.

B 批导线：0.140, 0.142, 0.136, 0.138, 0.140

设测定数据分别来自分布 $N(\mu_1, \sigma^2)$，$N(\mu_2, \sigma^2)$，且两样本相互独立，又 μ_1，μ_2，σ^2 均为未知. 试求 $\mu_1 - \mu_2$ 的置信度为 0.95 的置信区间.

10. 设两位化验员 A，B 独立地对某种聚合物含氯量用相同的方法各作 10 次测定，其测定值的样本方差依次为 $s_A^2 = 0.5419$，$s_B^2 = 0.6065$，又设 σ_A^2，σ_B^2 分别为 A，B 所测定的测定值总体的方差，设总体均为正态的. 求方差比 σ_A^2/σ_B^2 的置信度为 0.95 的置信区间.

11. 请用 MATLAB 软件完成 A 组的第 3、10、11 题和 B 组的第 3、9、10 题，并用一个文件名存盘.

第八章

假设检验

假设检验是统计推断的另一类问题，在总体的分布完全未知，或只知其形式但不知其参数的情况下，为了推断总体的某些未知特性，提出了关于总体的某些假设，我们要根据样本对所提出的假设作出是接受还是拒绝的决策，假设检验是作出这一决策的过程.

第一节　假设检验的基本概念

怎样做假设检验呢？下面结合例子来说明假设检验的基本思想和做法.

【例 8-1】　在正常情况下，某种零件的质量 X 服从正态分布 $N(54,0.75^2)$，在某日生产的零件中抽取 10 件，测得质量如下：

54.0,55.1,53.8,54.2,52.1,54.2,55.0,55.8,55.1,55.3.

如果标准差不变，能否认为该日生产的零件的平均质量为 54？

在这里，总体 X 的分布函数形式是已知的，为正态分布 $X \sim N(\mu,\sigma^2)$，其中 $\sigma^2=0.75^2$ 假设不变，此问题只需我们判断零件的均值 $\mu=54$ 还是 $\mu \neq 54$，为此我们提出两个相互对立的假设

$$H_0 : \mu=\mu_0=54, \quad H_1 : \mu \neq \mu_0=54 \qquad (8\text{-}1)$$

怎样判断这一统计假设 H_0 的正确性呢？

首先需要对总体进行一定次数的观察，获得数据，也就是说抽取样本，本例我们从该总体中抽取了一个容量为 10 的简单随机样本，其观察值为

54.0,55.1,53.8,54.2,52.1,54.2,55.0,55.8,55.1,55.3.

样本来自总体，反映了总体的分布规律，因此样本中必然包含关于未知参数 μ 的信息，但是要从样本直接推断统计假设是否成立是困难的，还必须对样本进行加工，把样本中包含的关于未知参数 μ 的信息集中起来，也就是说要构造一个适用于检验假设 H_0 的统计量，这里 μ 是总体的均值. 前面已经知道，样本均值

$\overline{X}$ 是 μ 的一个无偏估计，且 $\overline{X}$ 比样本的每个分量 X_i 更集中地分布在总体均值 μ 的周围，如果假设 $H_0 : \mu = \mu_0 = 54$ 是正确的，则样本均值 $\overline{X}$ 的观察值应比较集中在 54 附近，否则就应有偏离 54 的趋势. 这表明样本均值 $\overline{X}$ 较好地集中了样本所包含的关于 μ 的信息，因此利用 $\overline{X}$ 构造判断统计假设 $H_0 : \mu = \mu_0 = 54$ 的方法是合适的.

当 $H_0 : \mu = \mu_0 = 54$ 为真时，$Z = \dfrac{\overline{X} - \mu_0}{\sigma / \sqrt{n}} = \dfrac{\overline{X} - 54}{\sigma / \sqrt{n}} \sim N(0,1).$

由于样本均值 $\overline{X}$ 是 μ 的一个无偏估计，所以 $\overline{X}$ 的观测值 $\overline{x}$ 与 $\mu_0 = 54$ 很接近，于是 $Z = \dfrac{\overline{X} - 54}{\sigma / \sqrt{n}}$ 的观测值应在 0 附近摆动，即 $|Z| = \left| \dfrac{\overline{X} - 54}{\sigma / \sqrt{n}} \right|$ 的观测值应较小. 反之，若 $H_1 : \mu \neq \mu_0 = 54$ 为真，则 $\overline{X}$ 的观测值 $\overline{x}$ 与 $\mu_0 = 54$ 的偏差就很大，即 $|Z| = \left| \dfrac{\overline{X} - 54}{\sigma / \sqrt{n}} \right|$ 的观测值应较大.

综上，当 $H_0 : \mu = \mu_0 = 54$ 为真时，$|Z| = \left| \dfrac{\overline{X} - 54}{\sigma / \sqrt{n}} \right|$ 的观测值较大是不应常出现的，在一次抽样中发生的可能性应较小. 选择一个合适的 K，记

$$A = \left\{ |Z| = \left| \dfrac{\overline{X} - \mu_0}{\sigma / \sqrt{n}} \right| = \left| \dfrac{\overline{X} - 54}{\sigma / \sqrt{n}} \right| \geqslant K \right\},$$

当 H_0 为真时，A 应是一个小概率事件，在一次试验中，不应该发生，若发生了，则有理由怀疑 H_0 为真的正确性，于是应拒绝 H_0，接受 H_1. 若 A 未发生，则没有理由怀疑 H_0 的正确性，于是应接受 H_0. 给定 $\alpha (0 < \alpha < 1)$，一般 α 应较小，当 H_0 为真时，按

$$P(A) = P \left\{ |Z| = \left| \dfrac{\overline{X} - \mu_0}{\sigma / \sqrt{n}} \right| = \left| \dfrac{\overline{X} - 54}{\sigma / \sqrt{n}} \right| \geqslant K \right\} = \alpha, \tag{8-2}$$

可得（图 8-1）$K = z_{\alpha/2}$，于是小概率事件为

$$A = \left\{ |Z| = \left| \dfrac{\overline{X} - \mu_0}{\sigma / \sqrt{n}} \right| = \left| \dfrac{\overline{X} - 54}{\sigma / \sqrt{n}} \right| \geqslant z_{\alpha/2} \right\}$$

在本例中，若取 $\alpha = 0.05$，$z_{\alpha/2} = 1.96$，由已知得 $\overline{x} = 54.46$，$\sigma = 0.75$，$n = 10$，

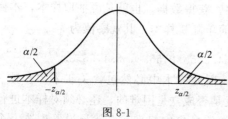

图 8-1

$$|z| = \left| \frac{\overline{X} - \mu_0}{\sigma/\sqrt{n}} \right| = \left| \frac{54.46 - 54}{0.75/\sqrt{10}} \right| = 1.94 < 1.96 = z_{\alpha/2}.$$

所以在一次抽样中 A 未发生，故接受 H_0，即认为该日生产的零件的平均质量为 54.

为了对总体的分布类型或分布中的未知参数作出推断，首先对它们提出一个假设 H_0，称为原假设，同时给出其对立假设 H_1，称为备择假设，为判断 H_0 正确还是 H_1 正确，需要对总体进行抽样，然后在 H_0 为真的条件下，通过选取恰当的统计量来构造一个小概率事件，若在一次试验中，小概率事件居然发生了，就完全有理由拒绝 H_0 的正确性，否则就没有充分理由拒绝 H_0 的正确性，从而接受 H_0，这就是假设检验的基本思想.

统计量 $Z = \dfrac{\overline{X} - \mu_0}{\sigma/\sqrt{n}}$ 称为检验统计量，当检验统计量取某个区域 W 中的值时，我们拒绝原假设 H_0，则称区域 W 为拒绝域，拒绝域的边界点称为临界点，如上例中拒绝域为 $W = \{|Z| \geqslant z_{\alpha/2}\}$.

还需指出，虽然在假设 H_0 为真时，发生作出拒绝 H_0 这一错误判断的概率很小，它小于等于 α，但这一错误还是可能发生的. 在统计学上，当 H_0 本来是正确的，但检验后作出了拒绝 H_0 的判断，这种错误称为第一类错误，也称弃真错误，所以 α 是用来控制犯第一类错误的. 同样，当 H_0 本来是不正确的，但检验后作出了接受 H_0 的判断，这种错误称为第二类错误，也称取伪错误. 对于给定的一对 H_0 和 H_1，总可找出许多拒绝域，人们自然希望找到的这种拒绝域 W，使得犯两类错误的概率都很小，奈曼-皮尔逊（Neyman-Pearson）提出了一个原则："在控制犯第一类错误的概率不超过指定值 α 的条件下，尽量使犯第二类错误的概率 β 尽量小". 按这种法则做出的检验称为"显著性检验"，α 称为显著性水平.

上述这种假设，其备择假设 $H_1 : \mu \neq \mu_0$，表明期望值 μ 可能大于 μ_0，也可能小于 μ_0，我们称这种检验为双边检验.

有时，我们只关心总体的期望是否增大，如材料的强度、元件的使用寿命等是否随着工艺改革而比以前有所提高，此时需作右边检验

$$H_0 : \mu \leqslant \mu_0, H_1 : \mu > \mu_0; \tag{8-3}$$

还有一些问题，如新工艺是否降低了产品中的次品数等，此时要作左边检验

$$H_0 : \mu \geqslant \mu_0, H_1 : \mu < \mu_0. \tag{8-4}$$

像这种备择假设 $H_1 : \mu > \mu_0$（或 $\mu < \mu_0$）表示期望值只可能大于 μ_0（或只能小于 μ_0），这种检验称为单边检验. 对于给定的显著性水平 α，通过讨论我们知道单

边检验的检验统计量仍然为 $Z=\dfrac{\overline{X}-\mu_0}{\sigma/\sqrt{n}}$. 并且通过讨论可得

右边检验拒绝域是

$$W=\{z\geqslant z_\alpha\};\qquad\qquad\qquad (8\text{-}5)$$

左边检验拒绝域是

$$W=\{z\leqslant -z_\alpha\}.\qquad\qquad\qquad (8\text{-}6)$$

通过前面的讨论可以总结假设检验的基本步骤如下。

(1) 根据实际问题正确提出原假设 H_0 及备择假设 H_1，并将有充分理由成立的命题放在 H_1 上.

(2) 根据实际问题确定样本容量 n 和检验的显著性水平 α.

(3) 根据 H_0 的内容选取检验统计量，并确定其分布，由 H_1 确定拒绝域的形式.

(4) 根据控制第一类错误的原则求出拒绝域的临界值.

(5) 作出判断，根据检验统计量的观察值确定接受还是拒绝 H_0.

【例 8-2】 某厂生产一种灯泡，其寿命 X 服从正态分布 $N(\mu,200^2)$，从过去较长一段时间的生产情况来看，灯泡的平均寿命为 1500h. 采用新工艺后，在所生产的灯泡中抽取 25 只，测得平均寿命为 1675h. 问：在显著性水平 $\alpha=0.05$ 下，采用新工艺后灯泡寿命是否显著提高？

解 假设 H_0：$\mu\leqslant 1500$，H_1：$\mu>1500$.

检验统计量

$$Z=\frac{\overline{X}-1500}{\sigma/\sqrt{n}}\sim N(0,1),$$

由已知得

$$n=25,\overline{x}=1675,\sigma=200,z=\frac{1675-1500}{200/\sqrt{25}}=4.375,$$

查表得 $$z_\alpha=z_{0.05}=1.65.$$

因为 $z=4.375>z_{0.05}=1.65$，z 值落在拒绝域内，所以拒绝 H_0，即认为灯泡寿命有显著提高.

第二节　正态总体均值的假设检验

一、 单个正态总体 $N(\mu,\sigma^2)$ 均值 μ 的假设检验

1. σ^2 已知，关于 μ 的检验

设总体 $X \sim N(\mu, \sigma_0{}^2)$，其中 $\sigma_0{}^2$ 已知，μ 未知，$X_1, X_2, \cdots, X_n$ 为从 X 中抽取的一简单随机样本．检验统计量 $Z = \dfrac{\overline{X} - \mu_0}{\sigma / \sqrt{n}}$，单边检验和双边检验的拒绝域见本章第一节中的讨论结果，这种检验常常称为 Z 检验．

2.σ^2 未知，关于 μ 的检验

设总体 $X \sim N(\mu, \sigma^2)$，μ, σ^2 未知，$X_1, X_2, \cdots, X_n$ 为从 X 中抽取的一简单随机样本，要检验假设

$$H_0 : \mu = \mu_0, H_1 : \mu \neq \mu_0. \tag{8-7}$$

现在总体方差 σ^2 未知，Z 检验不能使用，因为此时 $Z = \dfrac{\overline{X} - \mu_0}{\sigma / \sqrt{n}}$ 中含未知参数 σ^2，它不是一个统计量，所以要选择别的统计量来进行检验．由点估计理论自然会想到用方差的无偏估计 $S^2 = \dfrac{1}{n-1} \sum\limits_{i=1}^{n} (X_i - \overline{X})^2$ 去代替总体方差 σ^2，从而构造出新的统计量 $t = \dfrac{\overline{X} - \mu_0}{S / \sqrt{n}}$. 当原假设 H_0 成立时，由抽样分布定理知

$$t = \frac{\overline{X} - \mu_0}{S / \sqrt{n}} \sim t(n-1), \tag{8-8}$$

当 $|t|$ 的观察值过分大时，就拒绝 H_0，否则就接受 H_0．

若给定的显著性水平 α，查 t 分布表可得 $t_{\alpha/2}$，使

$$P\left\{ |t| = \left| \frac{\overline{X} - \mu_0}{S / \sqrt{n}} \right| \geqslant t_{\alpha/2}(n-1) \right\} = \alpha, \tag{8-9}$$

拒绝域为

$$\{ |t| \geqslant t_{\alpha/2}(n-1) \}. \tag{8-10}$$

类似可得

右边检验 　　　　　$H_0 : \mu \leqslant \mu_0, H_1 : \mu > \mu_0,$ 　　　　　(8-11)

其检验的拒绝域为 　　　$W = \{ t \geqslant t_\alpha(n-1) \};$ 　　　　　(8-12)

左边检验 　　　　　$H_0 : \mu \geqslant \mu_0, H_1 : \mu < \mu_0,$ 　　　　　(8-13)

其检验的拒绝域为 　　　$W = \{ t \leqslant -t_\alpha(n-1) \}.$ 　　　　　(8-14)

这种检验常常称为 t 检验．

【例 8-3】 设某次考试的考生成绩服从正态分布，从中随机的抽取 36 位考生的成绩，算得平均成绩为 66.5 分，标准差为 15 分．问：在显著性水平 0.05 下，是否可认为这次考试全体考生的平均成绩为 70 分？

解 提出假设 　　　　$H_0 : \mu = 70, H_1 : \mu \neq 70.$

检验统计量为
$$t=\frac{\overline{X}-\mu_0}{S/\sqrt{n}},$$

当 H_0 为真时，有
$$t=\frac{\overline{X}-70}{S/\sqrt{n}}\sim t(35),$$

由已知得 $\overline{x}=66.5, s=15$，从而

$$t=\frac{\overline{x}-70}{s/\sqrt{n}}=\frac{66.5-70}{15/\sqrt{36}}=-1.4,$$

查表得 $t_{0.025}(35)=2.0301$.

因为 $|t|=1.4\leqslant 2.0301$，没有落到拒绝域内，所以接受 H_0，在显著性水平 0.05 下，可以认为这次考试全体考生的平均成绩为 70 分.

二、 两个正态总体均值差的检验

实际工作中常常需要对两个正态总体均值是否相等进行比较，这种情况实际上就是两个正态总体均值差的假设检验问题.

1. 假设 σ_1^2, σ_2^2 已知

设总体 $X\sim N(\mu_1,\sigma_1^2), Y\sim N(\mu_2,\sigma_2^2)$，其中 σ_1^2, σ_2^2 已知，且 X 与 Y 相互独立.

设 $X_1,X_2,\cdots,X_m$；$Y_1,Y_2,\cdots,Y_n$ 分别为来自总体 X 与 Y 的两个样本.

对 μ_1,μ_2 检验下面的统计假设

$$H_0:\mu_1=\mu_2, H_1:\mu_1\neq\mu_2, \tag{8-15}$$

由前面讨论我们知道

$$\overline{X}\sim N(\mu_1,\frac{\sigma_1^2}{m}), \overline{Y}\sim N(\mu_2,\frac{\sigma_2^2}{n}),$$

又 $\overline{X}$ 与 $\overline{Y}$ 独立，从而有 $\overline{X}-\overline{Y}\sim N(\mu_1-\mu_2,\frac{\sigma_1^2}{m}+\frac{\sigma_2^2}{n})$，当原假设 H_0 成立时，得检验统计量

$$Z=\frac{\overline{X}-\overline{Y}}{\sqrt{\sigma_1^2/m+\sigma_2^2/n}}\sim N(0,1), \tag{8-16}$$

当 H_1 成立时，$|z|$ 有增大的趋势，故对给定的显著性水平 α，有拒绝域

$$W=\{|z|>z_{\alpha/2}\}. \tag{8-17}$$

同理可得两个单边检验

$$H_0:\mu_1\leqslant\mu_2, H_1:\mu_1>\mu_2; \tag{8-18}$$

$$H_0:\mu_1\geqslant\mu_2,H_1:\mu_1<\mu_2, \tag{8-19}$$

检验统计量仍然为

$$Z=\frac{\overline{X}-\overline{Y}}{\sqrt{\sigma_1{}^2/m+\sigma_2{}^2/n}}, \tag{8-20}$$

拒绝域分别为

$$W=\{Z\geqslant z_\alpha\}\text{和}W=\{Z\leqslant -z_\alpha\}. \tag{8-21}$$

2. 假设 $\sigma_1{}^2=\sigma_2{}^2=\sigma^2$ 未知

t 检验法还可以应用于比较两个带有未知方差，但方差相等的正态总体的均值是否相等的问题.

设总体 $X\sim N(\mu_1,\sigma^2)$，$Y\sim N(\mu_2,\sigma^2)$，其中 μ_1,μ_2,σ^2 未知，$X_1,X_2,\cdots,X_m$；$Y_1,Y_2,\cdots,Y_n$ 分别为从总体 X,Y 中抽取的简单随机样本，要求检验假设

$$H_0:\mu_1=\mu_2,H_1:\mu_1\neq\mu_2 \tag{8-22}$$

当原假设 H_0 成立时，根据抽样分布可知检验统计量

$$t=\frac{\overline{X}-\overline{Y}}{S_\omega\sqrt{\dfrac{1}{m}+\dfrac{1}{n}}}\sim t(m+n-2), \tag{8-23}$$

其中 $\quad S_\omega^2=\dfrac{(m-1)S_1^2+(n-1)S_2^2}{m+n-2},S_\omega=\sqrt{S_\omega^2},$

$$S_1{}^2=\frac{1}{m-1}\sum_{i=1}^m(X_i-\overline{X})^2,S_2{}^2=\frac{1}{n-1}\sum_{i=1}^n(Y_i-\overline{Y})^2,$$

对给定的显著性水平 α 可得拒绝域

$$W=\{|t|>t_{\alpha/2}\}. \tag{8-24}$$

同理可得两个单边检验

$$H_0:\mu_1\leqslant\mu_2,H_1:\mu_1>\mu_2; \tag{8-25}$$

$$H_0:\mu_1\geqslant\mu_2,H_1:\mu_1<\mu_2. \tag{8-26}$$

检验统计量仍然为 $\quad t=\dfrac{\overline{X}-\overline{Y}}{S_\omega\sqrt{\dfrac{1}{m}+\dfrac{1}{n}}}\sim t(m+n-2), \tag{8-27}$

拒绝域分别为

$$W = \{t \geqslant t_\alpha\} \text{ 和 } W = \{t \leqslant -t_\alpha\}. \tag{8-28}$$

【例 8-4】 某厂使用两种不同的原料 A，B 生产同一类产品，各在一周的产品中取样进行分析比较，取使用原料 A 生产的样品 220 件，测得平均质量为 2.46（kg），标准差为 0.57（kg）；取使用原料 B 生产的样品 205 件，测得平均质量为 2.55（kg），标准差为 0.48（kg）．设这两个总体都服从正态分布，且方差相等．问：在显著性水平 0.05 下能否认为使用原料 B 的产品平均质量较使用原料 A 的为大？

解 这是两个正态总体的均值差的检验，因为方差相同，故利用 t 检验．

提出假设 $H_0 : \mu_A = \mu_B, H_1 : \mu_A < \mu_B$，

检验统计量 $$t = \frac{\overline{X} - \overline{Y}}{S_\omega \sqrt{\dfrac{1}{m} + \dfrac{1}{n}}} \sim t(m+n-2),$$

其中

$$S_\omega^2 = \frac{(m-1)S_1^2 + (n-1)S_2^2}{m+n-2} = \frac{219 \times 0.57^2 + 204 \times 0.48^2}{423} = 0.2793,$$

$$t = \frac{2.46 - 2.55}{\sqrt{0.2793} \times \sqrt{\dfrac{1}{220} + \dfrac{1}{205}}} = -1.754.$$

因为 H_0 的拒绝域为 $W = \{t \leqslant -t_{0.05}(n_1 + n_2 - 2)\}$，查表得，

$$t_{0.05}(423) \approx z_{0.05} = 1.645,$$

因为 $-1.745 < -1.645$，所以拒绝 H_0，即认为 B 的平均质量比 A 的平均质量大．

注意：在自由度 $n > 45$ 时，对于常用的 α 值，t 分布就用标准正态分布近似，即

$$t_\alpha(n) \approx z_\alpha.$$

第三节　正态总体方差的假设检验

在上面我们介绍了 Z 检验与 t 检验，它们都是有关均值的显著性检验问题，现在讨论有关方差的显著性检验问题．

一、 单个总体的情况

设 $X_1, X_2, \cdots, X_n$ 来自正态总体 $X \sim N(\mu, \sigma^2)$ 的简单随机样本，要求检验

假设

$$H_0:\sigma^2=\sigma_0^2,H_1:\sigma^2\neq\sigma_0^2, \tag{8-29}$$

现在分别对 μ 未知和 μ 已知两种情形进行讨论.

1. μ 未知

样本方差 S^2 是总体方差 σ^2 的无偏估计,且有

$$E(S^2)=\sigma^2,D(S^2)=\frac{2}{n-1}\sigma^4,$$

它们都与均值 μ 无关,由此可见,当原假设 H_0 成立时,S^2 在 σ_0^2 的周围波动,否则将偏离 σ_0^2.因此,样本方差是构造检验假设 $H_0:\sigma^2=\sigma_0^2$ 的合适的统计量,为了查表便利,将它标准化得到

$$\chi^2=\frac{(n-1)S^2}{\sigma_0^2}=\sum_{i=1}^{n}(\frac{X_i-\overline{X}}{\sigma_0})^2,$$

由抽样分布知,在原假设 H_0 成立时检验统计量

$$\chi^2=\sum_{i=1}^{n}(\frac{X_i-\overline{X}}{\sigma_0})^2\sim\chi^2(n-1), \tag{8-30}$$

对给定的显著性水平 α,得拒绝域(图 8-2)

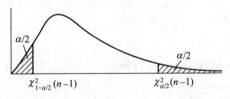

图 8-2

$$W=\{\chi^2\leqslant\chi_{1-\alpha/2}^2(n-1)\text{或}\chi^2\geqslant\chi_{\alpha/2}^2(n-1)\}. \tag{8-31}$$

同理,对单边假设

$$H_0:\sigma^2\leqslant\sigma_0^2,H_1:\sigma^2>\sigma_0^2\text{和}H_0:\sigma^2\geqslant\sigma_0^2,H_1:\sigma^2<\sigma_0^2, \tag{8-32}$$

给定的显著性水平 α 下,它们检验的拒绝域分别为

$$W=\{\chi^2\geqslant\chi_\alpha(n-1)\}\text{和}W=\{\chi^2\leqslant\chi_{1-\alpha}(n-1)\}. \tag{8-33}$$

2. μ 已知

设总体 $X\sim N(\mu_0,\sigma^2)$,σ^2 未知,$X_1,X_2,\cdots,X_n$ 为其简单随机样本.当原假设 H_0 成立时,由抽样分布得检验统计量

$$\chi^2=\sum_{i=1}^{n}(\frac{X_i-\mu_0}{\sigma_0})^2\sim\chi^2(n) \tag{8-34}$$

对给定的显著性水平 α,得拒绝域

$$W=\{\chi^2 \leqslant \chi^2_{1-\alpha/2}(n) \text{ 或 } \chi^2 \geqslant \chi^2_{\alpha/2}(n)\}. \tag{8-35}$$

同理，对单边假设

$$H_0:\sigma^2 \leqslant \sigma_0{}^2, H_1:\sigma^2 > \sigma_0{}^2 \text{ 和 } H_0:\sigma^2 \geqslant \sigma_0{}^2, H_1:\sigma^2 < \sigma_0^2, \tag{8-36}$$

给定的显著性水平 α 下，它们检验的拒绝域分别为

$$W=\{\chi^2 \geqslant \chi_\alpha(n)\} \text{ 和 } W=\{\chi^2 \leqslant \chi_{1-\alpha}(n)\}. \tag{8-37}$$

这种检验常常称为 χ^2 检验.

【例 8-5】 市级历史名建筑国际饭店为了要大修而重新测量. 建筑学院的 6 名同学对该大厦的高度进行测量，结果如下（单位：m）.

$$87.4, 87.0, 86.9, 86.8, 87.5, 87.0.$$

据记载该大厦的高度为 87.4，设大厦的高度服从正态分布. 问：在显著性水平 $\alpha=0.01$ 下，

（1）你认为该大厦的高度是否要修改？

（2）若测量的方差不得超过 0.04，那么你是否认为这次测量的方差偏大？

解 （1）检验假设 $H_0:\mu=87.4, H_1:\mu \neq 87.4$.

检验统计量为

$$t=\frac{\overline{X}-\mu_0}{S/\sqrt{n}} \sim t(n-1),$$

拒绝域为

$$W=\{|t| \geqslant t_{\alpha/2}(n-1)\}=\{|t| \geqslant t_{0.005}(5)=4.0322\},$$

由已知得 $\overline{x}=87.1, s^2=0.08$,

$$t=\frac{\overline{x}-\mu_0}{s/\sqrt{n}}=\frac{87.1-87.4}{\sqrt{0.08}/\sqrt{5}}=-2.37 \notin W,$$

所以接受 H_0，即认为该大厦的高度不需要修改.

（2）检验假设 $H_0: \sigma^2=0.04, H_1:\sigma^2 > 0.04$,

检验统计量为 $\qquad \chi^2=\frac{(n-1)S^2}{\sigma^2} \sim \chi^2(n-1),$

拒绝域 $\qquad W=\{\chi^2 \geqslant \chi_\alpha(n-1)\}=\{\chi^2 \geqslant \chi^2_{0.01}(5)=15.086\},$

由已知得 $\qquad \chi^2=\frac{(n-1)s^2}{\sigma^2}=\frac{5 \times 0.08}{0.04}=10 \notin W,$

所以接受 H_0，即认为这次测量的方差没有偏大.

二、 两个总体情况

对于单个正态总体有关方差的检验问题，我们可用 χ^2 检验来解决，但如果

要比较两个正态总体的方差是否相等，我们就要用下面的 F 检验.

我们在用 t 检验去检验两个总体的均值是否相等时作了一个重要的假设，就是这两个总体方差是相等的，即 $\sigma_1^2 = \sigma_2^2 = \sigma^2$，否则我们就不能用 t 检验. 如果我们事先不知道方差是否相等，就必须先进行方差是否相等的检验.

设 $X_1, X_2, \cdots, X_m$ 是来自正态总体 $X \sim N(\mu_1, \sigma_1^2)$ 的样本，$Y_1, Y_2, \cdots, Y_n$ 是来自正态总体 $Y \sim N(\mu_2, \sigma_2^2)$ 的样本，$\mu_1, \mu_2, \sigma_1^2, \sigma_2^2$ 均未知，并且两样本相互独立，考虑假设

$$H_0: \sigma_1^2 = \sigma_2^2, H_1: \sigma_1^2 \neq \sigma_2^2, \tag{8-38}$$

讨论可知选取检验统计量

$$F = \frac{S_1^2}{S_2^2}, \tag{8-39}$$

其中

$$S_1^2 = \frac{1}{m-1} \sum_{i=1}^{m} (X_i - \overline{X})^2, \quad S_2^2 = \frac{1}{n-1} \sum_{i=1}^{n} (X_i - \overline{Y})^2,$$

若 H_0 成立，由抽样分布可知

$$F = \frac{S_1^2}{S_2^2} \sim F(m-1, n-1),$$

从而对给定的显著性水平 α，拒绝域为

$$W = \{F \leqslant F_{1-\alpha/2}(m-1, n-1) \text{ 或 } F \geqslant F_{\alpha/2}(m-1, n-1)\}. \tag{8-40}$$

【例 8-6】 检查部门从甲乙两灯泡厂各取 30 个灯泡进行抽检，甲厂的灯泡平均寿命为 1500h，样本标准差为 80h；乙厂的灯泡平均寿命 1450h，样本标准差为 94h，由此可否断定甲厂的灯泡比乙厂的好($\alpha = 0.05$)?

这是检验两个正态总体的均值是否相等的问题，应首先检验方差是否相等.

解 先检验方差是否相等.

检验假设 $\qquad H_0: \sigma_1^2 = \sigma_2^2, H_1: \sigma_1^2 \neq \sigma_2^2,$

检验统计量为 $\qquad F = \frac{S_1^2}{S_2^2} \sim F(n_1-1, n_2-1),$

拒绝域为

$$W = \{F \leqslant F_{1-\alpha/2}(m-1, n-1) = 0.476 \text{ 或 } F \geqslant F_{\alpha/2}(m-1, n-1)\} = 2.1\},$$

计算得 $\qquad F = \frac{s_1^2}{s_2^2} = \frac{94^2}{80^2} = 1.3806,$

而统计量的实测值介于 0.467 与 2.1 之间，故应接受原假设 H_0，即认为两总体方差是相等的.

在两个正态总体方差相等的条件下，检验均值是否相等，即检验假设

$$H_0: \mu_1 = \mu_2, H_1: \mu_1 \neq \mu_2,$$

此时用 t 检验，检验统计量为

$$t = \frac{\overline{X} - \overline{Y}}{S_\omega \sqrt{\dfrac{1}{m} + \dfrac{1}{n}}} \sim t(m+n-2)$$

其中
$$S_\omega^2 = \frac{(m-1)S_1^2 + (n-1)S_2^2}{m+n-2},$$

由已知条件经计算得 $t = 2.181$,

此时检验原假设 H_0 的拒绝域为

$$W = \{|t| > t_{0.025}(58)\} = \{|t| > 2.003\}.$$

因为 $|t| = 2.181 > t_{0.025}(58) = 2.003$, 故应拒绝原假设 H_0, 即两总体均值不相等, 由此可知甲厂灯泡质量好.

第四节　假设检验应用实例

【例 8-7】 一个中学校长在报纸上看到这样的报导:"这一城市的初中学生平均每周看 8 小时电视". 她认为她所领导的学校, 学生看电视的时间明显小于该数字. 为此她向 100 个学生作了调查, 得知平均每周看电视的时间 $\overline{x} = 6.5\text{h}$, 标准差 $s = 2\text{h}$. 问, 是否可以认为这位校长的看法是对的? 取 $\alpha = 0.05$ (注: 这是大样本的检验问题. 由中心极限定理知道不管总体服从什么分布, 只要方差存在, 当 n 充分大时 $\dfrac{\overline{X} - \mu}{S/\sqrt{n}}$ 近似地服从标准正态分布).

解　本题为检验假设　$H_0 : \mu = 8$, $H_1 : \mu < 8$.

由于当 n 充分大时 $\dfrac{\overline{X} - \mu}{S/\sqrt{n}}$ 近似地服从标准正态分布, 所以拒绝域为 $\dfrac{\overline{X} - 8}{S/\sqrt{n}} < -z_{0.05}$, 这里

$$\overline{x} = 6.5, s = 2, z_\alpha = z_{0.05} = 1.64,$$

$$\frac{\overline{x} - 8}{s/\sqrt{n}} = -7.5 < -z_{0.05} = -1.64,$$

所以拒绝 H_0, 可以认为这位校长的看法是对的.

【例 8-8】 美国的琼斯医生于 1974 年观察了母亲在妊娠时曾患慢性酒精中毒的 6 名七岁儿童(称为甲组). 以母亲的年龄、文化程度及婚姻状况与前 6 名儿童的母亲相同或相近, 但不饮酒的 46 名七岁儿童为对照组(称为乙组). 测定两组儿童的智商, 结果如表 8-1 中所列.

表 8-1

分组	人数 n	智商平均数 $\overline{X}$	样本标准差 s
甲组	6	78	19
乙组	46	99	16

由此结果推断：母亲嗜酒是否影响下一代的智力？若有影响推断已影响的程度有多大？

解　智商一般受诸多因素的影响，从而可以假定两组儿童的智商服从正态分布

$$N(\mu_1,\sigma_1^2),N(\mu_2,\sigma_2^2)$$

本问题实际是检验甲组总体的均值 μ_1 是否比乙组总体的均值 μ_2 偏小，若是，这个差异范围有多大，前一问题属假设检验，后一问题属区间估计.

由于两个总体的方差未知，而甲组的样本容量较小，因此采用大样本下两总体均值比较的 Z 检验法似乎不妥，故采用方差相等（但未知）时，两正态总体均值比较的 t 检验法对第一个问题做出回答. 为此，先检验两总体方差是否相等，即检验假设

$$H_0:\sigma_1^2=\sigma_2^2,H_1:\sigma_1^2\neq\sigma_2^2$$

当 H_0 为真时，统计量 $F=\dfrac{S_1^2}{S_2^2}\sim F(5,45)$.

拒绝域为　$F\leqslant F_{1-\alpha/2}(5,45)$ 或 $F\geqslant F_{\alpha/2}(5,45)$，取 $\alpha=0.1$，

$$F_{\alpha/2}(5,45)=F_{0.05}(5,45)=2.43,$$

$$F_{1-\alpha/2}(5,45)=F_{0.95}(5,45)=0.22,$$

F 的观察值为 $F=\dfrac{S_1^2}{S_2^2}=\dfrac{19^2}{16^2}=1.41$，得

$$F_{0.95}(5,45)<F<F_{0.05}(5,45),$$

未落在拒绝域内，故接受 H_0，即认为两总体方差相等.

下面用 t 检验法检验甲组总体的均值 μ_1 是否比乙组总体的均值 μ_2 偏小，即检验假设

$$H_0:\mu_1=\mu_2,H_1:\mu_1<\mu_2$$

当 H_0 为真时，检验统计量

$$T=\frac{\overline{X_1}-\overline{X_2}}{S_w\sqrt{\dfrac{1}{m}+\dfrac{1}{n}}}\sim t(m+n-2)$$

其中
$$S_w^2 = \frac{(m-1)S_1^2 + (n-1)S_2^2}{m+n-2},$$

拒绝域为
$$\{t < -t_\alpha(m+n-2)\},$$

取 $\alpha = 0.1$，将

$$S_1^2 = 19, \ S_2^2 = 16, \ m = 6, n = 46, \ \overline{x_1} = 99, \overline{x_2} = 78, \ s_w = 16.32$$

代入，T 的观察值为 $t = -2.96 < -2.54 = -t_{0.01}(50)$，落在拒绝域内，故拒绝 H_0．即认为母亲嗜酒会对儿童智力发育产生不良影响．

下面继续考察这种不良影响的程度．为此要对两总体均值差进行区间估计．$\mu_2 - \mu_1$ 的置信度为 $1-\alpha$ 的置信区间为

$$\overline{X_2} - \overline{X_1} \pm S_w\sqrt{\frac{1}{m}+\frac{1}{n}}\, t_{\alpha/2}(m+n-2)$$

其中，$t_{0.005}(50) = 2.67$，$s_w = 16.32$，于是置信度为 99% 的置信区间为 $(2.09, 39.91)$．

由此可以断言：在 99% 的置信度下，嗜酒母亲所生的孩子在七岁时的智商比不饮酒的母亲所生的孩子在七岁时的智商平均低 $2.09 \sim 39.91$．

【例 8-9】 有一厂商声称，在他的用户中，有 75% 以上的用户对其产品的质量感到满意．为了解该厂家产品质量的实际情况，组织跟踪调查，在对 60 名用户的调查中，有 50 人对该厂产品质量表示满意．在显著性水平 0.05 下．问：跟踪调查的数据是否充分支持该厂商的说法？

解 提出假设 $H_0: p \leq 0.75$ $H_1: p > 0.75$．

由棣莫佛-拉普拉斯中心极限定理知道，样本比例 $\hat{p}$ 近似服从正态分布，即

$$\hat{p} \sim N\left(p, \frac{p(1-p)}{n}\right)$$

其中 $\hat{p}$ 代表样本中满意用户的比例，p 代表总体中满意率，于是有

$$Z = \frac{\hat{p}-p}{\sqrt{\frac{p(1-p)}{n}}} \sim N(0,1),$$

由于 $\hat{p} = \frac{50}{60} = 0.83$，

$$Z = \frac{\hat{p}-p}{\sqrt{\frac{p(1-p)}{n}}} = \frac{0.83-0.75}{\sqrt{\frac{0.75 \times (1-0.75)}{60}}} = 1.43,$$

在显著性水平 0.05 下，临界值 $z_{0.05} = 1.645$，检验统计量

$$z = 1.43 < z_{0.05} = 1.645,$$

由此我们接受 H_0，得到的结论为：调查数据没有提供充分的证据支持该厂商的说法，对该厂产品质量表示满意的用户比例小于或等于 75%.

第五节　假设检验的 MATLAB 实现

假设检验是数理统计中重要的内容．但由于在实际计算与应用中，经常遇到一些复杂、繁琐的计算，这往往是我们力所不能及的．面对这样的难题，我们可以借助 MATLAB 实现．具体函数如表 8-2 所示．

表 8-2

函数名	调用形式	注　释
方差已知，单个正态总体的均值 μ 的假设检验（Z 检验法）	[h,sig,ci,zval]= ztest(x,m,sigma,alpha,tail)	x 为正态总体的样本，m 为均值 μ，sigma 为标准差，显著性水平为 0.05（默认值）。 显著性水平为 alpha. sig 为观察值的概率，当 sig 为小概率时则对原假设提出质疑，ci 为真正均值 μ 的 $1-$alpha 置信区间，zval 为统计量的值
方差未知，单个正态总体的均值 μ 的假设检验（t 检验法）	[h,sig,ci]=ttest (x,m,alpha,tail)	x 为正态总体的样本，m 为均值 μ，显著性水平为 0.05，alpha 为给定显著性水平．sig 为观察值的概率，当 sig 为小概率时则对原假设提出质疑，ci 为真正均值 μ 的 $1-$alpha 置信区间
两个正态总体方差未知，但等方差时，比较两正态总体均值的假设检验（t 检验）	[h,sig,ci]=ttest2 (x,y,alpha,tail)	这里 x，y 为两个正态总体的样本，显著性水平为 0.05，alpha 为显著性水平．sig 为当原假设为真时得到观察值的概率，当 sig 为小概率时则对原假设提出质疑，ci 为真正均值 μ 的 $1-$alpha 置信区间
总体均值未知时的单个正态总体方差的 χ^2 检验	[h,p,varci,stats] =vartest(x,var0,alpha,tail)	说明：p 为观察值的概率；varci 为方差的置信区间；stats 为 X^2 统计量的观测值，var0 为方差
总体均值未知时的两个正态总体方差的比（F 检验）	[h,p,varci. stats]= vartest2(X,Y,alpha,tail)	p 为观察值的概率；varci 为方差的置信区间；stats 为 X^2 统计量的观测值；fstat 为 F^2 统计量的观测值；df1，df2 分别为分布的第一、第二自由度

说明：对于表 8-2 中的各函数，

若 h=0，表示在显著性水平 alpha 下，不能拒绝原假设；

若 h=1，表示在显著性水平 alpha 下，可以拒绝原假设；

若 tail＝0，表示备择假设（默认，双边检验）；

若 tail＝1，表示备择假设（单边检验）；

若 tail＝－1，表示备择假设（单边检验）.

【例 8-10】 某车间用一台包装机包装葡萄糖，包得的袋装糖重是一个随机变量，它服从正态分布. 当机器正常时，其均值为 0.5kg，标准差为 0.015. 某日开工后检验包装机是否正常，随机地抽取所包装的糖 9 袋，称得净重为（单位：kg）：

0.497，0.506，0.518，0.524，0.498，0.511，0.52，0.515，0.512.

问：包装机工作是否正常？

解 提出假设： $H_0:\mu=\mu_0=0.5$，$H_1:\mu\neq\mu_0$

输入程序：

```
≫X=[0.497,0.506,0.518,0.524,0.498,0.511,0.52,0.515,0.512];
≫[h,sig,ci,zval]=ztest(X,0.5,0.015,0.05,0)
```

运行结果：

h＝

    1

Sig＝

    0.0248   %样本观察值的概率

ci＝

    0.5014   0.5210   %置信区间，均值 0.5 在此区间之外

zval＝

    2.2444   %统计量的值

结果表明：h＝1，说明在水平下，可拒绝原假设，即认为包装机工作不正常.

【例 8-11】 某种电子元件的寿命 X（单位：h）服从正态分布，σ^2 未知. 现测得 16 只元件的寿命如下.

159，280，101，212，224，379，179，264，222，362，168，250，149，260，485，170.

问：是否有理由认为元件的平均寿命大于 225h？

解 提出假设： $H_0:\mu\geqslant\mu_0=255$，$H_1:\mu\leqslant\mu_0$

输入程序：

```
≫X=[159  280  101  212  224  379  179  264  222  362  168  250
149  260  485  170];
≫[h,sig,ci]=ttest(X,225,0.05,1)
```

运行结果：

h＝

    0

sig＝

0.2570

ci＝

198.2　321　　　　　　　　　％均值 225 在该置信区间内

结果表明：h＝0 表示在水平下应该接受原假设，即认为元件的平均寿命大于 225h.

【例 8-12】　在平炉上进行一项试验以确定改变操作方法的建议是否会增加钢的产率，试验是在同一只平炉上进行的．每炼一炉钢时除操作方法外，其他条件都尽可能做到相同．先用标准方法炼一炉，然后用建议的新方法炼一炉，以后交替进行，各炼 10 炉，其产率分别为以下数值．

（1）标准方法：

78.1，72.4，76.2，74.3，77.4，78.4，76.0，75.5，76.7，77.3

（2）新方法：

79.1，81.0，77.3，79.1，80.0，79.1，79.1，77.3，80.2，82.1

设这两个样本相互独立，且分别来自正态总体 $N(\mu_1,\sigma^2)$，$N(\mu_2,\sigma^2)$，μ_1，μ_2,σ^2 均未知．问：建议的新操作方法能否提高产率？（取 $\alpha＝0.05$）

解　提出假设：　　$H_0:\mu_1＝\mu_2$，$H_1:\mu_1<\mu_2$.

输入程序：

```
≫X＝[78.1 72.4 76.2 74.3 77.4 78.4 76.0 75.5 76.7 77.3];
≫Y＝[79.1 81.0 77.3 79.1 80.0 79.1 79.1 77.3 80.2 82.1];
≫[h,sig,ci]＝ttest2(X,Y,0.05,−1)
```

运行结果：

h＝

1

sig＝

2.1759e−004　　　　　　　　％说明两个总体均值相等的概率很小

ci＝

−Inf　　　−1.9083

结果表明：h＝1 表示在水平下，应该拒绝原假设，即认为建议的新操作方法提高了产率，因此，比原方法好．

【例 8-13】　化肥厂用自动包装机包装肥料，某日测得 9 包化肥的质量（单位：kg）如下：

49.4，50.5，50.7，51.7，49.8，47.9，49.2，51.4，48.9.

设每包化肥的质量服从正态分布，是否可以认为每包肥料的方差为 1.5？取

显著水平 $\alpha = 0.05$.

解 提出假设： $H_0 : \sigma^2 = \sigma_0^2 = 1.5$， $H_1 : \sigma^2 \neq \sigma_0^2$

输入程序：

```
>>x=[49.4  50.5  50.7  51.7  49.8  47.9  49.2  51.4  48.9];
>>var0=1.5;
>>alpha=0.05;
>>tail=both;
>>[h,p,varci,stats]=vartest(x,var0,alpha,tail)
```

运行结果：

```
h=
    0
p=
    0.8383
varci=
    0.6970           5.6072
stats=
    chisqstat: 8.1481
           df: 8
```

结果表明：h=0 表示在该水平下应该接受原假设，即可以认为每包肥料的方差为 1.5.

【**例 8-14**】 在例 8-12 中设这两个样本相互独立，且分别来自正态总体 $N(\mu_1, \sigma_1^2)$，$N(\mu_2, \sigma_2^2)$， $\mu_1, \mu_2, \sigma_1^2, \sigma_2^2$ 均未知，可否认为两个总体的方差相等？

解 提出假设： $H_0 : \sigma_1^2 = \sigma_2^2$， $H_1 : \sigma_1^2 \neq \sigma_2^2$

输入程序：

```
>>X=[78.1  72.4  76.2  74.3  77.4  78.4  76.0  75.5  76.7  77.3];
>>Y=[79.1  81.0  77.3  79.1  80.0  79.1  79.1  77.3  80.2  82.1];
>>[h,p,varci,stats]=vartest2(X,Y,0.05,0)
```

运行结果：

```
h=
    0
p=
    0.5590
varci=
    0.3712  6.0168
stats=
    fstat:1.4945
```

df1： 9 ％F 检验统计量分子的自由度

df2： 9 ％F 检验统计量分母的自由度

结果表明：h＝0 表示在该水平下应该接受原假设，即可以认为两个总体的方差相等．

习题

A 组　基本题

1. 填空题

(1) 设 α 为假设检验中犯第一类错误的概率，β 为犯第二类错误的概率，一般说来，当 ＿＿＿＿＿ 减少时 ＿＿＿＿＿ 增大，当 ＿＿＿＿＿ 减少时，＿＿＿＿＿ 增大，要同时使 α, β 减少必须＿＿＿＿＿．

(2) 对正态总体的假设，$H_0:\mu＝21, H_1:\mu<21$，抽取一个容量为 $n＝17$ 的样本，计算得到 $\overline{x}＝23, s^2＝(3.98)^2$，利用＿＿＿＿＿检验对 H_0 作检验，检验显著性水平 $\alpha＝0.05$，检验结果＿＿＿＿＿ H_0.

(3) 甲药厂进行有关麻疹疫苗效果的研究，用 X 表示一个人用这种疫苗注射后的抗体强度，假定随机变量 X 是正态分布的，乙药厂生产的同种疫苗的平均抗体强度是 1.9，若甲厂为检验其产品是否比乙厂有更高的平均抗体强度，则在检验中零假设和备择假设为 ＿＿＿＿＿，犯第一类错误的实际后果是＿＿＿＿＿，犯第二类错误的实际后果是＿＿＿＿＿．

(4) 对一个正态总体的方差作检验：$\sigma＝\sigma_0$，统计量为＿＿＿＿＿．

(5) 已知两个相互独立的正态总体的方差 σ_1^2 和 σ_2^2，检验假设：$\mu_1＝\mu_2$，统计量为＿＿＿＿＿．

2. 选择题

(1) 设样本 $X_1, X_2, \cdots, X_n$ 来自正态总体 $N(\mu, \sigma^2)$，在进行假设检验时，当（　　）时，一般采用统计量 $t＝\dfrac{\overline{X}-\mu_0}{S/\sqrt{n}}$（其中 S 为样本标准差）．

(A) μ 未知，检验 $\sigma^2＝\sigma_0^2$ 　　　(B) μ 已知，检验 $\sigma^2＝\sigma_0^2$

(C) σ^2 未知，检验 $\mu＝\mu_0$ 　　　(D) σ^2 已知，检验 $\mu＝\mu_0$

(2) Z 检验适用于（　　）．

(A) 已知方差 σ^2 的正态总体均值 μ 的检验

(B) 未知正态总体的方差 σ^2，检验均值 μ

(C) 均值 μ 已知的正态总体方差 σ^2 的检验

（D）两总体的方差比的检验

（3）假设检验后作出接受原假设的结论的含义是（　　）.

（A）原假设 H_0 完全正确　　　　　（B）对立假设 H_1 完全不正确

（C）可能犯第一类错误　　　　　　（D）可能犯第二类错误

（4）对正态总体的数学期望 μ 进行假设检验，如果在显著水平 0.05 下接受 $H_0:\mu=\mu_0$，那么在显著水平 0.01 下，下列结论中正确的是（　　）.

（A）必接受 H_0　　　　　　　　（B）可能接受，也可能拒绝 H_0

（C）必拒绝 H_0　　　　　　　　（D）不接受，也不拒绝 H_0

（5）设总体 $X\sim N(\mu,\sigma^2)$，σ^2 已知，$x_1,x_2,\cdots,x_n$ 为来自 X 的样本观测值，现在显著性水平 $\alpha=0.05$ 下接受了 $H_0:\mu=\mu_0$，则当显著性水平改为 $\alpha=0.01$ 时，下列结论正确的是（　　）.

（A）必拒绝 H_0　　　　　　　　（B）必接受 H_0

（C）犯第一类错误的概率变大　　　（D）犯第二类错误的概率变大

3. 用机床加工圆形零件，在正常情况下，零件的直径服从正态分布 $N(20,1)$，今在某天生产的零件中随机抽查了 6 个，测得直径分别为（单位：mm）

$$19,19.2,19.1,20.5,19.6,20.8.$$

假定方差不变，问：该天生产的零件是否符合要求？（即是否可以认为这天生产的零件的平均直径为 20mm，$\alpha=0.05$）

4. 某批矿砂的 5 个样品中的镍含量，经测定为(单位：%)

$$3.25,3.27,3.24,3.26,3.24.$$

设测定值总体服从正态分布. 问：在 $\alpha=0.01$ 下能否接受假设：这批矿砂的镍含量的均值为 3.25.

5. 如果一个矩形的宽度 w 与长度 l 的比 $w/l=\dfrac{1}{2}\times(\sqrt{5}-1)\approx0.618$，这样的矩形称为黄金矩形. 这种尺寸的矩形使人们看上去有良好的感觉，现代的建筑构件（如窗架）、工艺品（如图片镜框）甚至司机的执照、商业的信用卡等都是采用黄金矩形. 下面列出某工艺品工厂随机取的 20 个矩形的宽度与长度的比值.

0.693　0.749　0.654　0.670　0.662　0.672　0.615　0.606　0.690　0.628
0.668　0.611　0.606　0.609　0.601　0.553　0.570　0.844　0.576　0.933

设这一工厂生产的矩形的宽度与长度的比值总体服从正态分布，其均值为 μ. 试检验（$\alpha=0.05$）.

$$H_0: \mu=0.618, \quad H_1: \mu\neq0.618.$$

6. 某厂计划投资 1 万元广告费为提高某种糖果的销售量,一位商店经理认为此项计划可使平均每周销售量达到 225kg. 实现此计划一个月后,调查了 17 家商店,计算得平均每家每周的销售量为 209kg,样本标准差为 42kg. 问在显著性水平 0.05 下,可否认为此项计划达到了该商店经理的预计效果(设销售量服从正态分布)?

7. 要求一种元件使用寿命不得低于 1000h,今从一批这种元件中随机抽取 25 件,测得其寿命的平均值为 950h. 已知该种元件寿命服从标准差为 $\sigma=100$h 的正态分布. 试在显著性水平 $\alpha=0.05$ 下确定这批元件是否合格. 设总体均值为 μ,μ 未知. 即需检验假设

$$H_0: \mu\geqslant1000, \quad H_1: \mu<1000.$$

8. 下面列出的是某工厂随机选取的 20 只部件的装配时间(min).

9.8　10.4　10.6　9.6　9.7　9.9　10.9　11.1　9.6　10.2

10.3　9.6　9.9　11.2　10.6　9.8　10.5　10.1　10.5　9.7

设装配时间的总体服从正态分布 $N(\mu,\sigma^2)$,μ,σ^2 均未知. 是否可以认为装配时间的均值显著地大于 10(取 $\alpha=0.05$)?

9. 按规定,100g 罐头番茄汁中的平均维生素 C 含量不得少于 21mg/g. 现从工厂的产品中抽取 17 个罐头,其 100g 番茄汁,测得维生素 C 含量(mg/g)记录如下:

16　25　21　20　23　21　19　15

13　23　17　20　29　18　22　16　22

设维生素含量服从正态分布 $N(\mu,\sigma^2)$,μ,σ^2 均未知. 问,这批罐头是否符合要求(取显著性水平 $\alpha=0.05$).

10. 一种混杂的小麦品种,株高的标准差为 $\sigma_0=14$cm,经提纯后随机抽取 10 株,它们的株高(以 cm 计)为:

90　105　101　95　100　100　101　105　93　97.

考察提纯后群体是否比原来群体整齐?取显著性水平 $\alpha=0.01$,并设小麦株高服从 $N(\mu,\sigma^2)$.

11. 某种导线,要求其电阻的标准差不得超过 0.005Ω,今在生产的一批导线中取样品 9 根,测得 $s=0.007\Omega$,设总体为正态分布,参数均未知. 问:在显著水平 $\alpha=0.05$ 下能否认为这批导线的标准差显著地偏大?

12. 在第 5 题中记总体的标准差为 σ. 试检验假设(取 $\alpha=0.05$)$H_0: \sigma^2=$

$0.11^2, H_1: \sigma^2 \neq 0.11^2$.

13. 测定某种溶液中的水分，它的 10 个测定值给出，$s = 0.037\%$. 设测定值总体为正态分布，σ^2 为总体方差，σ^2 未知. 试在显著水平 $\alpha = 0.05$ 下检验假设

$$H_0: \sigma = 0.04\%, H_1: \sigma < 0.04\%.$$

B 组　提高题

1. 食品厂用自动装罐机装罐头食品，每罐标准质量为 500g，每隔一段时间需要检验机器的工作情况，现抽 10 罐，测得其质量（单位：g）：

495　510　505　498　503　492　502　512　497　506.

假设质量 X 服从正态分布 $N(\mu, \sigma^2)$. 试问，机器工作是否正常（$\alpha = 0.02$）？

2. 某切割机在正常工作时，切割每段金属棒的平均长度为 10.5cm，设切割机切割每段金属的长度服从正态分布，其标准差为 0.15cm. 某日为了检验切割机工作是否正常，随机地抽取 15 段进行测量，得到平均长度为 $\bar{x} = 10.48$cm. 问：该机工作是否正常（$\alpha = 0.05$）？

3. 某厂生产的灯泡寿命 X 服从方差 $\sigma^2 = 100^2$ 的正态分布，从某日生产的一批灯泡中随机地抽取 40 只进行寿命测试，计算得到样本方差 $s^2 = 15000$，在显著性水平 $\alpha = 0.05$ 下能否断定灯泡寿命的波动显著增大.

4. 用包装机包装某种洗衣粉，在正常情况下，每袋质量为 1000g，标准差 σ 不能超过 15g. 假设每袋洗衣粉的净重服从正态分布，某天检验机器工作的情况，从以包装好的袋中随机抽取 10 袋，测得其净重（单位：g）为：

1020　1030　968　994　1014　998　976　982　950　1048.

问：这天机器是否工作正常（$\alpha = 0.05$）？

5. 生产某种产品可用第一、二种操作法. 以往经验表明：用第一种操作方法生产的产品抗拆强度 $X \sim N(\mu_1, 6^2)$；用第二种操作方法生产的产品抗拆强度 $Y \sim N(\mu_2, 8^2)$（单位：kg）. 今从第一种操作法生产的产品中随机抽取 12 件，测得 $\bar{X} = 40$（kg）. 今从第二种操作法生产的产品中随机抽取 16 件，测得 $\bar{Y} = 34$（kg）. 问：两种操作法生产的产品的平均抗拆强度是否有显著差异？（$\alpha = 0.05$）

6. 测得两批电子器材的样本的电阻为下表中所列.

A 批 X/Ω	0.140	0.138	0.143	0.142	0.144	0.137
B 批 Y/Ω	0.135	0.140	0.142	0.136	0.138	0.140

设这两批器材的电阻分别服从 $N(\mu_1, \sigma_1^2)$ 与 $N(\mu_2, \sigma_2^2)$ 且样本相互独立.

(1) 检验假设（$\alpha = 0.05$）$H_0: \sigma_1^2 = \sigma_2^2$.

(2) 检验假设（$\alpha = 0.05$）$H'_0: \mu_1 - \mu_2 = 0$.

7. 设两批电子元件寿命服从正态分布，从两批元件中随机地各抽取 10 只进行寿命测试，测得第一批原件平均寿命 $\bar{x}=1832$h，样本方差 $s_1^2=234658$，第二批元件平均寿命 $\bar{y}=1261$h，样本方差 $s_2^2=242634$，在显著性水平 $\alpha=0.1$ 下检验：

（1）$H_0:\sigma_1^2=\sigma_2^2$，$H_1:\sigma_1^2\neq\sigma_2^2$.

（2）$H_0:\mu_1=\mu_2$，$H_1:\mu_1\neq\mu_2$.

8. 请用 MATLAB 软件完成 A 组习题的第 3、5、8 题和 B 组习题的第 4、6、7 题，并用一个文件名存盘.

⇒ 第九章

方差分析与回归分析简介

方差分析与回归分析都是数理统计中具有广泛应用的内容，本章只对它们的基本部分作简单的介绍．

第一节　单因素试验的方差分析

在科学试验和生产实践中，影响一事物的因素往往是很多的，例如，在生产过程中，不同的原料、不同的操作人员以及不同的操作方法等都有可能影响产品的数量和质量，有的因素影响大，有的因素影响小，有的因素可以控制，有的因素不能控制，为了使生产过程得以稳定进行且保证优质高产，有必要找出对产品的某一指标有显著影响的因素，方差分析就是根据对试验结果进行分析，鉴别各因素效应的有效方法．

在试验中，我们将考察的指标称为试验指标，影响试验指标的条件称为因素．因素可分为两类：一类是人们可以控制的，如温度、原料计量等；另一类是人们不能控制的，如误差、气象条件等．以下我们所说的因素都是指可控因素．因素所处的状态称为该因素的水平．如果在一项试验中只有一个因素在改变就称为单因素试验，如果多于一个因素在改变就称为多因素试验，我们只介绍单因素试验的方差分析．

一、 数学模型

设因素 A 取 r 个水平 $A_1, A_2, \cdots, A_r$，可以看作有 r 个总体 $X_1, X_2, \cdots, X_r$，设它们具有相同的方差，假定 $X_i \sim N(\mu_i, \sigma^2), i = 1, 2, \cdots, r$，其中 μ_i, σ^2 均未知，在水平 A_i 下作 $n_i (n_i \geqslant 2)$ 次独立重复试验，相当于从总体 X_i 中抽取容量为 n_i 的样本 $X_{i1}, X_{i2}, \cdots, X_{in_i} (i = 1, 2, \cdots, r)$，假设这 r 个样本相互独立，于是有

$$X_{ij} \sim N(\mu_i, \sigma^2), i = 1, 2, \cdots, r; j = 1, 2, \cdots, n_i, \tag{9-1}$$

且所有的 X_{ij} 相互独立，X_{ij} 就是在水平 A_i 下第 j 次重复试验的试验结果，在实际问题中 X_{ij} 是一个具体数值，而在进行统计分析时则将其看成随机变量，所有试验的结果如表 9-1 所示.

表 9-1

观测结果 水平	1	2	...	n_i
A_1	X_{11}	X_{12}	...	X_{1n_1}
A_2	X_{21}	X_{22}	...	X_{2n_2}
$\vdots$	$\vdots$	$\vdots$	$\vdots$	$\vdots$
A_r	X_{r1}	X_{r2}	...	X_{rn_r}

令 $\varepsilon_{ij}=X_{ij}-\mu_i, i=1,2,\cdots,r, j=1,2,\cdots,n_i$，则 ε_{ij} 称作水平 A_i 下第 j 次重复试验的试验误差，称为随机误差，显然有 ε_{ij} 之间相互独立，且

$$\varepsilon_{ij} \sim N(0,\sigma^2), i=1,2,\cdots,r; j=1,2,\cdots,n_i, \tag{9-2}$$

此时可把 X_{ij} 表示为

$$X_{ij}=\mu_i+\varepsilon_{ij}. \tag{9-3}$$

于是方差分析就是在方差相等的条件下，对若干个正态总体均值是否相等的假设检验. 也就是检验假设

$$\begin{cases} H_0:\mu_1=\mu_2=\cdots=\mu_r, \\ H_1:\mu_1,\mu_2,\cdots,\mu_r \text{不全相等}. \end{cases} \tag{9-4}$$

记

$$\mu=\frac{1}{n}\sum_{i=1}^{r}n_i\mu_i, \delta_i=\mu_i-\mu, \ i=1,2,\cdots,r, \ \text{其中} \ n=\sum_{i=1}^{r}n_i, \tag{9-5}$$

此时有

$$\sum_{i=1}^{r}n_i\delta_i=0, \tag{9-6}$$

μ 称为总平均；δ_i 表示水平 A_i 下的总体平均值与总平均的差异，习惯上将 δ_i 称为水平 A_i 的效应. 利用这些符号可写成

$$\begin{cases} X_{ij}=\mu+\delta_i+\varepsilon_{ij}, \\ \varepsilon_{ij} \sim N(0,\sigma^2), \text{各} \varepsilon_{ij} \text{独立}, \\ i=1,2,\cdots,r; j=1,2,\cdots,n_i, \\ \sum_{i=1}^{r}n_i\delta_i=0. \end{cases} \tag{9-7}$$

式（9-7）就是单因素试验方差分析的数学模型，而前面的检验假设也可以改写为

$$\begin{cases} H_0 : \delta_1 = \delta_2 = \cdots = \delta_r = 0, \\ H_1 : \delta_1, \delta_2, \cdots, \delta_r \text{ 不全为零} . \end{cases} \qquad (9\text{-}8)$$

二、 统计分析

引入总偏差平方和

$$S_T = \sum_{i=1}^{r} \sum_{j=1}^{n_i} (X_{ij} - \overline{X})^2 , \qquad (9\text{-}9)$$

其中

$$\overline{X} = \frac{1}{n} \sum_{i=1}^{r} \sum_{j=1}^{n_i} X_{ij} , \qquad (9\text{-}10)$$

是数据的总平均，S_T 能反映全部试验数据之间的差异，因此 S_T 又称为总变差.

又记水平 A_i 下的样本均值为

$$\overline{X}_{i \cdot} = \frac{1}{n_i} \sum_{j=1}^{n_i} X_{ij} , \qquad (9\text{-}11)$$

我们将 S_T 写成

$$S_T = \sum_{i=1}^{r} \sum_{j=1}^{n_i} (X_{ij} - \overline{X})^2 = \sum_{i=1}^{r} \sum_{j=1}^{n_i} [(X_{ij} - \overline{X}_{i \cdot}) + (\overline{X}_{i \cdot} - \overline{X})]^2$$

$$= \sum_{i=1}^{r} \sum_{j=1}^{n_i} (X_{ij} - \overline{X}_{i \cdot})^2 + 2 \sum_{i=1}^{r} \sum_{j=1}^{n_i} (X_{ij} - \overline{X}_{i \cdot})(\overline{X}_{i \cdot} - \overline{X}) + \sum_{i=1}^{r} \sum_{j=1}^{n_i} (\overline{X}_{i \cdot} - \overline{X})^2 .$$

容易证明

$$2 \sum_{i=1}^{r} \sum_{j=1}^{n_i} (X_{ij} - \overline{X}_{i \cdot})(\overline{X}_{i \cdot} - \overline{X}) = 0 , \qquad (9\text{-}12)$$

于是我们将 S_T 分解为

$$S_T = S_E + S_A , \qquad (9\text{-}13)$$

其中

$$S_E = \sum_{i=1}^{r} \sum_{j=1}^{n_i} (X_{ij} - \overline{X}_{i \cdot})^2 , \qquad (9\text{-}14)$$

$$S_A = \sum_{i=1}^{r} \sum_{j=1}^{n_i} (\overline{X}_{i \cdot} - \overline{X})^2 = \sum_{i=1}^{r} n_i (\overline{X}_{i \cdot} - \overline{X})^2 . \qquad (9\text{-}15)$$

S_E 反映了样本内部的随机误差，称为误差平方和，S_A 反映样本之间差异，称为效应平方和（或组间平方和）. 利用统计学的有关知识可以得到如下结论.

【定理 9-1】　若 $X_{ij} \sim N(\mu_i, \sigma^2), i = 1, 2, \cdots, r, j = 1, 2, \cdots, n_i$，有下列结论成立：

(1) $\dfrac{S_E}{\sigma^2} \sim \chi^2(n-r)$，且有 $E\left(\dfrac{S_E}{n-r}\right) = \sigma^2$；

(2) 当 H_0 为真时，$\dfrac{S_A}{\sigma^2} \sim \chi^2(r-1)$，且有 $E\left(\dfrac{S_A}{r-1}\right) = \sigma^2$；

(3) S_A 与 S_E 相互独立．

所以当 H_0 成立时，有

$$\frac{S_A}{(r-1)\sigma^2} \Big/ \frac{S_E}{(n-r)\sigma^2} = \frac{S_A/(r-1)}{S_E/(n-r)} \sim F(r-1, n-r).$$

综上所述，分式 $F = \dfrac{S_A/(r-1)}{S_E/(n-r)}$ 的分子与分母独立，分母 $\dfrac{S_E}{n-r}$ 不论 H_0 是否为真，其数学期望总是 σ^2，而当 H_0 为真时，分子 $\dfrac{S_A}{r-1}$ 的数学期望为 σ^2．当 H_0 不真时，通过讨论可知 F 的值有偏大的趋势，取 $F = \dfrac{S_A/(r-1)}{S_E/(n-r)}$ 为检验统计量，故知检验问题的拒绝域为

$$F = \frac{S_A/(r-1)}{S_E/(n-r)} \geqslant k, \tag{9-16}$$

给定显著性水平 α，可得　$k = F_\alpha(r-1, n-r)$．

上述分析的结果可排成如表 9-2 所列的形式，称为方差分析表．

表 9-2

方差来源	平方和	自由度	均方	F 比
因素 A	S_A	$r-1$	$\overline{S}_A = \dfrac{S_A}{r-1}$	$F = \dfrac{\overline{S}_A}{\overline{S}_E}$
误差	S_E	$n-r$	$\overline{S}_E = \dfrac{S_E}{n-r}$	
总和	S_T	$n-1$		

【例 9-1】　表 9-3 列出了随机选取的用于计算器 4 种类型电路的响应时间（以 ms 计）．

表 9-3

类型 I	类型 II	类型 III	类型 IV
19　15	20　40	16　17	18
22	21	15	22
20	33	18	19
18	27	26	

这里，试验的指标是电路的响应时间，电路类型为因素，这一因素有 4 个水

平，设 4 种类型电路的响应时间总体均为正态分布，且各总体的方差相同，但参数均未知，又设各样本相互独立，试取显著性水平 $\alpha=0.05$，检验各类型电路的响应时间是否有显著差异.

解 分别以 μ_1,μ_2,μ_3,μ_4 记 I，II，III，IV 4 种类型电路的响应时间总体的均值，我们需检验（$\alpha=0.05$）

$$\begin{cases} H_0:\mu_1=\mu_2=\mu_3=\mu_4, \\ H_1:\mu_1,\mu_2,\mu_3,\mu_4 \text{不全相等}. \end{cases}$$

现在 $n=18, r=4, n_1=n_2=n_3=5, n_4=3$，

$$S_T = \sum_{i=1}^4 \sum_{j=1}^{n_i} (X_{ij}-\overline{X})^2 = 714.44,$$

$$S_A = \sum_{i=1}^4 \sum_{j=1}^{n_i} (\overline{X_{i\cdot}}-\overline{X})^2 = \sum_{i=1}^4 n_i(\overline{X_{i\cdot}}-\overline{X})^2 = 318.98,$$

$$S_E = S_T - S_A = 395.46,$$

S_T，S_A，S_E 的自由度分别为 17,3,14，结果见表 9-4 中所列.

表 9-4

方差来源	平方和	自由度	均方	F 比
因素 A	318.98	3	106.33	3.76
误差	395.46	14	28.25	
总和	714.44	17		

因为 $F_{0.05}(3,14)=3.34<3.76$，故在显著性水平 $\alpha=0.05$ 下拒绝 H_0，认为各类型电路的响应时间有显著差异.

第二节　一元线性回归

在客观世界中普遍存在着变量之间的关系，这种相互关系一般可分为确定性关系和非确定性关系，如电路中欧姆定律 $V=IR$，匀加速运动中关系式 $S=v_0 t+\dfrac{1}{2}at^2$，v_0,a 均已知，它们都是确定性关系；又如，人的年龄与血压之间的关系，身高与体重之间的关系等，它们都是非确定性关系. 确定这类非确定性变量之间关系的数学方法称为回归分析. 主要内容有：

（1）通过对大量试验数据的分析、处理，得到两个变量之间的经验公式，即一元线性回归方程；

（2）对经验公式的可信程度进行检验，判断经验公式是否可信；

（3）利用已建立的经验公式，进行预测和控制．

一、 散点图与回归直线

在一元线性回归分析里，主要是考察随机变量 Y 与普通变量 x 之间的关系，通过试验，可得到 x, Y 的若干对实测数据，将这些数据在坐标系中描绘出来，所得到的图叫作散点图．

【例 9-2】　在硝酸钠的溶解度试验中，测得在不同温度 x（℃）下，溶解于 100 份水中的硝酸钠份数 y 的数据如下．

x	0	4	10	15	21	29	36	61	68
y	66.7	71.0	76.3	80.6	85.7	92.9	99.4	113.6	125.1

画出散点图并建立 x, y 的经验公式．

解　将每对观察值 (x_i, y_j) 在直角坐标系中描出，得散点图如图 9-1 所示．从图上可以看出，这些点虽不在一条直线上，但都在一条直线附近，于是，很自然会想到用一条直线来近似地表示 x, y 之间的关系，这条直线的方程就叫作 y 对 x 的一元线性回归方程．

设这条直线的方程为 $\hat{y} = a + bx$，其中 b 叫作回归系数（$\hat{y}$ 表示直线上 y 的值，与实际值 y_i 不同）．

一般地，假设　$Y \sim N(a + bx, \sigma^2)$，其中 a, b, σ^2 都是不依赖于 x 的未知参数，记 $\varepsilon = Y - (a + bx)$，则 $\varepsilon \sim N(0, \sigma^2)$，故有

$$\begin{cases} Y = a + bx + \varepsilon, \\ \varepsilon \sim N(0, \sigma^2). \end{cases} \tag{9-17}$$

其中，未知参数 a, b, σ^2 均不依赖 x，式（9-17）称为一元线性回归模型，其中 b 称为回归系数．

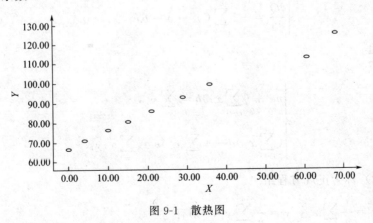

图 9-1　散热图

下面我们来讨论 a, b 的求法．

二、 a , b 的估计

取 x 的 n 个不全相同的值 $x_1, x_2, \cdots, x_n$ 作独立试验，得到样本

$$(x_1, Y_1), (x_2, Y_2), \cdots, (x_n, Y_n),$$

样本值为

$$(x_1, y_1), (x_2, y_2), \cdots, (x_n, y_n),$$

于是

$$Y_i = a + bx_i + \varepsilon_i, \varepsilon_i \sim N(0, \sigma^2), \text{ 各 } \varepsilon_i \text{ 相互独立,} \quad (9\text{-}18)$$

即 $\quad Y_i \sim N(a + bx_i, \sigma^2), i = 1, 2, \cdots, n$, 且 $Y_1, Y_2, \cdots, Y_n$ 相互独立, $\quad (9\text{-}19)$

所以有 $Y_1, Y_2, \cdots, Y_n$ 的联合密度为

$$L = \prod_{i=1}^{n} \frac{1}{\sqrt{2\pi}\sigma} \exp\left[-\frac{1}{2\sigma^2}(y_i - a - bx_i)^2\right]$$

$$= \left(\frac{1}{\sqrt{2\pi}\sigma}\right)^n \exp\left[-\frac{1}{2\sigma^2}\sum_{i=1}^{n}(y_i - a - bx_i)^2\right].$$

a , b 可用最大似然估计法去估计得到，显然，欲使 L 取最大值，只需要函数

$$Q(a, b) = \sum_{i=1}^{n}(y_i - a - bx_i)^2 \quad (9\text{-}20)$$

取最小值，其必要条件为

$$\begin{cases} \dfrac{\partial Q}{\partial a} = -2\sum_{i=1}^{n}(y_i - a - bx_i) = 0, \\ \dfrac{\partial Q}{\partial b} = -2\sum_{i=1}^{n}(y_i - a - bx_i)x_i = 0. \end{cases} \quad (9\text{-}21)$$

得方程组

$$\begin{cases} na + \left(\sum_{i=1}^{n} x_i\right)b = \sum_{i=1}^{n} y_i, \\ \left(\sum_{i=1}^{n} x_i\right)a + \left(\sum_{i=1}^{n} x_i^2\right)b = \sum_{i=1}^{n} x_i y_i. \end{cases} \quad (9\text{-}22)$$

式（9-22）称为正规方程组.

记 $\overline{x} = \dfrac{1}{n}\sum_{i=1}^{n} x_i$, $\overline{y} = \dfrac{1}{n}\sum_{i=1}^{n} y_i$, 则有

$$\begin{cases} \hat{b} = \dfrac{n\sum\limits_{i=1}^{n} x_i y_i - (\sum\limits_{i=1}^{n} x_i)(\sum\limits_{i=1}^{n} y_i)}{n\sum\limits_{i=1}^{n} x_i^2 - (\sum\limits_{i=1}^{n} x_i)^2} = \dfrac{\sum\limits_{i=1}^{n}(x_i - \overline{x})(y_i - \overline{y})}{\sum\limits_{i=1}^{n}(x_i - \overline{x})^2}, \\[2em] \hat{a} = \overline{y} - \hat{b}\overline{x}. \end{cases} \tag{9-23}$$

在得到了 a,b 的估计 $\hat{a},\hat{b}$ 后,对于给定的 x,我们就取 $\hat{a}+\hat{b}x$ 作为回归函数 $a+bx$ 的估计,我们称 $\hat{y}=\hat{a}+\hat{b}x$ 为 Y 关于 x 的经验回归函数,简称回归方程,其图形称为回归直线.

将 $\hat{a}=\overline{y}-\hat{b}\overline{x}$ 代入 $\hat{y}=\hat{a}+\hat{b}x$,则回归方程也可写成

$$\hat{y} = \hat{a} + \hat{b}x = \overline{y} - \hat{b}\overline{x} + \hat{b}x = \overline{y} + \hat{b}(x - \overline{x}). \tag{9-24}$$

为了计算上的方便,我们引入下述记号:

$$\begin{cases} S_{xx} = \sum\limits_{i=1}^{n}(x_i - \overline{x})^2 = \sum\limits_{i=1}^{n} x_i^2 - \dfrac{1}{n}(\sum\limits_{1}^{n} x_i)^2 = \sum\limits_{i=1}^{n} x_i^2 - n\overline{x}^2, \\[1.5em] S_{xy} = \sum\limits_{i=1}^{n}(x_i - \overline{x})(y_i - \overline{y}) = \sum\limits_{i=1}^{n} x_i y_i - \dfrac{1}{n}(\sum\limits_{i=1}^{n} x_i)(\sum\limits_{i=1}^{n} y_i), \\[1.5em] S_{yy} = \sum\limits_{i=1}^{n}(y_i - \overline{y})^2 = \sum\limits_{i=1}^{n} y_i^2 - \dfrac{1}{n}(\sum\limits_{i=1}^{n} y_i)^2 = \sum\limits_{i=1}^{n} y_i^2 - n\overline{y}^2. \end{cases} \tag{9-25}$$

这样 a,b 的估计值可写成

$$\begin{cases} \hat{b} = \dfrac{S_{xy}}{S_{xx}}, \\[1.2em] \hat{a} = \overline{y} - \hat{b}\overline{x}. \end{cases} \tag{9-26}$$

【例 9-3】(续例 9-2)计算例 9-2 中 y 对 x 的一元线性回归方程.

解 这里 $n=9$,(x_i, y_j) 由例 9-2 给出,计算得

$$\overline{x} = 26, \quad \overline{y} = 90.144,$$

$$S_{xx} = \sum\limits_{i=1}^{n} x_i^2 - n\overline{x}^2 = 4060, \quad S_{yy} = \sum\limits_{i=1}^{n} y_i^2 - n\overline{y}^2 = 3083.9822,$$

$$S_{xy} = \sum\limits_{i=1}^{n} x_i y_i - \dfrac{1}{n}(\sum\limits_{i=1}^{n} x_i)(\sum\limits_{i=1}^{n} y_i) = 3534.8,$$

$$\hat{b} = \dfrac{S_{xy}}{S_{xx}} = \dfrac{3534.8}{4060} = 0.8706, \quad \hat{a} = \overline{y} - \hat{b}\overline{x} = 90.144 - 0.8706 \times 26 = 67.5078.$$

故所求回归方程为

$$\hat{y} = 67.5078 + 0.8706x.$$

三、 σ^2的估计

记y_i与回归值$\hat{y}_i = \bar{y} + \hat{b}(x_i - \bar{x})$之差的平方和称残差平方和，记

$$Q_e = \sum_{i=1}^{n}(y_i - \hat{y}_i)^2 = \sum_{i=1}^{n}[y_i - \bar{y} - \hat{b}(x_i - \bar{x})]^2$$

$$= \sum_{i=1}^{n}(y_i - \bar{y})^2 - 2\hat{b}\sum_{i=1}^{n}(y_i - \bar{y})(x_i - \bar{x}) + \hat{b}^2\sum_{i=1}^{n}(x_i - \bar{x})^2$$

$$= \sum_{i=1}^{n}(y_i - \bar{y})^2 - \hat{b}^2\sum_{i=1}^{n}(x_i - \bar{x})^2 = \sum_{i=1}^{n}y_i^2 - n\bar{y}^2 - \hat{b}^2 S_{xx}$$

$$= S_{yy} - \hat{b}^2 S_{xx}$$

$$= S_{yy} - \hat{b}S_{xy}(\text{因为}\hat{b}S_{xx} = S_{xy}). \tag{9-27}$$

可以证明，$\dfrac{Q_e}{\sigma^2} \sim \chi^2(n-2)$，于是有$E(\dfrac{Q_e}{n-2}) = \sigma^2$，从而有

$$\hat{\sigma}^2 = \frac{Q_e}{n-2} \tag{9-28}$$

它是σ^2的无偏估计.

【例 9-4】（续例 9-2）求例 9-2 中σ^2的无偏估计.

解 根据例 9-3 的计算结果得

$$Q_e = S_{yy} - \hat{b}S_{xy} = 3083.9822 - 0.8706 \times 3534.8 = 6.58532,$$

所以σ^2的估计值为

$$\hat{\sigma}^2 = \frac{Q_e}{n-2} = \frac{6.58532}{9-2} = 0.94076.$$

四、 线性假设的显著性检验

我们所求的一元线性回归方程$\hat{y} = \hat{a} + \hat{b}x$，是在线性假设$Y = a + bx + \varepsilon$的前提下得到的，一般情况下，给定$n$对数组，总能建立一个方程，但是这个方程是否有效，还需作检验，也就是说回归是否显著需要检验.若回归方程中$b = 0$，则回归方程变成$y = a$，不再与x有关，因此若回归方程$\hat{y} = \hat{a} + \hat{b}x$有实用价值，$b$不应为0，故问题的实质是检验回归系数$b$是否为0，因此我们需要检验假设

$$H_0 : b = 0, H_1 : b \neq 0. \tag{9-29}$$

可以证明

$$\hat{b} \sim N\left(b, \frac{\sigma^2}{S_{xx}}\right), \tag{9-30}$$

又知

$$\frac{(n-2)\hat{\sigma}^2}{\sigma^2}=\frac{Q_e}{\sigma^2}\sim\chi^2(n-2),$$

且可以证明 $\hat{b}$, Q_e 相互独立，故有

$$t=\frac{\hat{b}-b}{\sigma/\sqrt{S_{xx}}}\bigg/\sqrt{\frac{(n-2)\hat{\sigma}^2}{\sigma^2}\bigg/(n-2)}\sim t(n-2),$$

即

$$t=\frac{\hat{b}-b}{\hat{\sigma}}\sqrt{S_{xx}}\sim t(n-2).$$

当 H_0 成立时，$b=0$，此时检验统计量为

$$t=\frac{\hat{b}}{\hat{\sigma}}\sqrt{S_{xx}}\sim t(n-2). \tag{9-31}$$

所以对已给显著性水平 α，H_0 的拒绝域为

$$W=\left\{|t|=\frac{|\hat{b}|}{\hat{\sigma}}\sqrt{S_{xx}}\geqslant t_{\alpha/2}(n-2)\right\}. \tag{9-32}$$

当 H_0 被拒绝时，即有 $b\neq0$，可认为回归效果显著；反之，就认为回归效果不显著.

当回归效果显著时，还可以进一步计算回归系数 b 的置信度为 $1-\alpha$ 的置信区间，具体结果如下.

$$\left(\hat{b}-t_{\alpha/2}(n-2)\frac{\hat{\sigma}}{\sqrt{S_{xx}}},\hat{b}+t_{\alpha/2}(n-2)\frac{\hat{\sigma}}{\sqrt{S_{xx}}}\right). \tag{9-33}$$

【例 9-5】（续例 9-2）检验例 9-2 中的回归方程效果是否显著，并计算回归系数 b 的置信度为 $1-\alpha$ 的置信区间，取 $\alpha=0.05$.

解　由前面计算知 $\hat{b}=0.8706$，$S_{xx}=4060$，$\hat{\sigma}^2=0.94076$，查表得 $t_{\alpha/2}(n-2)=t_{0.025}(7)=2.3646$，所以对已给显著性水平 $\alpha=0.05$，H_0 的拒绝域为

$$W=\{|t|>t_{0.025}(7)=2.3646\},$$

因为

$$|t|=\frac{|\hat{b}|}{\hat{\sigma}}\sqrt{S_{xx}}=\frac{0.8706}{\sqrt{0.94076}}\times\sqrt{4060}=57.1928>2.3646,$$

故拒绝 H_0，认为回归效果是显著的.

回归系数 b 的置信度为 $1-\alpha=0.95$ 的置信区间为

$$\left(0.8706-2.3646\times\frac{\sqrt{0.94076}}{\sqrt{4060}},0.8706,+2.3646\times\frac{\sqrt{0.94076}}{\sqrt{4060}}\right)$$

$$=(0.83461,0.90659).$$

最后介绍一下利用回归方程进行预测与控制.

在求出随机变量 Y 与变量 x 的一元线性回归方程,并通过检验后,便能用回归方程进行预测和控制.

对给定的 $x=x_0$,根据回归方程求得 $\hat{y}_0=\hat{a}+\hat{b}x_0$,作为 y_0 的预测值,这种方法叫作点预测.

区间预测就是对给定的 $x=x_0$,利用区间估计的方法求出 y_0 的置信区间.

可以证明 y_0 的置信水平为 $1-\alpha$ 的置信区间的具体结果如下:

$$\left(\hat{a}+\hat{b}x_0\pm t_{\alpha/2}(n-2)\hat{\sigma}\sqrt{1+\frac{1}{n}+\frac{(x_0-\overline{x})^2}{S_{xx}}}\right). \tag{9-34}$$

当然也可以利用回归方程做控制,控制是预测的反问题,就是如何控制 x 值,使 y 落在指定范围内,也就是给定 y 的变化范围来求 x 的变化范围,这里不作介绍,需要了解的读者可以查看相关的书籍.

第三节 方差分析与回归分析应用实例

【例 9-6】 某国家作了一项调查,研究地理位置与患抑郁症之间的关系. 他们选择了 60 个 65 岁以上的健康老人组成一个样本,其中 20 个人居住在 A 地区、20 个人居住在 B 地区、20 个人居住在 C 地区. 对选中的每个人给出了测量抑郁症的一个标准化检验,搜集到表 9-5 中的数据资料,较高的得分表示较高的抑郁症水平. 在显著性水平 $\alpha=0.05$ 时,用单因素方差分析法判断不同地理位置中,健康老人患抑郁症的测试平均水平是否相同?〔假定三个地区健康老人得抑郁症的水平服从正态分布 $X_i \sim N(\mu_i,\sigma^2)$,$i=1,2,3$〕.

表 9-5

地 区	分 值
A	3 7 7 3 8 8 5 5 2 6 2 6 6 9 7 5 4 7 3
B	8 11 9 7 8 7 8 4 13 10 6 8 12 8 6 8 5 7 7 8
C	10 7 3 5 11 8 4 3 7 8 7 3 9 8 12 6 3 8 11

解 该案例探讨地理位置对健康人群患抑郁症是否有显著影响. 其实质是检验不同水平下,不同正态总体方差不变的情况下,总体均值是否相等.

分别将测得的三个地区 65 岁以上的健康老人的抑郁症的水平作为三个正态总体 X_1,X_2,X_3. 设 $X_i \sim N(\mu_i,\sigma^2)$,$i=1,2,3$. 则问题归结为检验假设:

$$H_0:\mu_1=\mu_2=\mu_3,H_1:\mu_1,\mu_2,\mu_3 \text{不全相等}$$

由所给的数据计算三个地区的样本均值及其自由度,

$$\overline{X_{1.}}=5.55 \quad \overline{X_{2.}}=8 \quad \overline{X_{3.}}=7.05 \quad \overline{X}=6.87,$$

效应平方和为

$$S_A = \sum_{i=1}^{r} n(\overline{X_{i\cdot}} - \overline{X})^2 = 61.03333,\ \text{自由度为}\ r-1 = 2,$$

均方　　　　　　$\overline{S_A} = S_A/(r-1) = 61.03333/2 = 30.51667,$

误差平方和为

$$S_E = \sum_{i=1}^{r}\sum_{j=1}^{n}(X_{ij} - \overline{X_{i\cdot}})^2 = 331.9,\ \text{自由度为}\ r(n-1) = 57,$$

均方　　　　　　$\overline{S_E} = S_E/r(n-1) = 331.9/57 = 5.822807,$

总方差　　　　　　$S_T = S_A + S_E = 392.93333$

自由度为　　　　$(r-1) + r(n-1) = rn - 1 = 59,$

计算方差比为

$$F = \frac{\overline{S_A}}{\overline{S_E}} = \frac{S_A/(r-1)}{S_E/r(n-1)} = \frac{30.51667}{5.822807} = 5.240886,$$

因为 $F \sim F(2,57)$，当显著性水平 $\alpha = 0.05$ 时，查表（9-6）得临界值为 3.158846.

表 9-6

方差来源	平方和	自由度	均方	F 比	临界值 $F_{0.05}$ (2,57)
因素 A	61.03333	2	30.51667	5.240886	3.158846
误差	331.9	57	5.822807		
总和	392.9333	59			

结论：从分析结果（表 9-6）看，由于 5.240886＞3.158846，因此有理由拒绝原假设，即地理位置对健康人群得抑郁症的水平有显著影响.

【例 9-7】　从某大学生中随机选取 8 名女大学生，其身高和体重数据见表 9-7 所列.

表 9-7

编号	1	2	3	4	5	6	7	8
身高/cm	165	165	157	170	175	165	155	170
体重/kg	48	57	50	54	64	61	43	59

求：根据女大学生的身高预报体重的回归方程，并预计一名身高为 172cm 的女大学生的体重

解　由于问题中要求根据身高预报体重，因此选取身高为自变量 x，体重为因变量 y.

身高和体重的散点图如图 9-2 所示，样本点呈条状分布，可以看出身高与体重有比较好的线性关系，因此可以用一元线性回归方程近似描述它们之间的关系.

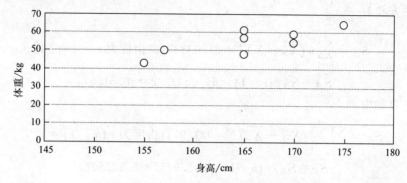

图 9-2　身高和体重的散点图

根据式(9-23)可得

$$\hat{b}=0.849, \quad \hat{a}=-85.712,$$

于是得到回归方程

$$\hat{y}=0.849x-85.712,$$

因此，对于身高为 172cm 的女大学生，由回归方程可以预测其体重为

$$\hat{y}=0.849\times172-85.712=60.616(\mathrm{kg})$$

我们可以利用计算相关系数的公式

$$r=\frac{\sum_{i=1}^{n}(x_i-\overline{x})(y_i-\overline{y})}{\sqrt{\sum_{i=1}^{n}(x_i-\overline{x})^2(y_i-\overline{y})^2}}$$

来描述其线性关系的强弱.

当 $r>0$ 时，表明两个变量正相关；当 $r<0$ 时，表明两个变量负相关. r 的绝对值越接近 1，表明两个变量线性相关性越强，r 的绝对值越接近 0，表明两个变量几乎不存在线性关系. 通常，当 r 的绝对值大于 0.75 时，认为两个变量有较强的线性关系.

在本例中，可以计算出 $r=0.798$，这表明体重与身高有较强的线性关系，从而也表明我们建立的回归方程是有意义的.

【例 9-8】　已知某商店的商品销售利润 Y 万元对商品进货额 x 万元的一组统计资料如表 9-8 所示.

表 9-8

商品进货额 x/万元	50	15	25	37	48	65	40
商品销售利润 Y/万元	12	4	6	8	15	25	10

试求：

（1）该商店商品销售利润 Y 万元对商品进货额 x 万元的回归直线方程．

（2）在显著性水平 $\alpha = 0.01$ 下，检验该商店商品销售利润 Y 万元与商品进货额 x 万元是否有显著线性关系．

（3）商品进货额 x 每增加 1 万元，商品销售利润 Y 平均增加多少？

（4）当商品进货额 x 为 60 万元时，商品销售利润 Y 估计是多少？

解（1）$\bar{x} = \frac{1}{n}\sum_{i=1}^{n}x_i = \frac{280}{7} = 40, \bar{y} = \frac{1}{n}\sum_{i=1}^{n}y_i = \frac{80}{7} = 11.43$，

$$S_{xx} = \sum_{i=1}^{n}x_i^2 - \frac{\left(\sum_{i=1}^{n}x_i\right)^2}{n} = 12848 - \frac{(280)^2}{7} = 1648，$$

$$S_{xy} = \sum_{i=1}^{n}x_iy_i - \frac{\sum_{i=1}^{n}x_i\sum_{i=1}^{n}y_i}{n} = 3851 - \frac{280\times80}{7} = 651，$$

$$\hat{b} = \frac{S_{xy}}{S_{xx}} = \frac{651}{1648} \approx 0.40, \hat{a} = \bar{y} - \hat{b}\bar{x} = \frac{80}{7} - 0.40\times\frac{280}{7} \approx -4.57，$$

所以，Y 对 x 的回归直线方程为 $\hat{y} = -4.57 + 0.40x$．

（2）下面检验回归直线方程的显著性．

提出假设 $H_0:b=0, H_1:b\neq0$，当 H_0 为真时，检验统计量为

$$t = \frac{\hat{b}}{\hat{\sigma}}\sqrt{S_{xx}} \sim t(n-2)，$$

计算得

$$S_{yy} = \sum_{i=1}^{n}y_i^2 - \frac{\left(\sum_{i=1}^{n}y_i\right)^2}{n} = 1210 - \frac{(80)^2}{7} \approx 295.7，$$

$$\hat{b} = 0.4, s_{xx} = 1648, \hat{\sigma}^2 = \frac{Q_e}{n-2} = \frac{s_{yy} - \hat{b}\cdot s_{xy}}{n-2} = \frac{295.7 - 0.4\times651}{5} = 7.06，$$

所以有

$$t = \frac{0.4}{\sqrt{7.06}}\times\sqrt{1648} = 6.1113，$$

H_0 的拒绝域为 $W = \{|t| \geqslant t_{\frac{\alpha}{2}}(n-2)\}$，查表得 $t_{\frac{\alpha}{2}}(n-2) = t_{0.005}(5) = 4.0322$，$t$ 值落在拒绝域中，所以可以认为销售利润 Y 万元与商品进货额 x 万元具有特别显著的线性关系，即回归直线方程有意义．

（3）由于回归系数 $\hat{b} = 0.40 > 0$，所以商品进货额 x 每增加 1 万元，商品销售

利润 Y 平均增加 0.40 万元．

（4）在回归直线方程中变量 x 用 60 代入得到

$$\hat{y}\,|_{x=60} = -4.57 + 0.40 \times 60 = 19.43 \text{（万元）}$$

所以，当商品进货额为 60 万元时，商品销售利润 Y 大约为 19.43 万元．

第四节　方差分析与回归分析的 MATLAB 实现

方差分析与回归分析都是数理统计中具有广泛应用的内容，是数据处理的重要方法，本节我们仅介绍利用 MATLAB 实现单因素试验的方差分析和一元线性回归分析，具体命令由表 9-9 给出．

表 9-1

函数名	调用形式	注　释
单因素试验的方差分析	P＝anoval(x)	该函数是比较两组或多组样本数据的均值之间是否有显著性差异．P＝anoval(x)用于当各总体下的样本数据个体相等时，x 表示样本矩阵，矩阵的每一列都是某一总体的一个样本．返回检验的显著性概率 P． 显著性概率 P 是 F 检验统计量大于 F 值的概率，若 P＜0.05 或 0.01,则拒绝原假设
单因素试验的方差分析	P＝anoval(x,group)	当各总体下的每一组样本的数据个数不尽相同时，可添加 group 参数，x 是所有样本组成的向量，group 是与 x 有相等长度的参数向量，并且 group 的元素标识 x 中相应元素所属组的样本
多元线性回归函数	[b,bint,r,rint,stats]＝ regress(y,x,alpha)	y 表示多元拟合的变量值的向量；x 表示多元拟合的自变量的值的矩阵；alpha 表示显著性水平，缺省的时候为 0.05；b 表示回归得到的自变量系数；bint 表示 b 的 95％的置信区间矩阵；r 表示残差向量；rint 表示残量的区间估计．stats 是返回的复相关系数，F 统计量和显著性概率 P．regress 是多元回归函数，当然也可以处理一元的线性回归问题

【例 9-9】　设有 3 台机器，用来生产规格相同的铝合金薄板取样，测量薄板的厚度精确至 0.1%cm，得结果如下：

机器 1：0.236　0.238　0.248　0.245　0.243.

机器 2：0.257　0.253　0.255　0.254　0.261.

机器 3：0.258　0.264　0.259　0.267　0.262.

问：检验各台机器所生产的薄板的厚度有无显著的差异？

解　此问题为单因素试验检验问题．

输入程序：

≫X=［ 0.236 0.238 0.248 0.245 0.243;

0.257 0.253 0.255 0.254 0.261;

0.258 0.264 0.259 0.267 0.262 ］;

≫P＝anoval(X′)

运行结果：

P＝

1.3431e-005

得到方差分析表如表 9-10 所示.

表 9-10

Source	SS	df	MS	F	Prob>F
Columns	0.00105	2	0.00053	32.92	1.34305e−05
Error	0.00019	12	0.00002		
Total	0.00125	14			

由显著性 P＜0.01，故拒绝原假设，即各台机器所生产的薄板的厚度有显著差异.

【例 9-10】 某灯泡厂用 4 种不同配方制成灯丝，检验灯丝对灯泡寿命（单位：h）的影响，其试验数据如下.

配方 1：1600 1610 1650 1680 1700 1720 1800.

配方 2：1580 1640 1640 1700 1750.

配方 3：1460 1550 1600 1620 1640 1600 1740 1820.

配方 4：1510 1520 1530 1570 1600 1680.

设灯泡寿命服从正态分布，试问灯泡寿命是否因灯丝配方不同而有显著差异（$\alpha=0.05$）.

解 此问题的检验问题为 H_0：灯泡寿命因灯丝配方不同没有显著差异.

输入程序：

≫X=[1600 1610 1650 1680 1700 1720 1800 1580 1640 1640 1700⋯

1750 1460 1550 1600 1620 1640 1600 1740 1820 1510 1520⋯

1530 1570 1600 1680];

≫group=[1,1,1,1,1,1,1,2,2,2,2,2,3,3,3,3,3,3,3,3,4,4,4,4,4,4];

≫P=anoval(X,group)

运行结果：

P＝

0.1208

得到方差分析表如表 9-11 所示.

表 9-11

Source	SS	df	MS	F	Prob>F
Groups	44799.2	3	14933.1	2.17	0.1208
Error	151650.8	22	6893.2		
Total	196450	25			

由显著性 $P>0.01$，故接受原假设，认为灯泡寿命没有因灯丝配方不同而有显著差异.

【例 9-11】 已知数据：x＝[187.1 179.5 157.0 197.0 239.4 217.8 227.1 233.4 242.0 251.9 230.0 271.8]，y＝[25.4 22.8 20.6 21.8 32.4 24.4 29.3 27.9 27.8 34.2 29.2 30.0]，作出 x 和 y 的一元线性回归分析.

解 输入程序：

≫x＝[187.1 179.5 157.0 197.0 239.4 217.8 227.1 233.4 242.0 251.9 230.0…271.8]′;

≫y＝[25.4 22.8 20.6 21.8 32.4 24.4 29.3 27.9 27.8 34.2 29.2 30.0]′;

≫plot(x,y,′o′)

运行结果：

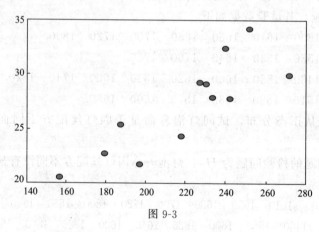

图 9-3

从图 9-3 中显然可以看到，x 和 y 具有线性关系.

输入程序：

≫x＝[ones(12,1),x];

≫[b,bint,r,rint,stats]＝regress(y,x)

运行结果：

b＝

3.4130

0.1081

bint＝

-7.0791　13.9050

0.0608　0.1554

stats＝

0.7218　25.9430　0.0005

所得回归直线为　$y=0.1081x+3.4130$.

习题

A 组　基本题

1. 将抗生素注入人体产生抗生素与血浆蛋白质结合的现象，以致降了药效．下表列出 5 种常用的抗生素注入牛的体内时，抗生素与血浆蛋白质结合的百分比．

青霉素	四环素	链霉素	红霉素	氯霉素
29.6	27.3	5.8	21.6	29.2
24.3	32.6	6.2	17.4	32.8
28.5	30.8	11.0	18.3	25.0
32.0	34.8	8.3	19.0	24.2

试在显著水平 $\alpha=0.05$ 下检验这些百分比的均值有无显著的差异．

2. 某防治站对 4 个林场的松毛虫密度进行调查，每个林场调查 5 块地的资料如下表．

林场	松毛虫密度/(头/标准地)				
A_1	192	189	176	185	190
A_2	190	201	187	196	200
A_3	188	179	191	183	194
A_4	187	180	188	175	182

判断 4 个林场松毛虫密度有无显著差异，取显著性水平 $\alpha=0.05$.

3. 一种新的清洁剂放在超市内部 3 个不同的位置销售展示，用来测试市场销售情况．在超市内各个位置售出的数量（以瓶计）如下．

位置	销售量			
I	40	35	44	38
II	32	38	30	35
III	45	48	50	50

试取显著性水平 $\alpha=0.01$ 检验各个位置的平均销售瓶数有无显著差异.

4. 一反应过程的中间步骤是在一个大气压下进行的,反应温度 $1\sim10℃$,相应的得率数据如下.

温度 x/(℃)	1	2	3	4	5	6	7	8	9	10
得率 y/ (%)	3	5	7	10	11	14	15	17	20	21

（1）求 Y 关于 x 的线性回归方程;

（2）若回归效果显著,写出 $x=4$ 处 Y 的点预测值,并求 $x=4$ 处观察值 Y 的置信水平为 0.95 的预测区间.

5. 蟋蟀用一个翅膀在另一个翅膀上快速地滑动,从而发出吱吱喳喳的叫声,生物学家知道叫声的频率 x 与气温 Y 具有线性关系.下表列出了 15 对频率与气温间的对应关系的观察结果.

频率 x_i（叫声数/s)	20.0	16.0	19.8	18.4	17.1	15.5	14.7	17.1
气温 y_i（℃)	31.4	22.0	34.1	29.1	27.0	24.0	20.9	27.8
频率 x_i（叫声数/s)	15.4	16.2	15.0	17.2	16.0	17.0	14.4	
气温 y_i（℃)	20.8	28.5	26.4	28.1	27.0	28.6	24.6	

试求 Y 关于 x 的线性回归方程.

B 组　提高题

1. 为寻求适应本地区的高产油品种,今选了 5 种不同品种进行试验,每一品种在 4 块试验田上试种,得到在每一块田上的亩产量如下.

田块 品种	A_1	A_2	A_3	A_4	A_5
1	256	244	250	288	206
2	222	300	277	280	212
3	280	290	230	315	220
4	298	275	322	259	212

请回答：不同品种的平均亩产量是否有显著差异?

2. 下表列出了 18 名 $5\sim8$ 岁儿童的体重（这是容易测得的）和体积（这是难以测得的）.

体重 x/kg	17.1	10.5	13.8	15.7	11.9	10.4	15.0	16.0	17.8
体积 y/dm^3	16.7	10.4	13.5	15.7	11.6	10.2	14.5	15.8	17.6
体重 x/kg	15.8	15.1	12.1	18.4	17.1	16.7	16.5	15.1	15.1
体积 y/dm^3	15.2	14.8	11.9	18.3	16.7	16.6	15.9	15.1	14.5

（1）画出散点图;

（2）求 Y 关于 x 的线性回归方程 $\hat{y}=\hat{a}+\hat{b}x$;

（3）求 $x=14.0$ 时 Y 的置信水平为 0.95 的预测区间.

3. 在钢线碳含量对于电阻的效应的研究中，得到以下的数据.

碳含量 $x/(\%)$	0.10	0.30	0.40	0.55	0.70	0.80	0.95
20℃时电阻 $y/\mu\Omega$	15	18	19	21	22.6	23.8	26

（1）画出散点图；

（2）求线性回归方程 $\hat{y}=\hat{a}+\hat{b}x$；

（3）求 $x=0.50$ 处观察值 Y 的置信水平为 0.95 的预测区间.

4. 下表数据是退火温度 x（℃）对黄铜延性 Y 效应的试验结果，Y 是以延长度计算的.

$x/℃$	300	400	500	600	700	800
$y/(\%)$	40	50	55	60	67	70

画出散点图并求 Y 对于 x 的线性回归方程.

5. 请用 MATLAB 软件完成 A 组和 B 组各题，并用一个文件名存盘.

第一章 A 组 基本题

1. (1) 0.3；(2) $P(A)=\dfrac{2}{3}$；(3) $\dfrac{2}{3}$；(4) 0.915；(5) 0.56.

2. (1) (D)；(2) (B)；(3) (A)；(4) (C)；(5) (C) .

3. (1) $A\bar{B}\bar{C}$；(2) $AB\bar{C}$；(3) $\overline{ABC}$ 或 $\bar{A}\cup\bar{B}\cup\bar{C}$；(4) $A\cup B\cup C$；
(5) $\bar{A}B\cup\bar{B}C\cup A\bar{C}$；(6) $\overline{ABC}$ 或 $\overline{A\cup B\cup C}$；(7) $\overline{AB\cup BC\cup AC}$；
(8) $A\bar{B}\bar{C}\cup\bar{A}B\bar{C}\cup\bar{A}\bar{B}C$；(9) $AB\bar{C}\cup A\bar{B}C\cup\bar{A}BC$；
(10) $AB\cup AC\cup BC$.

4. (1) 当 $A\cup B=B$ 时，$P(AB)$ 最大，最大值是 0.6.
(2) 当 $A\cup B=S$ 时，$P(AB)$ 最小．最小值是 0.3.

5. $\dfrac{5}{8}$.

6. 0.1591.

7. $\dfrac{7}{15}$.

8. $\dfrac{63}{125}$.

9. $\dfrac{11}{130}$.

10. (1) $\dfrac{1}{12}$；(2) $\dfrac{1}{20}$.

11. 记 X 为最大个数，$P\{X=1\}=\dfrac{6}{16}$，$P\{X=2\}=\dfrac{9}{16}$，$P\{X=3\}=\dfrac{1}{16}$.

12. $\dfrac{1}{3}$.

13. (1) $\dfrac{n}{n+m}\dfrac{N+1}{M+N+1}+\dfrac{m}{n+m}\dfrac{N}{M+N+1}$；(2) $\dfrac{53}{99}$.

14. $\dfrac{1}{5}$.

15. $\dfrac{20}{21}$.

16. $\dfrac{9}{13}$.

17. 0.6.

18. $\dfrac{2}{5}$.

19. (1) $\dfrac{4}{10}$; (2) $\dfrac{1}{3}$.

20. (1) $\dfrac{59}{90},\dfrac{31}{90}$; (2) $\dfrac{12}{59}$.

第一章 B组 提高题

1. (1) $\dfrac{3}{10}$; (2) $\dfrac{3}{5}$.

2. (1) $\dfrac{5}{9}$; (2) $\dfrac{16}{63}$; (3) $\dfrac{16}{35}$.

3. 0.18.

4. (1) $\dfrac{3}{2}p-\dfrac{1}{2}p^2$; (2) $\dfrac{2p}{p+1}$.

5. 0.1489.

6. $\dfrac{m}{m+2^r n}$.

7. (1) $\dfrac{5}{32}$; (2) $\dfrac{1}{4}$.

8. $\dfrac{196}{197}$.

9. $\dfrac{2\alpha p_1}{(3\alpha-1)p_1+1-\alpha}$.

10. (1) $\dfrac{1}{32}$; (2) $\dfrac{13}{20}$; (3) $\dfrac{17}{125}$; (4) $\dfrac{24}{125}$; (5) $\dfrac{1}{64}$.

11. $\dfrac{1}{20}$.

12. $\dfrac{8}{9}$.

13. $P(A_1|B)=0.8731, P(A_2|B)=0.1268, P(A_3|B)=5.7981\times10^{-5}$.

201

14. 0.380.

15. 略.

第二章 A组 基本题

1. (1) $\dfrac{2}{3}$; (2) 0.2; (3) $\dfrac{2}{3}$; (4) 0.4; (5) 0.5.

2. (1) (C); (2) (C); (3) (B); (4) (B); (5) (B).

3.

X	0	1	2
p_k	$\dfrac{22}{35}$	$\dfrac{12}{35}$	$\dfrac{1}{35}$

4. (1) 0.0729; (2) 0.00856; (3) 0.99954; (4) 0.40951.

5.

X	2	3	4	5	6	7	8	9	10	11	12
p_k	$\dfrac{1}{36}$	$\dfrac{2}{36}$	$\dfrac{3}{36}$	$\dfrac{4}{36}$	$\dfrac{5}{36}$	$\dfrac{6}{36}$	$\dfrac{5}{36}$	$\dfrac{4}{36}$	$\dfrac{3}{36}$	$\dfrac{2}{36}$	$\dfrac{1}{36}$

6.

X	1	2	3	...
p_k	$\dfrac{1}{3}$	$\dfrac{1}{3}\left(\dfrac{2}{3}\right)$	$\dfrac{1}{3}\left(\dfrac{2}{3}\right)^2$	...

7. (1) $\dfrac{1}{70}$; (2) 认为有区分能力.

8. 0.0025.

9. $\dfrac{3}{5}$.

10.

X	-1	2	3
p_k	$\dfrac{1}{4}$	$\dfrac{1}{2}$	$\dfrac{1}{4}$

11. (1) $P\{X\leqslant 3\}=F(3)=1-e^{-1.2}$;

(2) $P\{X\geqslant 4\}=1-F(4)=1-(1-e^{-1.6})=e^{-1.6}$;

(3) $P\{3<X<4\}=F(4)-F(3)=e^{-1.2}-e^{-1.6}$;

(4) $P\{X\leqslant 3\}\bigcup\{X\geqslant 4\}=1-P\{3<X<4\}=1-e^{-1.2}+e^{-1.6}$;

(5) $P\{X=2.5\}=0$.

12. $\dfrac{9}{64}$.

13. (1) $F(x)=\begin{cases}0, & x<1,\\ 2\left(x+\dfrac{1}{x}-2\right), & 1\leqslant x<2,\\ 1, & x\geqslant 2.\end{cases}$

(2) $F(x)=\begin{cases}0, & x<0,\\ \dfrac{x^2}{2}, & 0\leqslant x<1,\\ -\dfrac{x^2}{2}+2x-1, & 1\leqslant x<2,\\ 1, & x\geqslant 2.\end{cases}$

14. $X\sim U[2,6]$.

15. $\dfrac{19}{27}$.

16. (1) $\ln 2,1,\ln\dfrac{5}{4}$; (2) $f(x)=\begin{cases}\dfrac{1}{x}, & 1<x<\mathrm{e},\\ 0, & 其他.\end{cases}$

17. 0.9876

18. (1) $Z_{0.01}=2.33$; (2) $Z_{0.003}=2.75$; $Z_{0.0015}=2.96$.

19. $f_Y(y)=\begin{cases}\dfrac{y-8}{32}, & 8<y<16,\\ 0, & 其他.\end{cases}$

20.

Y	0	1	4	9
p_k	$\dfrac{1}{5}$	$\dfrac{7}{30}$	$\dfrac{1}{5}$	$\dfrac{11}{30}$

21. (1) $f_Y(y)=F'_Y(y)=\begin{cases}\dfrac{1}{y}, & 1<y<\mathrm{e}.\\ 0, & 其他.\end{cases}$

(2) $f_Y(y)=F_Y'(y)=\begin{cases}\dfrac{1}{2}\mathrm{e}^{-\frac{y}{2}}, & y>0,\\ 0, & 其他.\end{cases}$

第二章 B组 提高题

1. (1) $P(X=1)=\dfrac{7}{10}$, $P(X=2)=\dfrac{3}{10}\times\dfrac{7}{9}=\dfrac{7}{30}$,

$P(X=3)=\dfrac{3}{10}\times\dfrac{2}{9}\times\dfrac{7}{8}=\dfrac{7}{120}$, $P(X=4)=\dfrac{3}{10}\times\dfrac{2}{9}\times\dfrac{1}{8}\times\dfrac{7}{7}=\dfrac{1}{120}$;

(2) $P(X=k)=\left(\dfrac{7}{10}\right)\times\left(\dfrac{3}{10}\right)^{k-1}$ $(k=1,2,\cdots)$;

(3) $P(X=1)=\dfrac{7}{10}$, $P(X=2)=\dfrac{3}{10}\times\dfrac{8}{10}=\dfrac{24}{100}$,

$P(X=3)=\dfrac{3}{10}\times\dfrac{2}{10}\times\dfrac{9}{10}=\dfrac{54}{1000}$, $P(X=4)=\dfrac{3}{10}\times\dfrac{2}{10}\times\dfrac{1}{10}\times\dfrac{10}{10}=\dfrac{6}{1000}$.

2. (1) 0.321; (2) 0.243.

3. $F(x)=\begin{cases}0, & x<0,\\ \dfrac{x}{a}, & 0\leqslant x<a,\\ 1, & x\geqslant a.\end{cases}$

4. $\dfrac{232}{243}$.

5. $P(Y\geqslant 1)=1-\mathrm{e}^{-1}$.

6. (1) $P\{10<X<15\}+P\{25<X<30\}=\dfrac{1}{3}$;

(2) $P\{0<X<5\}+P\{15<X<20\}=\dfrac{1}{3}$.

7. $\sigma\leqslant 31.25$.

8. $P(Y\geqslant 2)=\dfrac{20}{27}$.

9. $a>0, c-\dfrac{b^2}{4a}>0, 4ac-b^2=4\pi^2$.

10. (1) $\alpha=0.0642$; (2) $\beta=\dfrac{0.576\times 0.001}{0.0642}\approx 0.009$.

11. 0.3204

12. (1) $f_Y(y)=\begin{cases}\dfrac{1}{\sqrt{2\pi}\,y}\mathrm{e}^{-\frac{(\ln y)^2}{2}}, & y>0,\\ 0, & y\leqslant 0.\end{cases}$

(2) $f_Y(y)=\begin{cases}\dfrac{1}{2\sqrt{\pi(y-1)}}\mathrm{e}^{-(y-1)/4}, & y>1,\\ 0, & y\leqslant 1.\end{cases}$

13. (1) $f_Y(y) = \dfrac{1}{3} \dfrac{1}{\sqrt[3]{y^2}} f(\sqrt[3]{y})$，$y \neq 0$

(2) $f_Y(y) = \begin{cases} \dfrac{1}{2\sqrt{y}} e^{-\sqrt{y}}, & y>0, \\ 0, & y \leqslant 0. \end{cases}$

14. $f_Y(y) = \begin{cases} \dfrac{2}{\pi \sqrt{1-y^2}}, & 0<y<1, \\ 0, & 其他. \end{cases}$

15. 略.

第三章　A 组　基本题

1. (1) 0.3；(2) $\sqrt{2}+1$；

(3) $\varphi(x,y) = \begin{cases} \dfrac{1}{2\sqrt{2\pi}} e^{-\frac{(y-1)^2}{2}}, & 0<x<2, -\infty<y<+\infty \\ 0, & 其他. \end{cases}$

(4) $1-[1-F_X(z)][1-F_Y(z)]$；(5) 0.5，$\dfrac{3}{4}$.

2. (1) (D)；(2) (A)；(3) (A)；(4) (A).

3. (1) 略.

(2) $\dfrac{19}{35}$，$\dfrac{6}{35}$，$\dfrac{4}{7}$，$\dfrac{2}{7}$.

4. (1) $\dfrac{7}{12}$；(2) $\dfrac{11}{48}$；(3) $\dfrac{9}{24}$.

5. (1)

X＼Y	0	1
0	25/36	5/36
1	5/36	1/36

(2)

X＼Y	0	1
0	45/66	10/66
1	10/66	1/66

6. (1) $\dfrac{1}{8}$；(2) $\dfrac{3}{8}$；(3) $\dfrac{27}{32}$；(4) $\dfrac{2}{3}$.

7. (1) $k=12$；(2) $F(x,y)=\begin{cases}(1-e^{-3x})(1-e^{-4y}), & x\geqslant0,y\geqslant0,\\0, & \text{其他}.\end{cases}$；

(3) $(1-e^{-3})(1-e^{-8})$.

8. 放回抽样时相互独立，不放回抽样时，不独立.

9. $f_X(x)=\begin{cases}e^{-x},x>0,\\0, & x\leqslant0.\end{cases}$ $f_Y(y)=\begin{cases}ye^{-y},y>0,\\0, & y\leqslant0.\end{cases}$

10. (1) $c=\dfrac{21}{4}$；

(2) $f_X(x)=\begin{cases}\dfrac{21}{8}x^2(1-x^4),-1\leqslant x\leqslant1,\\0, & \text{其他}.\end{cases}$ $f_Y(y)=\begin{cases}\dfrac{7}{2}y^{\frac{5}{2}},-1<y<1,\\0, & \text{其他}.\end{cases}$

11. $F_X(x)=\begin{cases}1-e^{-x},x>0,\\0, & \text{其他}.\end{cases}$ $F_Y(y)=\begin{cases}1-e^{y},y>0,\\0, & \text{其他}.\end{cases}$

12. $\dfrac{\lambda_1}{\lambda_1+\lambda_2}$.

13. $f_Z(z)=\begin{cases}1-e^{-z}, & 0\leqslant z\leqslant1,\\(e-1)e^{-z}, & z\geqslant1,\\0, & \text{其他}.\end{cases}$

第三章　B组　提高题

1. (1)

Y\X	0	1	2	3
1	0	3/8	3/8	0
3	1/8	0	0	1/8

(2)

X	0	1	2	3	Y	1	3
p_i	1/8	3/8	3/8	1/8	p_j	3/4	1/4

2. (1) $f(x,y)=\begin{cases}\dfrac{1}{2}e^{-y/2},0<x<1,y>0,\\0, & \text{其他}.\end{cases}$ (2) 0.1445.

3. (1) $f(x,y)=\begin{cases}\dfrac{1}{\pi R^2}, & x^2+y^2\leqslant R^2, \\ 0, & x^2+y^2>R^2.\end{cases}$

(2) $f_X(x)=\begin{cases}\dfrac{2}{\pi R^2}\sqrt{R^2-x^2}, & -R\leqslant x\leqslant R, \\ 0, & 其他.\end{cases}$

$f_Y(y)=\begin{cases}\dfrac{2}{\pi R^2}\sqrt{R^2-y^2}, & -R\leqslant y\leqslant R, \\ 0, & 其他.\end{cases}$

(3) 不独立.

4. (1) 不相互独立；(2) $f_Z(z)=\begin{cases}\dfrac{1}{2}z^2e^{-z}, & z>0, \\ 0, & z\leqslant 0.\end{cases}$

5. (1) $\dfrac{7}{24}$；(2) $=\begin{cases}2z-z^2, & 0<z<1, \\ (z-2)^2, & 1\leqslant z<2, \\ 0, & 其他.\end{cases}$

6. (1) $b=\dfrac{e}{e-1}$；

(2) $f_X(x)=\begin{cases}\dfrac{e^{-x}}{1-e^{-1}}, & 0<x<1, \\ 0, & 其他.\end{cases}$ $f_Y(y)=\begin{cases}e^{-y}, & y>0, \\ 0, & 其他.\end{cases}$

(3) $F_M(m)=\begin{cases}0, & m<0, \\ \dfrac{(1-e^{-m})^2}{1-e^{-1}}, & 0\leqslant m<1, \\ 1-e^{-m}, & m\geqslant 1.\end{cases}$

7. (1) 0.2，$\dfrac{1}{3}$.

(2)

V	0	1	2	3	4	5
p_k	0	0.04	0.16	0.28	0.24	0.28

(3)

U	0	1	2	3
p_k	0.28	0.30	0.25	0.17

（4）

W	0	1	2	3	4	5	6	7	8
p_k	0	0.02	0.06	0.13	0.19	0.24	0.19	0.12	0.05

8. (1) $f_1(x)=\begin{cases}\dfrac{x^3 \mathrm{e}^{-x}}{3!}, & x>0, \\ 0, & x\leqslant 0.\end{cases}$ (2) $f_2(x)=\begin{cases}\dfrac{x^5 \mathrm{e}^{-x}}{5!}, & x>0, \\ 0, & x\leqslant 0.\end{cases}$

9. 略.

第四章 A组 基本题

1. (1) 100^2; (2) 7; (3) 1,4,9; (4) 4; (5) -1.
2. (1) (D); (2) (C); (3) (D); (4) (A); (5) (B).
3. (1)

X	2	3	4	9
P	$\dfrac{1}{8}$	$\dfrac{5}{8}$	$\dfrac{1}{8}$	$\dfrac{1}{8}$

$E(X)=\dfrac{15}{4}$.

（2）

Y	2	3	4	9
P	$\dfrac{2}{30}$	$\dfrac{15}{30}$	$\dfrac{4}{30}$	$\dfrac{9}{30}$

$E(Y)=\dfrac{73}{15}$.

4. $E(X)=1.0556$.

5. $E(X)=\dfrac{25}{16}$.

6. $E(X)=1500(\min)$.

7. $E(X)=\theta$, $D(X)=\theta^2$.

8. $E(X)=\dfrac{1}{p}$, $D(X)=\dfrac{1-p}{p^2}$.

9. $E(X)=-0.2$, $E(X^2)=2.8$, $E(3X^2+5)=13.4$.

10. $\dfrac{1}{3}ka^2$.

11. $D(X)=\dfrac{2}{75}$.

12. 不相关，不相互独立．

13. $E(X+Y)=\dfrac{7}{6}$，$E(XY)=\dfrac{1}{3}$．

14. $\text{Cov}(X,Y)=\dfrac{1}{12}$．

15. 37.

16. $E(X)=E(Y)=\dfrac{7}{6}$，$\text{Cov}(X,Y)=-\dfrac{1}{36}$，$\rho_{XY}=\dfrac{-1}{11}$ $D(X+Y)=\dfrac{5}{9}$．

第四章　B 组　提高题

1. $E(X)=1$．

2. （1）$E(X)=\dfrac{n+1}{2}$　$D(X)=\dfrac{n^2-1}{12}$；

（2）$E(X)=\dfrac{1}{p}=n$，$D(X)=\dfrac{1-p}{p^2}=n^2\left(1-\dfrac{1}{n}\right)$．

3. （1）$\dfrac{3}{4}$，$\dfrac{5}{8}$；（2）$\dfrac{1}{8}$．

4. $E(XY)=\dfrac{3}{2}$，$D(XY)=\dfrac{11}{4}$．

5. 乘客平均候车时间为 10min25s．

6. 甲表走得较好．

7. 33.64 元．

8. （1）1200，1225；（2）1281.55 或 1282.

9. $E[(X+Y)^2]=2$．

$D(XY)=D(X)D(Y)+[E(Y)]^2D(X)+[E(X)]^2D(Y)$．

10. $E(X)=\dfrac{2}{3}$，$E(Y)=0$．

11. 三种情况都有 $E(Z)=29$．
对于 $D(Z)$：(1)独立，$D(Z)=109$；(2)不相关，$D(Z)=109$；(3)$D(Z)=94$.

12. 略．

第五章　A 组　基本题

1. $n\geqslant250$．

2. $P(50<Y_n\leqslant60)=0.4772$．

3. （1）0.8185；（2）$n=81.18$．

4. （1）0.0003；（2）0.5．

5. 0.0787.

6. 0.1075.

第五章　B组　提高题

1. (1) 0.9525；(2) $n=25$.

2. (1) 0.8968；(2) 0.7498.

3. 1537.

4. (1) $2\Phi(\sqrt{3n}\varepsilon)-1$；(2) 0.92；(3) 10.

第六章　A组　基本题

1. (1) 相互独立，相同；(2) 样本均值，样本方差；(3) 原点矩，中心矩；
(4) $\chi^2(n)$，$\chi^2(n-1)$；(5) $\dfrac{1}{3}$.

2. (1) (B)；(2) (A)；(3) (D)；(4) (C)；(5) (C) .

3. (1) 0.2628；(2) 0.2923，0.5785.

4. (1) 0.9722；(2) 0.975.

5. 0.8293.

6. 当 $n=18$ 时，$P\{\overline{X}\leqslant60\}=0.0345$. 当 $n=10$ 时，$P\{\overline{X}\leqslant60\}=0.0876$.

7. 0.10.

8. $E(\overline{X})=n$，$D(\overline{X})=2n/n=2$.

9. $E(\overline{X})=\lambda$，$D(\overline{X})=\dfrac{\lambda}{n}$，$E(S^2)=\lambda$.

10. (1) 0.99；(2) $\dfrac{2\sigma^4}{15}$.

11. $n\geqslant11$.

第六章　B组　提高题

1. $K=\dfrac{X}{\sqrt{Y}}=\dfrac{\dfrac{X}{9}}{\sqrt{\dfrac{Y/9}{9}}}\sim t(9)$.

2. (1) $E(\overline{X})=0$，$D(\overline{X})=0.16$ ($n=50$)；(2) $E(S^2)=\dfrac{4}{1225}$.

3. $E(U)=\sqrt{\dfrac{2}{\pi}}\sigma$，$D(U)=\left(1-\dfrac{2}{\pi}\right)\dfrac{\sigma^2}{n}$.

4. (1) 0.6826；(2) 0.8426.

5. $m=4$.

6. **证明**：设 $X\sim N(\mu,\sigma^2)$，

$$EY_1 = \mu, \quad EY_2 = \mu, \quad DY_1 = \frac{\sigma^2}{6}, \quad DY_2 = \frac{\sigma^2}{3}$$

所以 $Y_1 - Y_2 \sim N\left(0, \frac{\sigma^2}{2}\right)$，故 $\frac{Y_1 - Y_2}{\sigma}\sqrt{2} \sim N(0,1)$，而 S^2 是由样本 X_7, X_8, X_9 构成的样本方差，可知 $\frac{2S^2}{\sigma^2} \sim X^2(2)$，且 S^2 与 Y_1, Y_2 都独立，故与 Y_1Y_2 独立，于是由 t 分布的定义得

$$\frac{\dfrac{Y_1 - Y_2}{\sigma/\sqrt{2}}}{\sqrt{\dfrac{2S^2}{2\sigma^2}}} = \frac{\sqrt{2}(Y_1 - Y_2)}{S} \sim t(2),$$

即
$$Z = \frac{\sqrt{2}(Y_1 - Y_2)}{S} \sim t(2).$$

7. 略.

第七章 A 组 基本题

1. (1) $\dfrac{2}{5}$; (2) $\dfrac{\overline{X}}{1-\overline{X}}$; (3) $\overline{X} + \dfrac{\sigma}{\sqrt{n}}z_\alpha$; (4) $k = \dfrac{1}{n-1}$; (5) $(39.51, 40.49)$.

2. (1) (B); (2) (C); (3) (A); (4) (A); (5) (B).

3. $\hat{\mu} = \overline{x} = 74.002, \hat{\sigma}^2 = \dfrac{1}{n}\sum_{i=1}^{n} x_i^2 - \hat{\mu}^2 = 6 \times 10^{-6}$.

4. 矩估计量: (1) $\hat{\theta} = \dfrac{\overline{X}}{\overline{X} - c}$; (2) $\hat{\theta} = \left(\dfrac{\overline{X}}{\overline{X} - 1}\right)^2$; (3) $\hat{\theta} = \dfrac{\sqrt{2}}{\sqrt{\pi}}\overline{X}$;

(4) $\hat{\theta} = \sqrt{\dfrac{1}{n}(\sum_{i=1}^{n} X_i - \overline{X})^2}, \hat{\mu} = \overline{X} - \sqrt{\dfrac{1}{n}(\sum_{i=1}^{n} X_i - \overline{X})^2}$; (5) $\hat{p} = \dfrac{1}{m}\overline{X}$.

最大似然估计量:(1) $\hat{\theta} = \dfrac{n}{\sum_{i=1}^{n} X_i - n\ln c}$;(2) $\hat{\theta} = \dfrac{n^2}{(\sum_{i=1}^{n} \ln X_i)^2}$;

(3) $\hat{\theta} = \sqrt{\dfrac{\sum_{i=1}^{n} X_i^2}{2n}}$;(4) $\hat{\theta} = \overline{X} - \hat{\mu}$;(5) $\hat{p} = \dfrac{1}{nm}\sum_{i=1}^{n} X_i = \dfrac{1}{m}\overline{X}$.

5. $\hat{\theta} = \dfrac{5}{6}$, $\hat{\theta} = \dfrac{5}{6}$

6. (1) $c = \dfrac{1}{2(n-1)}$; (2) $c = \dfrac{1}{n}$.

7. $\hat{\mu} = \dfrac{1+\hat{\theta}}{2}, \hat{\sigma}^2 = \dfrac{(\hat{\theta}-1)^2}{12}E(X) = \overline{X}, \hat{\mu} = \dfrac{\hat{\theta}+1}{2} = \overline{X}, \hat{\sigma}^2 = \dfrac{(\hat{\theta}-1)^2}{12} = \dfrac{1}{3}(\overline{X}-1)^2$,

$$L(\theta) = \prod_{i=1}^{n} f(x_i;\theta) = \begin{cases} \dfrac{1}{(\theta-1)^n}, & 1 < x_1, \cdots, x_n < \theta, \\ 0, & \text{其他.} \end{cases}$$

8. (1) T_1, T_3；(2) T_3 较 T_1 更有效.

9. $a = \dfrac{n_1}{n_1+n_2}, b = \dfrac{n_2}{n_1+n_2}$.

10. (1) (5.608、6.392)；(2) (5.5785,6.4215).

11. (7.4,21.1).

12. (21.345,22.255).

13. (0.0224,0.0962).

第七章　B组　提高题

1. (1) $\hat{\beta} = \dfrac{\overline{X}}{\overline{X}-1}$；(2) $\hat{\beta} = \dfrac{n}{\sum\limits_{i=1}^{n} \ln x_i}$.

2. $\hat{\theta} = \min(x_1, x_2, \cdots, x_n)$.

3. 0.7673.

4. (1) $\hat{p}(X=0) = e^{-\hat{\lambda}} = e^{-\overline{x}}$.；(2) $\hat{p}(X=0) = e^{-\overline{X}} = 0.3253$

5. 略.

6. $a_i = \dfrac{\sigma_0^2}{\sigma_i^2}$，(记 $\dfrac{1}{\sigma_0^2} = \sum\limits_{i=1}^{k} \dfrac{1}{\sigma_i^2}$) 使 $D(\hat{\theta})$ 达到最小.

7. (1) $\hat{\theta} = 2\overline{X} = \dfrac{2}{n}\sum\limits_{k=1}^{n} X_k$；(2) $D(\hat{\theta}) = \dfrac{\theta^2}{5n}$.

8. 矩估计量为 $\hat{\theta} = \dfrac{2\overline{X}-1}{1-\overline{X}}$，最大似然估计量为 $\hat{\theta} = -\dfrac{n}{\sum\limits_{i=1}^{n} \ln X_i} - 1$.

9. (−0.002,0.006).

10. (0.222,3.601).

11. 略.

第八章　A组　基本题

1. (1) $\alpha, \beta, \beta, \alpha$，增加样本容量；(2) t，接受；

(3) $H_0: \mu = 1.9, H_1: \mu > 1.9$；造成经济上的损失（因为以真为假）；可能

对人的生命安全造成威胁（因为以假为真）；

(4) $\chi^2 = \dfrac{(n-1)S^2}{\sigma^2}$；(5) $\mu = \dfrac{\overline{X_1} - \overline{X_2}}{\sqrt{\dfrac{\sigma_1^2}{n_1} + \dfrac{\sigma_2^2}{n_2}}}$.

2. (1)（C）；(2)（A）；(3)（D）；(4)（A）；(5)（B）.

3. 应该接受 H_0，认为该天生产的零件平均直径为 20mm.

4. 接受假设 H_0：这批矿砂镍含量为 3.25.

5. 接受原假设 H_0.

6. 应该接受 H_0，即认为这项计划在显著性水平 0.05 下达到了经理的预计效果.

7. 不合格.

8. 拒绝 H_0，从而认为装配时间的均值显著地大于 10.

9. 接受 H_0，认为这批罐头是符合规定.

10. 拒绝 H_0，认为提纯后的群体比原来群体整齐.

11. 拒绝 H_0，即认为在水平 $\alpha = 0.05$ 下这批导线的标准显著偏大.

12. 接受 H_0.

13. 接受 H_0.

第八章　B 组　提高题

1. 认为机器工作正常.

2. 认为该机器工作正常.

3. 拒绝接受 H_0，即包装机在这天工作不正常.

4. 拒绝 H_0，即认为灯泡寿命的波动性显著增大.

5. 拒绝接受 H_0，认为两种操作法生产的产品平均抗拆强度有显著差异.

6. (1) 接受 H_0，即 $\sigma_1^2 = \sigma_2^2$；(2) 接受 H_0'，即认为均值相等.

7. (1) 接受 H_0；(2) 拒绝 H_0.

8. 略.

第九章　A 组　基本题

1. 显著差异.

2. 显著差异.

3. 认为有显著差异.

4. (1) $\hat{y} = 1.1333333 + 2.030303x$；

(2) $\hat{y}|_{x=4} = 9.2545$，预测区间为 $(8.0230, 10.4862)$.

5. $\hat{y} = -3.85493 + 1.83396x$.

第九章　B组　提高题

1. 不同品种的平均亩产量有显著差异.

2. (1) 略；(2) $\hat{y}=-0.104+0.988x$；(3) $(13.29,14.17)$.

3. (1) 略；(2) $\hat{y}=13.9584+12.5503x$；(3) $(19.66,20.81)$.

4. $\hat{y}=24.6287+0.05886x$.

5. 略.

附 录

附表 1　标准正态分布表

$$\Phi(x) = \int_{-\infty}^{x} \frac{1}{\sqrt{2\pi}} e^{-\frac{u^2}{2}} \, du = P\{X \leqslant x\}$$

x	0.00	0.01	0.02	0.03	0.04	0.05	0.06	0.07	0.08	0.09
0.0	0.5000	0.5040	0.5080	0.5120	0.5160	0.5199	0.5239	0.5279	0.5319	0.5359
0.1	0.5398	0.5438	0.5478	0.5517	0.5557	0.5596	0.5636	0.5675	0.5714	0.5753
0.2	0.5793	0.5832	0.5871	0.5910	0.5948	0.5987	0.6026	0.6064	0.6103	0.6141
0.3	0.6179	0.6217	0.6255	0.6293	0.6331	0.6368	0.6406	0.6443	0.6480	0.6517
0.4	0.6554	0.6591	0.6628	0.6664	0.6700	0.6736	0.6772	0.6808	0.6844	0.6879
0.5	0.6915	0.6950	0.6985	0.7019	0.7054	0.7088	0.7123	0.7157	0.7190	0.7224
0.6	0.7257	0.7291	0.7324	0.7357	0.7389	0.7422	0.7454	0.7486	0.7517	0.7549
0.7	0.7580	0.7611	0.7642	0.7673	0.7703	0.7734	0.7764	0.7794	0.7823	0.7582
0.8	0.7881	0.7910	0.7939	0.7967	0.7995	0.8023	0.8051	0.8078	0.8106	0.8133
0.9	0.8159	0.8186	0.8212	0.8238	0.8264	0.8289	0.8315	0.8340	0.8365	0.8389
1.0	0.8413	0.8438	0.8461	0.8485	0.8508	0.8531	0.8554	0.8577	0.8599	0.8621
1.1	0.8643	0.8665	0.8686	0.8708	0.8729	0.8749	0.8770	0.8790	0.8810	0.8830
1.2	0.8849	0.8869	0.8888	0.8907	0.8925	0.8944	0.8962	0.8980	0.8997	0.9015
1.3	0.9032	0.9049	0.9066	0.9082	0.9099	0.9115	0.9131	0.9147	0.9162	0.9177
1.4	0.9192	0.9207	0.9222	0.9236	0.9251	0.9265	0.9278	0.9292	0.9306	0.9319
1.5	0.9332	0.9345	0.9357	0.9370	0.9382	0.9394	0.9406	0.9418	0.9430	0.9441
1.6	0.9452	0.9463	0.9474	0.9484	0.9495	0.9505	0.9515	0.9525	0.9535	0.9545
1.7	0.9554	0.9564	0.9573	0.9582	0.9591	0.9599	0.9608	0.9616	0.9625	0.9633
1.8	0.9641	0.9648	0.9656	0.9664	0.9671	0.9678	0.9686	0.9693	0.9700	0.9706
1.9	0.9713	0.9719	0.9726	0.9732	0.9738	0.9744	0.9750	0.9756	0.9762	0.9767
2.0	0.9772	0.9778	0.9783	0.9788	0.9793	0.9798	0.9803	0.9808	0.9812	0.9817
2.1	0.9821	0.9826	0.9830	0.9834	0.9838	0.9842	0.9846	0.9850	0.9854	0.9857
2.2	0.9861	0.9864	0.9868	0.9871	0.9874	0.9878	0.9881	0.9884	0.9887	0.9890
2.3	0.9893	0.9896	0.9898	0.9901	0.9904	0.9906	0.9909	0.9911	0.9913	0.9916
2.4	0.9918	0.9920	0.9922	0.9925	0.9927	0.9929	0.9931	0.9932	0.9934	0.9936
2.5	0.9038	0.9940	0.9941	0.9943	0.9945	0.9946	0.9948	0.9949	0.9951	0.9952
2.6	0.9953	0.9955	0.9956	0.9957	0.9959	0.9960	0.9961	0.9962	0.9963	0.9964
2.7	0.9965	0.9966	0.9967	0.9968	0.9969	0.9970	0.9971	0.9972	0.9973	0.9974
2.8	0.9974	0.9975	0.9976	0.9977	0.9977	0.9978	0.9979	0.9979	0.9980	0.9981
2.9	0.9981	0.9982	0.9982	0.9983	0.9984	0.9984	0.9985	0.9985	0.9986	0.9986
3.0	0.9987	0.9990	0.9993	0.9995	0.9997	0.9998	0.9998	0.9999	0.9999	1.0000

注：表中末行系函数值 $\Phi(3.0), \Phi(3.1), \cdots, \Phi(3.9)$.

附表 2   泊松分布表

$$1 - F(x-1) = \sum_{k=x}^{\infty} \frac{\lambda^k}{k!} e^{-\lambda}$$

x	$\lambda = 0.2$	$\lambda = 0.3$	$\lambda = 0.4$	$\lambda = 0.5$	$\lambda = 0.6$
0	1.0000000	1.0000000	1.0000000	1.0000000	1.0000000
1	0.1812692	0.2591818	0.3296800	0.323469	0.451188
2	0.0175231	0.0369363	0.0615519	0.090204	0.121901
3	0.0011485	0.0035995	0.0079263	0.014388	0.023115
4	0.0000568	0.0002658	0.0007763	0.001752	0.003358
5	0.0000023	0.0000158	0.0000612	0.000172	0.000394
6	0.0000001	0.0000008	0.0000040	0.000014	0.000039
7			0.0000002	0.0000001	0.0000003

x	$\lambda = 0.7$	$\lambda = 0.8$	$\lambda = 0.9$	$\lambda = 1.0$	$\lambda = 1.2$
0	1.0000000	1.0000000	1.0000000	1.0000000	1.0000000
1	0.503415	0.550671	0.593430	0.632121	0.698806
2	0.155805	0.191208	0.227518	0.264241	0.337373
3	0.034142	0.047423	0.062857	0.080301	0.120513
4	0.005753	0.009080	0.013459	0.018988	0.033769
5	0.000786	0.001411	0.002344	0.003660	0.007746
6	0.000090	0.000184	0.000343	0.000594	0.001500
7	0.000009	0.000021	0.000043	0.000083	0.000251
8	0.000001	0.000002	0.000005	0.000010	0.000037
9				0.000001	0.000005
10					0.000001

x	$\lambda = 1.4$	$\lambda = 1.6$	$\lambda = 1.8$	$\lambda = 2.0$	
0	1.000000	1.000000	1.000000	1.000000	
1	0.753403	0.798103	0.834701	0.864665	
2	0.408167	0.475069	0.537163	0.593994	
3	0.166502	0.216642	0.269379	0.323323	
4	0.053725	0.078813	0.108708	0.142876	
5	0.014253	0.023682	0.036407	0.052652	
6	0.003201	0.006040	0.010378	0.016563	
7	0.000622	0.001336	0.002569	0.004533	
8	0.000107	0.000260	0.000562	0.001096	
9	0.000016	0.000045	0.000110	0.000237	
10	0.000002	0.000007	0.000019	0.000046	
11		0.000001	0.000003	0.000008	
12				0.000001	

$$1-F(x-1)=\sum_{k=x}^{\infty}\frac{\lambda^k}{k!}e^{-\lambda}$$

附表 2（续）

x	$\lambda=2.5$	$\lambda=3.0$	$\lambda=3.5$	$\lambda=4.0$	$\lambda=4.5$	$\lambda=5.0$
0	1.000000	1.000000	1.000000	1.000000	1.000000	1.000000
1	0.917915	0.950213	0.969803	0.981684	0.988891	0.993262
2	0.712703	0.800852	0.864112	0.908422	0.938901	0.959572
3	0.456187	0.576810	0.679153	0.761897	0.826422	0.875348
4	0.242424	0.352768	0.463367	0.566530	0.657704	0.734974
5	0.108822	0.184737	0.274555	0.371163	0.467896	0.559507
6	0.042021	0.083918	0.142386	0.214870	0.297070	0.384039
7	0.014187	0.033509	0.065288	0.110674	0.168949	0.237817
8	0.004247	0.011905	0.026739	0.051134	0.086586	0.133372
9	0.001140	0.003803	0.009874	0.021363	0.040257	0.068094
10	0.000277	0.001102	0.003315	0.008132	0.017093	0.031828
11	0.000062	0.000292	0.001019	0.002840	0.006669	0.013695
12	0.000013	0.000071	0.000289	0.000915	0.002404	0.005453
13	0.000002	0.000016	0.000076	0.000274	0.000805	0.002019
14		0.000003	0.000019	0.000076	0.000252	0.000698
15		0.000001	0.000004	0.000020	0.000074	0.000226
16			0.000001	0.000005	0.000020	0.000069
17				0.000001	0.000005	0.000020
18					0.000001	0.000005
19						0.000001

附表3 χ²分布表

$$P\{\chi^2(n) > \chi_\alpha^2(n)\} = \alpha$$

n	$\alpha=0.995$	0.99	0.975	0.95	0.90	0.75
1	—	—	0.001	0.004	0.016	0.102
2	0.010	0.020	0.051	0.103	0.211	0.575
3	0.072	0.115	0.216	0.352	0.584	1.213
4	0.207	0.297	0.484	0.711	1.064	1.923
5	0.412	0.554	0.831	1.145	1.610	2.675
6	0.676	0.872	1.237	1.635	2.204	3.455
7	0.989	1.239	1.690	2.167	2.833	4.255
8	1.344	1.646	2.180	2.733	3.490	5.071
9	1.735	2.088	2.700	3.325	4.168	5.899
10	2.156	2.558	3.247	3.940	4.865	6.737
11	2.603	3.053	3.816	4.575	5.578	7.584
12	3.074	3.571	4.404	5.226	6.304	8.438
13	3.565	4.107	5.009	5.892	7.042	9.299
14	4.075	4.660	5.629	6.571	7.790	10.165
15	4.601	5.229	6.262	7.261	8.547	11.037
16	5.142	5.812	6.908	7.962	9.312	11.912
17	5.697	6.408	7.564	8.672	10.085	12.792
18	6.265	7.015	8.231	9.390	10.865	13.675
19	6.844	7.633	8.907	10.117	11.651	14.562
20	7.434	8.260	9.591	10.851	12.443	15.452
21	8.034	8.897	10.283	11.591	13.240	16.344
22	8.643	9.542	10.982	12.338	14.042	17.240
23	9.260	10.196	11.689	13.091	14.848	18.137
24	9.886	10.856	12.401	13.848	15.659	19.037
25	10.520	11.524	13.120	14.611	16.473	19.939
26	11.160	12.198	13.844	15.379	17.292	20.843
27	11.808	12.879	14.573	16.151	18.114	21.749
28	12.461	13.565	15.308	16.928	18.939	22.657
29	13.121	14.257	16.047	17.708	19.768	23.567
30	13.787	14.954	16.791	18.493	20.599	24.478
31	14.458	15.655	17.539	19.281	21.434	25.390
32	15.134	16.362	18.291	20.072	22.271	26.304
33	15.815	17.074	19.047	20.867	23.110	27.219
34	16.501	17.789	19.806	21.664	23.952	28.186
35	17.192	18.509	20.569	22.465	24.797	29.054
36	17.887	19.233	21.336	23.269	25.643	29.973
37	18.586	19.960	22.106	24.075	26.492	30.893
38	19.289	20.691	22.878	24.884	27.343	31.815
39	19.996	21.426	23.654	25.695	28.196	32.737
40	20.707	22.164	24.433	26.509	29.051	33.660
41	21.421	22.906	25.215	27.326	29.907	34.585
42	22.138	23.650	25.999	28.144	30.765	35.510
43	22.859	24.398	26.785	28.965	31.625	36.436
44	23.584	25.148	27.575	29.787	32.487	37.363
45	24.311	25.901	28.366	30.612	33.350	38.291

$$P\{\chi^2(n) > \chi_\alpha^2(n)\} = \alpha \qquad\qquad \text{附表 3(续)}$$

n	$\alpha=0.25$	0.10	0.05	0.025	0.01	0.005
1	1.323	2.706	3.841	5.024	6.635	7.879
2	2.773	4.605	5.991	7.378	9.210	10.597
3	4.108	6.251	7.815	9.348	11.345	12.838
4	5.385	7.779	9.488	11.143	13.277	14.860
5	6.626	9.236	11.071	12.833	15.086	16.750
6	7.841	10.645	12.592	14.449	16.812	18.548
7	9.037	12.017	14.067	16.013	18.475	20.278
8	10.219	13.362	15.507	17.535	20.090	21.955
9	11.389	14.684	16.919	19.023	21.666	23.589
10	12.549	15.987	18.307	20.483	23.209	25.188
11	13.701	17.275	19.675	21.920	24.725	26.757
12	14.845	18.549	21.026	23.337	26.217	28.299
13	15.984	19.812	22.362	24.736	27.688	29.819
14	17.117	21.064	23.685	26.119	29.141	31.319
15	18.245	22.307	24.996	27.488	30.578	32.801
16	19.369	23.542	26.296	28.845	32.000	34.267
17	20.489	24.769	27.587	30.191	33.409	35.718
18	21.605	25.989	28.869	31.526	34.805	37.156
19	22.718	27.204	30.144	32.852	36.191	38.582
20	23.828	28.412	31.410	34.170	37.566	39.997
21	24.935	29.615	32.671	35.479	38.932	41.401
22	26.039	30.813	33.924	36.781	40.289	42.796
23	27.141	32.007	35.172	38.076	41.638	44.181
24	28.241	33.196	36.415	39.364	42.980	45.559
25	29.339	34.382	37.652	40.646	44.314	46.928
26	30.435	35.563	38.885	41.923	45.642	48.290
27	31.528	36.741	40.113	43.194	46.963	49.645
28	32.620	37.916	41.337	44.461	48.278	50.993
29	33.711	39.087	42.557	45.722	49.588	52.336
30	34.800	40.256	43.773	46.979	50.892	53.672
31	35.887	41.422	44.985	48.232	52.191	55.003
32	36.973	42.585	46.194	49.480	53.486	56.328
33	38.058	43.745	47.400	50.725	54.776	57.648
34	39.141	44.903	48.602	51.966	56.061	58.964
35	40.223	46.059	49.802	53.203	57.342	60.275
36	41.304	47.212	50.998	54.437	58.619	61.581
37	42.383	48.363	52.192	55.668	59.892	62.883
38	43.462	49.513	53.384	56.896	61.162	64.181
39	44.539	50.660	54.572	58.120	62.428	65.476
40	45.616	51.805	55.758	59.342	63.691	66.766
41	46.692	52.949	56.942	60.561	64.950	68.053
42	47.766	54.090	58.124	61.777	66.206	69.336
43	48.840	55.230	59.304	62.990	67.459	70.616
44	49.913	56.369	60.481	64.201	68.710	71.893
45	50.985	57.505	61.656	35.410	69.957	73.166

附表 4　t 分布表

$$P\{t(n)>t_\alpha(n)\}=\alpha$$

n	α=0.25	0.10	0.05	0.025	0.01	0.005
1	1.0000	3.0777	6.3138	12.7062	31.8207	63.6574
2	0.8165	1.8856	2.9200	4.3027	6.9646	9.9248
3	0.7649	1.6377	2.3534	3.1824	4.5407	5.8409
4	0.7407	0.5332	2.1318	2.7764	3.7469	4.6041
5	0.7267	1.4759	2.0150	2.5706	3.3649	4.0322
6	0.7176	1.4398	1.9432	2.4469	3.1427	3.7074
7	0.7111	1.4149	1.8946	2.3646	2.9980	3.4995
8	0.7064	1.3968	1.8595	2.3060	2.8965	3.3554
9	0.7027	1.3830	1.8331	2.2622	2.8214	3.2498
10	0.6998	1.3722	1.8125	2.2281	2.7638	3.1693
11	0.6974	1.3634	1.7959	2.2010	2.7181	3.1058
12	0.6955	1.3562	1.7823	2.1788	2.6810	3.0545
13	0.6938	1.3502	1.7709	2.1604	2.6503	3.0123
14	0.6924	1.3450	1.7613	2.1448	2.6245	2.9768
15	0.6912	1.3406	1.7531	2.1315	2.6025	2.9467
16	0.6901	1.3368	1.7459	2.1199	2.5835	2.9208
17	0.6892	1.3334	1.7396	2.1098	2.5669	2.8982
18	0.6884	1.3304	1.7341	2.1009	2.5524	2.8784
19	0.6876	1.3277	1.7291	2.0930	2.5395	2.8609
20	0.6870	1.3253	1.7247	2.0860	2.5280	2.8453
21	0.6864	1.3232	1.7207	2.0796	2.5177	2.8314
22	0.6858	1.3212	1.7171	2.0739	2.5083	2.8188
23	0.6853	1.3195	1.7139	2.0687	2.4999	2.8073
24	0.6848	1.3178	1.7109	2.0639	2.4922	2.7969
25	0.6844	1.3163	1.7081	2.0595	2.4851	2.7874
26	0.6840	1.3150	1.7056	2.0555	2.4786	2.7787
27	0.6837	1.3137	1.7033	2.0518	2.4727	2.7707
28	0.6834	1.3125	1.7011	2.0484	2.4641	2.7633
29	0.6830	1.3114	1.6991	2.0452	2.4620	2.7564
30	0.6828	1.3104	1.6973	2.0423	2.4573	2.7500
31	0.6825	1.3095	1.6955	2.0395	2.4528	2.7440
32	0.6822	1.3086	1.6939	2.0369	2.4487	2.7385
33	0.6820	1.3077	1.6924	2.0345	2.4448	2.7333
34	0.6818	1.3070	1.6909	2.0322	2.4411	2.7284
35	0.6816	1.3062	1.6896	2.0301	2.4377	2.7238
36	0.6814	1.3055	1.6883	2.0281	2.4345	2.7195
37	0.6812	1.3049	1.6871	2.0262	2.4314	2.7154
38	0.6810	1.3042	1.6860	2.0244	2.4286	2.7116
39	0.6808	1.3036	1.6849	2.0227	2.4258	2.7079
40	0.6807	1.3031	1.6839	2.0211	2.4233	2.7045
41	0.6805	1.3025	1.6829	2.0195	2.4208	2.7012
42	0.6804	1.3020	1.6820	2.0181	2.4185	2.6981
43	0.6802	1.3016	1.6811	2.0167	2.4163	2.6951
44	0.6801	1.3011	1.6802	2.0154	2.4141	2.6923
45	0.6800	1.3006	1.6794	2.0141	2.4121	2.6896

附表 5　F 分布表

$$P\{F(n_1,n_2)>F_\alpha(n_1,n_2)\}=\alpha$$

$$\alpha=0.10$$

n_2 \ n_1	1	2	3	4	5	6	7	8	9	10	12	15	20	24	30	40	60	120	∞
1	39.86	49.50	53.59	55.83	57.24	58.20	58.91	59.44	59.86	60.19	60.71	61.22	61.74	62.00	62.26	62.53	62.79	63.06	63.33
2	8.53	9.00	9.16	9.24	9.29	9.33	9.35	9.37	9.38	9.39	9.41	9.42	9.44	9.45	9.46	9.47	9.47	9.48	9.49
3	5.54	5.46	5.39	5.34	5.31	5.28	5.27	5.25	5.24	5.23	5.22	5.20	5.18	5.18	5.17	5.16	5.15	5.14	5.13
4	4.54	4.32	4.19	4.11	4.05	4.01	3.98	3.95	3.94	3.92	3.90	3.87	3.84	3.83	3.82	3.80	3.79	3.78	3.76
5	4.06	3.78	3.62	3.52	3.45	3.40	3.37	3.34	3.32	3.30	3.27	3.24	3.21	3.19	3.17	3.16	3.14	3.12	3.10
6	3.78	3.46	3.29	3.18	3.11	3.05	3.01	2.98	2.96	2.94	2.90	2.87	2.84	2.82	2.80	2.78	2.76	2.74	2.72
7	3.59	3.26	3.07	2.96	2.88	2.83	2.78	2.75	2.72	2.70	2.67	2.63	2.59	2.58	2.56	2.54	2.51	2.49	2.47
8	3.46	3.11	2.92	2.81	2.73	2.67	2.62	2.59	2.56	2.54	2.50	2.46	2.42	2.40	2.38	2.36	2.34	2.32	2.29
9	3.36	3.01	2.81	2.69	2.61	2.55	2.51	2.47	2.44	2.42	2.38	2.34	2.30	2.28	2.25	2.23	2.21	2.18	2.16
10	3.29	2.92	2.73	2.61	2.52	2.46	2.41	2.38	2.35	2.32	2.28	2.24	2.20	2.18	2.16	2.13	2.11	2.08	2.06
11	3.23	2.86	2.66	2.54	2.45	2.39	2.34	2.30	2.27	2.25	2.21	2.17	2.12	2.10	2.08	2.05	2.03	2.00	1.97
12	3.18	2.81	2.61	2.48	2.39	2.33	2.28	2.24	2.21	2.19	2.15	2.10	2.06	2.04	2.01	1.99	1.96	1.93	1.90
13	3.14	2.76	2.56	2.43	2.35	2.28	2.23	2.20	2.16	2.14	2.10	2.05	2.01	1.98	1.96	1.93	1.90	1.88	1.85
14	3.10	2.73	2.52	2.39	2.31	2.24	2.19	2.15	2.12	2.10	2.05	2.01	1.96	1.94	1.91	1.89	1.86	1.83	1.80
15	3.07	2.70	2.49	2.36	2.27	2.21	2.16	2.12	2.09	2.06	2.02	1.97	1.92	1.90	1.87	1.85	1.82	1.79	1.76
16	3.05	2.67	2.46	2.33	2.24	2.18	2.13	2.09	2.06	2.03	1.99	1.94	1.89	1.87	1.84	1.81	1.78	1.75	1.72
17	3.03	2.64	2.44	2.31	2.22	2.15	2.10	2.06	2.03	2.00	1.96	1.91	1.86	1.84	1.81	1.78	1.75	1.72	1.69
18	3.01	2.62	2.42	2.29	2.20	2.13	2.08	2.04	2.00	1.98	1.93	1.89	1.84	1.81	1.78	1.75	1.72	1.69	1.66
19	2.99	2.61	2.40	2.27	2.18	2.11	2.06	2.02	1.98	1.96	1.91	1.86	1.81	1.79	1.76	1.73	1.70	1.67	1.63
20	2.97	2.59	2.38	2.25	2.16	2.09	2.04	2.00	1.96	1.94	1.89	1.84	1.79	1.77	1.74	1.71	1.68	1.64	1.61
21	2.96	2.57	2.36	2.23	2.14	2.08	2.02	1.98	1.95	1.92	1.87	1.83	1.78	1.75	1.72	1.69	1.66	1.62	1.59
22	2.95	2.56	2.35	2.22	2.13	2.06	2.01	1.97	1.93	1.90	1.86	1.81	1.76	1.73	1.70	1.67	1.64	1.60	1.57
23	2.94	2.55	2.34	2.21	2.11	2.05	1.99	1.95	1.92	1.89	1.84	1.80	1.74	1.72	1.69	1.66	1.62	1.59	1.55
24	2.93	2.54	2.33	2.19	2.10	2.04	1.98	1.94	1.91	1.88	1.83	1.78	1.73	1.70	1.67	1.64	1.61	1.57	1.53
25	2.92	2.53	2.32	2.18	2.09	2.02	1.97	1.93	1.89	1.87	1.82	1.77	1.72	1.69	1.66	1.63	1.59	1.56	1.52
26	2.91	2.52	2.31	2.17	2.08	2.01	1.96	1.92	1.88	1.86	1.81	1.76	1.71	1.68	1.65	1.61	1.58	1.54	1.50
27	2.90	2.51	2.30	2.17	2.07	2.00	1.95	1.91	1.87	1.85	1.80	1.75	1.70	1.67	1.64	1.60	1.57	1.53	1.49
28	2.89	2.50	2.29	2.16	2.06	2.00	1.94	1.90	1.87	1.84	1.79	1.74	1.69	1.66	1.63	1.59	1.56	1.52	1.48
29	2.89	2.50	2.28	2.15	2.06	1.99	1.93	1.89	1.86	1.83	1.78	1.73	1.68	1.65	1.62	1.58	1.55	1.51	1.47
30	2.88	2.49	2.28	2.14	2.05	1.98	1.93	1.88	1.85	1.82	1.77	1.72	1.67	1.64	1.61	1.57	1.54	1.50	1.46
40	2.84	2.44	2.23	2.09	2.00	1.93	1.87	1.83	1.79	1.76	1.71	1.66	1.61	1.57	1.54	1.51	1.47	1.42	1.38
60	2.79	2.39	2.18	2.04	1.95	1.87	1.82	1.77	1.74	1.71	1.66	1.60	1.54	1.51	1.48	1.44	1.40	1.35	1.29
120	2.75	2.35	2.13	1.99	1.90	1.82	1.77	1.72	1.68	1.65	1.60	1.55	1.48	1.45	1.41	1.37	1.32	1.26	1.19
∞	2.71	2.30	2.08	1.94	1.85	1.77	1.72	1.67	1.63	1.60	1.55	1.49	1.42	1.38	1.34	1.30	1.24	1.17	1.00

附表 5（续）

$\alpha = 0.05$

n_2＼n_1	1	2	3	4	5	6	7	8	9	10	12	15	20	24	30	40	60	120	∞
1	161.4	199.5	215.7	224.6	230.2	234.0	236.8	238.9	240.5	241.9	243.9	245.9	248.0	249.1	250.1	251.1	252.2	253.3	254.3
2	18.51	19.00	19.16	19.25	19.30	19.33	19.35	19.37	19.38	19.40	19.41	19.43	19.45	19.45	19.46	19.47	19.48	19.49	19.50
3	10.13	9.55	9.28	9.12	9.01	8.94	8.89	8.85	8.81	8.79	8.74	8.70	8.66	8.64	8.62	8.59	8.57	8.55	8.53
4	7.71	6.94	6.59	6.39	6.26	6.16	6.09	6.04	6.00	5.96	5.91	5.86	5.80	5.77	5.75	5.72	5.69	5.66	5.63
5	6.61	5.79	5.41	5.19	5.05	4.95	4.88	4.82	4.77	4.74	4.68	4.62	4.56	4.53	4.50	4.46	4.43	4.40	4.36
6	5.99	5.14	4.76	4.53	4.39	4.28	4.21	4.15	4.10	4.06	4.00	3.94	3.87	3.84	3.81	3.77	3.74	3.70	3.67
7	5.59	4.74	4.35	4.12	3.97	3.87	3.79	3.73	3.68	3.64	3.57	3.51	3.44	3.41	3.38	3.34	3.30	3.27	3.23
8	5.32	4.46	4.07	3.84	3.69	3.58	3.50	3.44	3.39	3.35	3.28	3.22	3.15	3.12	3.08	3.04	3.01	2.97	2.93
9	5.12	4.26	3.86	3.63	3.48	3.37	3.29	3.23	3.18	3.14	3.07	3.01	2.94	2.90	2.86	2.83	2.79	2.75	2.71
10	4.96	4.10	3.71	3.48	3.33	3.22	3.14	3.07	3.02	2.98	2.91	2.85	2.77	2.74	2.70	2.66	2.62	2.58	2.54
11	4.84	3.98	3.59	3.36	3.20	3.09	3.01	2.95	2.90	2.85	2.79	2.72	2.65	2.61	2.57	2.53	2.49	2.45	2.40
12	4.75	3.89	3.49	3.26	3.11	3.00	2.91	2.85	2.80	2.75	2.69	2.62	2.54	2.51	2.47	2.43	2.38	2.34	2.30
13	4.67	3.81	3.41	3.18	3.03	2.92	2.83	2.77	2.71	2.67	2.60	2.53	2.46	2.42	2.38	2.34	2.30	2.25	2.21
14	4.60	3.74	3.34	3.11	2.96	2.85	2.76	2.70	2.65	2.60	2.53	2.46	2.39	2.35	2.31	2.27	2.22	2.18	2.13
15	4.54	3.68	3.29	3.06	2.90	2.79	2.71	2.64	2.59	2.54	2.48	2.40	2.33	2.29	2.25	2.20	2.16	2.11	2.07
16	4.49	3.63	3.24	3.01	2.85	2.74	2.66	2.59	2.54	2.49	2.42	2.35	2.28	2.24	2.19	2.15	2.11	2.06	2.01
17	4.45	3.59	3.20	2.96	2.81	2.70	2.61	2.55	2.49	2.45	2.38	2.31	2.23	2.19	2.15	2.10	2.06	2.01	1.96
18	4.41	3.55	3.16	2.93	2.77	2.66	2.58	2.51	2.46	2.41	2.34	2.27	2.19	2.15	2.11	2.06	2.02	1.97	1.92
19	4.38	3.52	3.13	2.90	2.74	2.63	2.54	2.48	2.42	2.38	2.31	2.23	2.16	2.11	2.07	2.03	1.98	1.93	1.88
20	4.35	3.49	3.10	2.87	2.71	2.60	2.51	2.45	2.39	2.35	2.28	2.20	2.12	2.08	2.04	1.99	1.95	1.90	1.84
21	4.32	3.47	3.07	2.84	2.68	2.57	2.49	2.42	2.37	2.32	2.25	2.18	2.10	2.05	2.01	1.96	1.92	1.87	1.81
22	4.30	3.44	3.05	2.82	2.66	2.55	2.46	2.40	2.34	2.30	2.23	2.15	2.07	2.03	1.98	1.94	1.89	1.84	1.78
23	4.28	3.42	3.03	2.80	2.64	2.53	2.44	2.37	2.32	2.27	2.20	2.13	2.05	2.01	1.96	1.91	1.86	1.81	1.76
24	4.26	3.40	3.01	2.78	2.62	2.51	2.42	2.36	2.30	2.25	2.18	2.11	2.03	1.98	1.94	1.89	1.84	1.79	1.73
25	4.24	3.39	2.99	2.76	2.60	2.49	2.40	2.34	2.28	2.24	2.16	2.09	2.01	1.96	1.92	1.87	1.82	1.77	1.71
26	4.23	3.37	2.98	2.74	2.59	2.47	2.39	2.32	2.27	2.22	2.15	2.07	1.99	1.95	1.90	1.85	1.80	1.75	1.69
27	4.21	3.35	2.96	2.73	2.57	2.46	2.37	2.31	2.25	2.20	2.13	2.06	1.97	1.93	1.88	1.84	1.79	1.73	1.67
28	4.20	3.34	2.95	2.71	2.56	2.45	2.36	2.29	2.24	2.19	2.12	2.04	1.96	1.91	1.87	1.82	1.77	1.71	1.65
29	4.18	3.33	2.93	2.70	2.55	2.43	2.35	2.28	2.22	2.18	2.10	2.03	1.94	1.90	1.85	1.81	1.75	1.70	1.64
30	4.17	3.32	2.92	2.69	2.53	2.42	2.33	2.27	2.21	2.16	2.09	2.01	1.93	1.89	1.84	1.79	1.74	1.68	1.62
40	4.08	3.23	2.84	2.61	2.45	2.34	2.25	2.18	2.12	2.08	2.00	1.92	1.84	1.79	1.74	1.69	1.64	1.58	1.51
60	4.00	3.15	2.76	2.53	2.37	2.25	2.17	2.10	2.04	1.99	1.92	1.84	1.75	1.70	1.65	1.59	1.53	1.47	1.39
120	3.92	3.07	2.68	2.45	2.29	2.17	2.09	2.02	1.96	1.91	1.83	1.75	1.66	1.61	1.55	1.50	1.43	1.35	1.25
∞	3.84	3.00	2.60	2.37	2.21	2.10	2.01	1.94	1.88	1.83	1.75	1.67	1.57	1.52	1.46	1.39	1.32	1.22	1.00

附表 5（续）

$\alpha = 0.025$

$n_2 \backslash n_1$	1	2	3	4	5	6	7	8	9	10	12	15	20	24	30	40	60	120	∞
1	647.8	799.5	864.2	899.6	921.8	937.1	948.2	956.7	963.3	968.6	976.7	984.9	993.1	997.2	1001	1006	1010	1014	1018
2	38.51	39.00	39.17	39.25	39.30	39.33	39.36	39.37	39.39	39.40	39.41	39.43	39.45	39.46	39.46	39.47	39.48	39.49	39.50
3	17.44	16.04	15.44	15.10	14.88	14.73	14.62	14.54	14.47	14.42	14.34	14.25	14.17	14.12	14.08	14.04	13.99	13.95	13.90
4	12.22	10.65	9.98	9.60	9.36	9.20	9.07	8.98	8.90	8.84	8.75	8.66	8.56	8.51	8.46	8.41	8.36	8.31	8.26
5	10.01	8.43	7.76	7.39	7.15	6.98	6.85	6.76	6.68	6.62	6.52	6.43	6.33	6.28	6.23	6.18	6.12	6.07	6.02
6	8.81	7.26	6.60	6.23	5.99	5.82	5.70	5.60	5.52	5.46	5.37	5.27	5.17	5.12	5.07	5.01	4.96	4.90	4.85
7	8.07	6.54	5.89	5.52	5.29	5.12	4.99	4.90	4.82	4.76	4.67	4.57	4.47	4.42	4.36	4.31	4.25	4.20	4.14
8	7.57	6.06	5.42	5.05	4.82	4.65	4.53	4.43	4.36	4.30	4.20	4.10	4.00	3.95	3.89	3.84	3.78	3.73	3.67
9	7.21	5.71	5.08	4.72	4.48	4.32	4.20	4.10	4.03	3.96	3.87	3.77	3.67	3.61	3.56	3.51	3.45	3.39	3.33
10	6.94	5.46	4.83	4.47	4.24	4.07	3.95	3.85	3.78	3.72	3.62	3.52	3.42	3.37	3.31	3.26	3.20	3.14	3.08
11	6.72	5.26	4.63	4.28	4.04	3.88	3.76	3.66	3.59	3.53	3.43	3.33	3.23	3.17	3.12	3.06	3.00	2.94	2.88
12	6.55	5.10	4.47	4.12	3.89	3.73	3.61	3.51	3.44	3.37	3.28	3.18	3.07	3.02	2.96	2.91	2.85	2.79	2.72
13	6.41	4.97	4.35	4.00	3.77	3.60	3.48	3.39	3.31	3.25	3.15	3.05	2.95	2.89	2.84	2.78	2.72	2.66	2.60
14	6.30	4.86	4.24	3.89	3.66	3.50	3.38	3.29	3.21	3.15	3.05	2.95	2.84	2.79	2.73	2.67	2.61	2.55	2.49
15	6.20	4.77	4.15	3.80	3.58	3.41	3.29	3.20	3.12	3.06	2.96	2.86	2.76	2.70	2.64	2.59	2.52	2.46	2.40
16	6.12	4.69	4.08	3.73	3.50	3.34	3.22	3.12	3.05	2.99	2.89	2.79	2.68	2.63	2.57	2.51	2.45	2.38	2.32
17	6.04	4.62	4.01	3.66	3.44	3.28	3.16	3.06	2.98	2.92	2.82	2.72	2.62	2.56	2.50	2.44	2.38	2.32	2.25
18	5.98	4.56	3.95	3.61	3.38	3.22	3.10	3.01	2.93	2.87	2.77	2.67	2.56	2.50	2.44	2.38	2.32	2.26	2.19
19	5.92	4.51	3.90	3.56	3.33	3.17	3.05	2.96	2.88	2.82	2.72	2.62	2.51	2.45	2.39	2.33	2.27	2.20	2.13
20	5.87	4.46	3.86	3.51	3.29	3.13	3.01	2.91	2.84	2.77	2.68	2.57	2.46	2.41	2.35	2.29	2.22	2.16	2.09
21	5.83	4.42	3.82	3.48	3.25	3.09	2.97	2.87	2.80	2.73	2.64	2.53	2.42	2.37	2.31	2.25	2.18	2.11	2.04
22	5.79	4.38	3.78	3.44	3.22	3.05	2.93	2.84	2.76	2.70	2.60	2.50	2.39	2.33	2.27	2.21	2.14	2.08	2.00
23	5.75	4.35	3.75	3.41	3.18	3.02	2.90	2.81	2.73	2.67	2.57	2.47	2.36	2.30	2.24	2.18	2.11	2.04	1.97
24	5.72	4.32	3.72	3.38	3.15	2.99	2.87	2.78	2.70	2.64	2.54	2.44	2.33	2.27	2.21	2.15	2.08	2.01	1.94
25	5.69	4.29	3.69	3.35	3.13	2.97	2.85	2.75	2.68	2.61	2.51	2.41	2.30	2.24	2.18	2.12	2.05	1.98	1.91
26	5.66	4.27	3.67	3.33	3.10	2.94	2.82	2.73	2.65	2.59	2.49	2.39	2.28	2.22	2.16	2.09	2.03	1.95	1.88
27	5.63	4.24	3.65	3.31	3.08	2.92	2.80	2.71	2.63	2.57	2.47	2.36	2.25	2.19	2.13	2.07	2.00	1.93	1.85
28	5.61	4.22	3.63	3.29	3.06	2.90	2.78	2.69	2.61	2.55	2.45	2.34	2.23	2.17	2.11	2.05	1.98	1.91	1.83
29	5.59	4.20	3.61	3.27	3.04	2.88	2.76	2.67	2.59	2.53	2.43	2.32	2.21	2.15	2.09	2.03	1.96	1.89	1.81
30	5.57	4.18	3.59	3.25	3.03	2.87	2.75	2.65	2.57	2.51	2.41	2.31	2.20	2.14	2.07	2.01	1.94	1.87	1.79
60	5.42	4.05	3.46	3.13	2.90	2.74	2.62	2.53	2.45	2.39	2.29	2.18	2.07	2.01	1.94	1.88	1.80	1.72	1.64
120	5.29	3.93	3.34	3.01	2.79	2.63	2.51	2.41	2.33	2.27	2.17	2.06	1.94	1.88	1.82	1.74	1.67	1.58	1.48
∞	5.15	3.80	3.23	2.89	2.67	2.52	2.39	2.30	2.22	2.16	2.05	1.94	1.83	1.71	1.64	1.57	1.48	1.43	1.31
∞	5.02	3.69	3.12	2.79	2.57	2.41	2.29	2.19	2.11	2.05	1.94	1.83	1.71	1.64	1.57	1.48	1.39	1.27	1.00

$\alpha = 0.01$

n_2 \ n_1	1	2	3	4	5	6	7	8	9	10	12	15	20	24	30	40	60	120	∞
1	4052	4999.5	5403	5625	5764	5859	5928	5982	6022	6056	6106	6157	6209	6235	6261	6287	6313	6339	6366
2	98.50	99.00	99.17	99.25	99.30	99.33	99.36	99.37	99.39	99.40	99.42	99.43	99.45	99.46	99.47	99.47	99.48	99.49	99.50
3	34.12	30.82	29.46	28.71	28.24	27.91	27.67	27.49	27.35	27.23	27.05	26.87	26.69	26.60	26.50	26.41	26.32	26.22	26.13
4	21.20	18.00	16.69	15.98	15.52	15.21	14.98	14.80	14.66	14.55	14.37	14.20	14.02	13.93	13.84	13.75	13.65	13.56	13.46
5	16.26	13.27	12.06	11.39	10.97	10.67	10.46	10.29	10.16	10.05	9.89	9.72	9.55	9.47	9.38	9.29	9.20	9.11	9.02
6	13.75	10.93	9.78	9.15	8.75	8.47	8.26	8.10	7.98	7.87	7.72	7.56	7.40	7.31	7.23	7.14	7.06	6.97	6.88
7	12.25	9.55	8.45	7.85	7.46	7.19	6.99	6.84	6.72	6.62	6.47	6.31	6.16	6.07	5.99	5.91	5.82	5.74	5.65
8	11.26	8.65	7.59	7.01	6.63	6.37	6.18	6.03	5.91	5.81	5.67	5.52	5.36	5.28	5.20	5.12	5.03	4.95	4.86
9	10.56	8.02	6.99	6.42	6.06	5.80	5.61	5.47	5.35	5.26	5.11	4.96	4.81	4.73	4.65	4.57	4.48	4.40	4.31
10	10.04	7.56	6.55	5.99	5.64	5.39	5.20	5.06	4.94	4.85	4.71	4.56	4.41	4.33	4.25	4.17	4.08	4.00	3.91
11	9.65	7.21	6.22	5.67	5.32	5.07	4.89	4.74	4.63	4.54	4.40	4.25	4.10	4.02	3.94	3.86	3.78	3.69	3.60
12	9.33	6.93	5.95	5.41	5.06	4.82	4.64	4.50	4.39	4.30	4.16	4.01	3.86	3.78	3.70	3.62	3.54	3.45	3.36
13	9.07	6.70	5.74	5.21	4.86	4.62	4.44	4.30	4.19	4.10	3.96	3.82	3.66	3.59	3.51	3.43	3.34	3.25	3.17
14	8.86	6.51	5.56	5.04	4.69	4.46	4.28	4.14	4.03	3.94	3.80	3.66	3.51	3.43	3.35	3.27	3.18	3.09	3.00
15	8.68	6.36	5.42	4.89	4.56	4.32	4.14	4.00	3.89	3.80	3.67	3.52	3.37	3.29	3.21	3.13	3.05	2.96	2.87
16	8.53	6.23	5.29	4.77	4.44	4.20	4.03	3.89	3.78	3.69	3.55	3.41	3.26	3.18	3.10	3.02	2.93	2.84	2.75
17	8.40	6.11	5.18	4.67	4.34	4.10	3.93	3.79	3.68	3.59	3.46	3.31	3.16	3.08	3.00	2.92	2.83	2.75	2.65
18	8.29	6.01	5.09	4.58	4.25	4.01	3.84	3.71	3.60	3.51	3.37	3.23	3.08	3.00	2.92	2.84	2.75	2.66	2.57
19	8.18	5.93	5.01	4.50	4.17	3.94	3.77	3.63	3.52	3.43	3.30	3.15	3.00	2.92	2.84	2.76	2.67	2.58	2.49
20	8.10	5.85	4.94	4.43	4.10	3.87	3.70	3.56	3.46	3.37	3.23	3.09	2.94	2.86	2.78	2.69	2.61	2.52	2.42
21	8.02	5.78	4.87	4.37	4.04	3.81	3.64	3.51	3.40	3.31	3.17	3.03	2.88	2.80	2.72	2.64	2.55	2.46	2.36
22	7.95	5.72	4.82	4.31	3.99	3.76	3.59	3.45	3.35	3.26	3.12	2.98	2.83	2.75	2.67	2.58	2.50	2.40	2.31
23	7.88	5.66	4.76	4.26	3.94	3.71	3.54	3.41	3.30	3.21	3.07	2.93	2.78	2.70	2.62	2.54	2.45	2.35	2.26
24	7.82	5.61	4.72	4.22	3.90	3.67	3.50	3.36	3.26	3.17	3.03	2.89	2.74	2.66	2.58	2.49	2.40	2.31	2.21
25	7.77	5.57	4.68	4.18	3.85	3.63	3.46	3.32	3.22	3.13	2.99	2.85	2.70	2.62	2.54	2.45	2.36	2.27	2.17
26	7.72	5.53	4.64	4.14	3.82	3.59	3.42	3.29	3.18	3.09	2.96	2.81	2.66	2.58	2.50	2.42	2.33	2.23	2.13
27	7.68	5.49	4.60	4.11	3.78	3.56	3.39	3.26	3.15	3.06	2.93	2.78	2.63	2.55	2.47	2.38	2.29	2.20	2.10
28	7.64	5.45	4.57	4.07	3.75	3.53	3.36	3.23	3.12	3.03	2.90	2.75	2.60	2.52	2.44	2.35	2.26	2.17	2.06
29	7.60	5.42	4.54	4.04	3.73	3.50	3.33	3.20	3.09	3.00	2.87	2.73	2.57	2.49	2.41	2.33	2.23	2.14	2.03
30	7.56	5.39	4.51	4.02	3.70	3.47	3.30	3.17	3.07	2.98	2.84	2.70	2.55	2.47	2.39	2.30	2.21	2.11	2.01
40	7.31	5.18	4.31	3.83	3.51	3.29	3.12	2.99	2.89	2.80	2.66	2.52	2.37	2.29	2.20	2.11	2.02	1.92	1.80
60	7.08	4.98	4.13	3.65	3.34	3.12	2.95	2.82	2.72	2.63	2.50	2.35	2.20	2.12	2.03	1.94	1.84	1.73	1.60
120	6.85	4.79	3.95	3.48	3.17	2.96	2.79	2.66	2.56	2.47	2.34	2.19	2.03	1.95	1.86	1.76	1.66	1.53	1.38
∞	6.63	4.61	3.78	3.32	3.02	2.80	2.64	2.51	2.41	2.32	2.18	2.04	1.88	1.79	1.70	1.59	1.47	1.32	1.00

附表 5 （续）

$\alpha = 0.005$

n_2 \ n_1	1	2	3	4	5	6	7	8	9	10	12	15	20	24	30	40	60	120	∞
1	16211	20000	21615	22500	23056	23437	23715	23925	24091	24224	24426	24630	24836	24940	25044	25148	25253	25359	25465
2	198.5	199.0	199.2	199.2	199.3	199.3	199.4	199.4	199.4	199.4	199.4	199.4	199.4	199.5	199.5	199.5	199.5	199.5	199.5
3	55.55	49.80	47.47	46.19	45.39	44.84	44.43	44.13	43.88	43.69	43.39	43.08	42.78	42.62	42.47	42.31	42.15	41.99	41.83
4	31.33	26.28	24.26	23.15	22.46	21.97	21.62	21.35	21.14	20.97	20.70	20.44	20.17	20.03	19.89	19.75	19.61	19.47	19.32
5	22.78	18.31	16.53	15.56	14.94	14.51	14.20	13.96	13.77	13.62	13.38	13.15	12.90	12.78	12.66	12.53	12.40	12.27	12.14
6	18.63	14.54	12.92	12.03	11.46	11.07	10.79	10.57	10.39	10.25	10.03	9.81	9.59	9.47	9.36	9.24	9.12	9.00	8.88
7	16.24	12.40	10.88	10.05	9.52	9.16	8.89	8.68	8.51	8.38	8.18	7.97	7.75	7.65	7.53	7.42	7.31	7.19	7.08
8	14.69	11.04	9.60	8.81	8.30	7.95	7.69	7.50	7.34	7.21	7.01	6.81	6.61	6.50	6.40	6.29	6.18	6.06	5.95
9	13.61	10.11	8.72	7.96	7.47	7.13	6.88	6.69	6.54	6.42	6.23	6.03	5.83	5.73	5.62	5.52	5.41	5.30	5.19
10	12.83	9.43	8.08	7.34	6.87	6.54	6.30	6.12	5.97	5.85	5.66	5.47	5.27	5.17	5.07	4.97	4.86	4.75	4.64
11	12.23	8.91	7.60	6.88	6.42	6.10	5.86	5.68	5.54	5.42	5.24	5.05	4.86	4.76	4.65	4.55	4.44	4.34	4.23
12	11.75	8.51	7.23	6.52	6.07	5.76	5.52	5.35	5.20	5.09	4.91	4.72	4.53	4.43	4.33	4.23	4.12	4.01	3.90
13	11.37	8.19	6.93	6.23	5.79	5.48	5.25	5.08	4.94	4.82	4.64	4.46	4.27	4.17	4.07	3.97	3.87	3.76	3.65
14	11.06	7.92	6.68	6.00	5.56	5.26	5.03	4.86	4.72	4.60	4.43	4.25	4.06	3.96	3.86	3.76	3.66	3.55	3.44
15	10.80	7.70	6.48	5.80	5.37	5.07	4.85	4.67	4.54	4.42	4.25	4.07	3.88	3.79	3.69	3.58	3.48	3.37	3.26
16	10.58	7.51	6.30	5.64	5.21	4.91	4.69	4.52	4.38	4.27	4.10	3.92	3.73	3.64	3.54	3.44	3.33	3.22	3.11
17	10.38	7.35	6.16	5.50	5.07	4.78	4.56	4.39	4.25	4.14	3.97	3.79	3.61	3.51	3.41	3.31	3.21	3.10	2.98
18	10.22	7.21	6.03	5.37	4.96	4.66	4.44	4.28	4.14	4.03	3.86	3.68	3.50	3.40	3.30	3.20	3.10	2.99	2.87
19	10.07	7.09	5.92	5.27	4.85	4.56	4.34	4.18	4.04	3.93	3.76	3.59	3.40	3.31	3.21	3.11	3.00	2.89	2.78
20	9.94	6.99	5.82	5.17	4.76	4.47	4.26	4.09	3.96	3.85	3.68	3.50	3.32	3.22	3.12	3.02	2.92	2.81	2.69
21	9.83	6.89	5.73	5.09	4.68	4.39	4.18	4.01	3.88	3.77	3.60	3.43	3.24	3.15	3.05	2.95	2.84	2.73	2.61
22	9.73	6.81	5.65	5.02	4.61	4.32	4.11	3.94	3.81	3.70	3.54	3.36	3.18	3.08	2.98	2.88	2.77	2.66	2.55
23	9.63	6.73	5.58	4.95	4.54	4.26	4.05	3.88	3.75	3.64	3.47	3.30	3.12	3.02	2.92	2.82	2.71	2.60	2.48
24	9.55	6.66	5.52	4.89	4.49	4.20	3.99	3.83	3.69	3.59	3.42	3.25	3.06	2.97	2.87	2.77	2.66	2.55	2.43
25	9.48	6.60	5.46	4.84	4.43	4.15	3.94	3.78	3.64	3.54	3.37	3.20	3.01	2.92	2.82	2.72	2.61	2.50	2.38
26	9.41	6.54	5.41	4.79	4.38	4.10	3.89	3.73	3.60	3.49	3.33	3.15	2.97	2.87	2.77	2.67	2.56	2.45	2.33
27	9.34	6.49	5.36	4.74	4.34	4.06	3.85	3.69	3.56	3.45	3.28	3.11	2.93	2.83	2.73	2.63	2.52	2.41	2.29
28	9.28	6.44	5.32	4.70	4.30	4.02	3.81	3.65	3.52	3.41	3.25	3.07	2.89	2.79	2.69	2.59	2.48	2.37	2.25
29	9.23	6.40	5.28	4.66	4.26	3.98	3.77	3.61	3.48	3.38	3.21	3.04	2.86	2.76	2.66	2.56	2.45	2.33	2.21
30	9.18	6.35	5.24	4.62	4.23	3.95	3.74	3.58	3.45	3.34	3.18	3.01	2.82	2.73	2.63	2.52	2.42	2.30	2.18
40	8.83	6.07	4.98	4.37	3.99	3.71	3.51	3.35	3.22	3.12	2.95	2.78	2.60	2.50	2.40	2.30	2.18	2.06	1.93
60	8.49	5.79	4.73	4.14	3.76	3.49	3.29	3.13	3.01	2.90	2.74	2.57	2.39	2.29	2.19	2.08	1.96	1.83	1.69
120	8.18	5.54	4.50	3.92	3.55	3.28	3.09	2.93	2.81	2.71	2.54	2.37	2.19	2.09	1.98	1.87	1.75	1.61	1.43
∞	7.88	5.30	4.28	3.72	3.35	3.09	2.90	2.74	2.62	2.52	2.36	2.19	2.00	1.90	1.79	1.67	1.53	1.36	1.00

附表 5（续）

$\alpha = 0.001$

n_2 \ n_1	1	2	3	4	5	6	7	8	9	10	12	15	20	24	30	40	60	120	∞
1	4053+	5000+	5404+	5625+	5764+	5859+	5929+	5981+	6023+	6056+	6107+	6158+	6209+	6235+	6261+	6287+	6313+	6340+	6366+
2	998.5	999.0	999.2	999.2	999.3	999.3	999.4	999.4	999.4	999.4	999.4	999.4	999.4	999.5	999.5	999.5	999.5	999.5	999.5
3	167.0	148.5	141.1	137.1	134.6	132.8	131.6	130.6	129.9	129.2	128.3	127.4	126.4	125.9	125.4	125.0	124.5	124.0	123.5
4	74.14	61.25	56.18	53.44	51.71	50.53	49.66	49.00	48.47	48.05	47.41	46.76	46.10	45.77	45.43	45.09	44.75	44.40	44.05
5	47.18	37.12	33.20	31.09	29.75	28.84	28.16	27.64	27.24	26.92	26.42	25.91	25.39	25.14	24.87	24.60	24.33	24.06	23.79
6	35.51	27.00	23.70	21.92	20.81	20.03	19.46	19.03	18.69	18.41	17.99	17.56	17.12	16.89	16.67	16.44	16.21	15.99	15.75
7	29.25	21.69	18.77	17.19	16.21	15.52	15.02	14.63	14.33	14.08	13.71	13.32	12.93	12.73	12.53	12.33	12.12	11.91	11.70
8	25.42	18.49	15.83	14.39	13.49	12.86	12.40	12.04	11.77	11.54	11.19	10.84	10.48	10.30	10.11	9.92	9.73	9.53	9.33
9	22.86	16.39	13.90	12.56	11.71	11.13	10.70	10.37	10.11	9.89	9.57	9.24	8.90	8.72	8.55	8.37	8.19	8.00	7.80
10	21.04	14.91	12.55	11.28	10.48	9.92	9.52	9.20	8.96	8.75	8.45	8.13	7.80	7.64	7.47	7.30	7.12	6.94	6.76
11	19.69	13.81	11.56	10.35	9.58	9.05	8.66	8.35	8.12	7.92	7.63	7.32	7.01	6.85	6.68	6.52	6.35	6.17	6.00
12	18.64	12.97	10.80	9.63	8.89	8.38	8.00	7.71	7.48	7.29	7.00	6.71	6.40	6.25	6.09	5.93	5.76	5.59	5.42
13	17.81	12.31	10.21	9.07	8.35	7.86	7.49	7.21	6.98	6.80	6.52	6.23	5.93	5.78	5.63	5.47	5.30	5.14	4.97
14	17.14	11.78	9.73	8.62	7.92	7.43	7.08	6.80	6.58	6.40	6.13	5.85	5.56	5.41	5.25	5.10	4.94	4.77	4.60
15	16.59	11.34	9.34	8.25	7.57	7.09	6.74	6.47	6.26	6.08	5.81	5.54	5.25	5.10	4.95	4.80	4.64	4.47	4.31
16	16.12	10.97	9.00	7.94	7.27	6.81	6.46	6.19	5.98	5.81	5.55	5.27	4.99	4.85	4.70	4.54	4.39	4.23	4.06
17	15.72	10.66	8.73	7.68	7.02	6.56	6.22	5.96	5.75	5.58	5.32	5.05	4.78	4.63	4.48	4.33	4.18	4.02	3.85
18	15.38	10.39	8.49	7.46	6.81	6.35	6.02	5.76	5.56	5.39	5.13	4.87	4.59	4.45	4.30	4.15	4.00	3.84	3.67
19	15.08	10.16	8.28	7.26	6.62	6.18	5.85	5.59	5.39	5.22	4.97	4.70	4.43	4.29	4.14	3.99	3.84	3.68	3.51
20	14.82	9.95	8.10	7.10	6.46	6.02	5.69	5.44	5.24	5.08	4.82	4.56	4.29	4.15	4.00	3.86	3.70	3.54	3.38
21	14.59	9.77	7.94	6.95	6.32	5.88	5.56	5.31	5.11	4.95	4.70	4.44	4.17	4.03	3.88	3.74	3.58	3.42	3.26
22	14.38	9.61	7.80	6.81	6.19	5.76	5.44	5.19	4.98	4.83	4.58	4.33	4.06	3.92	3.78	3.63	3.48	3.32	3.15
23	14.19	9.47	7.67	6.69	6.08	5.65	5.33	5.09	4.89	4.73	4.48	4.23	3.96	3.82	3.68	3.53	3.38	3.22	3.05
24	14.03	9.34	7.55	6.59	5.98	5.55	5.23-	4.99	4.80	4.64	4.39	4.14	3.87	3.74	3.59	3.45	3.29	3.14	2.97
25	13.88	9.22	7.45	6.49	5.88	5.46	5.15	4.91	4.71	4.56	4.31	4.06	3.79	3.66	3.52	3.37	3.22	3.06	2.89
26	13.74	9.12	7.36	6.41	5.80	5.38	5.07	4.83	4.64	4.48	4.24	3.99	3.72	3.59	3.44	3.30	3.15	2.99	2.82
27	13.61	9.02	7.27	6.33	5.73	5.31	5.00	4.76	4.57	4.41	4.17	3.92	3.66	3.52	3.38	3.23	3.08	2.92	2.75
28	13.50	8.93	7.19	6.25	5.66	5.24	4.93	4.69	4.50	4.35	4.11	3.86	3.60	3.46	3.32	3.18	3.02	2.86	2.69
29	13.39	8.85	7.12	6.19	5.59	5.18	4.87	4.64	4.45	4.29	4.05	3.80	3.54	3.41	3.27	3.12	2.97	2.81	2.64
30	13.29	8.77	7.05	6.12	5.53	5.12	4.82	4.58	4.39	4.24	4.00	3.75	3.49	3.36	3.22	3.07	2.92	2.76	2.59
40	12.61	8.25	6.60	5.70	5.13	4.73	4.44	4.21	4.02	3.87	3.64	3.40	3.15	3.01	2.87	2.73	2.57	2.41	2.23
60	11.97	7.76	6.17	5.31	4.76	4.37	4.09	3.87	3.69	3.54	3.31	3.08	2.83	2.69	2.55	2.41	2.25	2.08	1.89
120	11.38	7.32	5.79	4.95	4.42	4.04	3.77	3.55	3.38	3.24	3.02	2.78	2.53	2.40	2.26	2.11	1.95	1.76	1.54
∞	10.83	6.91	5.42	4.62	4.10	3.74	3.47	3.27	3.10	2.96	2.74	2.51	2.27	2.13	1.99	1.84	1.66	1.45	1.00

注：＋表示要将所列数乘以100。